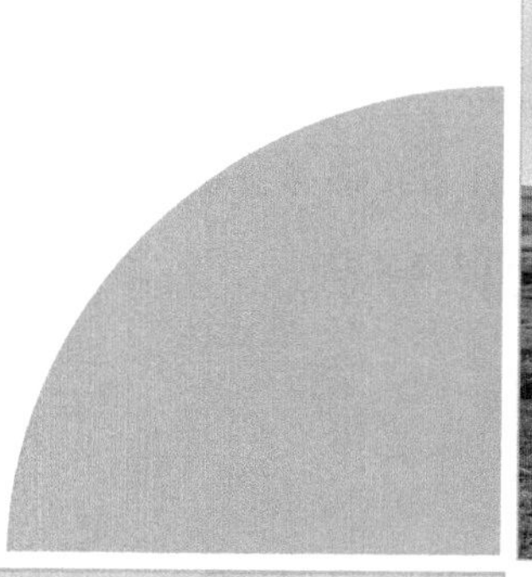

XIANDAI CAOXU SHIYONG XINJISHU

现代草畜实用新技术

张成虎　杜宝强　胡宏伟　主编

中国农业科学技术出版社

图书在版编目（CIP）数据

现代草畜实用新技术 / 张成虎，杜宝强，胡宏伟主编 .—北京：中国农业科学技术出版社，2020. 6

ISBN 978-7-5116-4747-4

Ⅰ. ①现… Ⅱ. ①张…②杜…③胡… Ⅲ. ①畜牧业-农业技术-研究 Ⅳ. ①S81

中国版本图书馆 CIP 数据核字（2020）第 081224 号

责任编辑 陶 莲
责任校对 李向荣

出 版 者 中国农业科学技术出版社
北京市中关村南大街 12 号 邮编：100081
电 话 (010)82106625(编辑室) (010)82109702(发行部)
(010)82109709(读者服务部)
传 真 (010)82106625
网 址 http://www.castp.cn
经 销 者 各地新华书店
印 刷 者 北京建宏印刷有限公司
开 本 880 mm×1 230 mm 1/32
印 张 8
字 数 289 千字
版 次 2020 年 6 月第 1 版 2020 年 6 月第 1 次印刷
定 价 32. 00 元

作者简介

张成虎，中国共产党党员，兰州市畜牧兽医研究所所长，研究员，兰州市领军人才，甘肃省第十三届党代表，兰州市第十三届党代表。研究方向为草畜产业化发展，主要负责兰州市家畜健康养殖新技术、饲草丰产栽培技术及产业化发展的研究与推广。在国家权威期刊发表论文50多篇，出版专著5部。主持和参与省、市级科研攻关项目10项，获省部级、市级奖励共6项。中国畜牧业协会会员、中国系统工程学会草业系统工程专业委员会会员、甘肃省畜牧业协会专家团成员、甘肃省草业联盟副会长、兰州市肉羊产业联盟专家团成员。先后被评为农业部（现“农业农村部”）中国畜牧业协会先进工作者，科技部三农科技服务“金桥奖”先进个人，甘肃省畜牧业工作先进个人，甘肃省草业工作先进个人。

《现代草畜实用新技术》

编 委 会

主　　编：张成虎　杜宝强　胡宏伟

执行主编：李仁阁　李　哲

副 主 编：宋庆伟　陈　亮　田　斌　王　毅
　　　　　马　付　刘二冬

编　　者：宋玉魁　李正祥　刘建国　徐小兵
　　　　　李珍珍　王佳丽　卢　赟　李慧斌
　　　　　魏兴宝　孟法胜　南　璇　李　凯
　　　　　胡正艳　康爱民

前　言

草食畜牧业既是甘肃省的传统产业，也是发展现代农业和促进农民增收的优势产业之一。21 世纪初，甘肃省提出要在全省范围内把草食畜牧业作为战略性主导产业来培育，把甘肃建成畜牧业强省，以牛羊产业为主的草畜产业发展走上探索起步的道路；“十三五”期间，全省各地深入贯彻落实省委、省政府关于启动六大行动促进农民增收的实施意见，以牛羊产业大县建设为着力点，充分发挥资源优势、区位优势和市场优势，制定落实多项扶持政策给予引导和推动，大力实施草食畜牧业发展行动，以牛羊、牧草种植加工为主的草食畜牧业发展进入了快车道，成为促进农牧民收入持续增长的重要渠道和保障社会有效供给的重要产业，并成为重要的牛羊肉调出省区，对保障民族地区主要肉食品供给发挥了巨大作用。实践证明，草食畜牧业已经成为促进甘肃省农村农业经济持续稳定发展的战略性主导产业，农业产业中增长势头强、发展潜力大、具前景的优势产业之一。

新时代兰州市畜牧业发展环境和全国一样发生了许多深刻变化，产业自主增长能力增强，向现代化迈进步伐加快。根据兰州市的优势与特点，饲草料资源取决于“粮改饲”推广和人工种草面积的扩大，市场取决于城乡居民收入水平和生活质量的提高，动力取决于科学技术的推广与应用，草食畜牧业发展前景良好的同时，也面临着众多挑战。一是依托甘肃省同时作为牛羊肉主产区和主销区的实际，发展以牛羊为主的草食畜牧业具有得天独厚的资源禀赋；二是随着内需扩大和购买力增加，且受 2018 年 10 月以来“非洲猪瘟”疫情影响，以牛羊肉、散养鸡肉及驴肉等草畜产品越来越受青睐，草畜产业的发展前景十分广阔；三是畜牧业发展仍然面临着资源和市场的双重约束，降低成本和提升质量的双重压力，转变方式与扩大就业的双重挤兑，自身积累不强与投入不足的双重困扰，在资源环境、产业发展方式、饲草料开发利用、疫病防控形势及市场竞争等多方面面临很大制约。

在机遇与挑战并存的大背景下，认真贯彻“十九大”关于“实施乡村振兴战略”的决策部署，以省委、省政府和农业农村部确定的畜牧业工作重点，结合兰州市实际，把大力发展草食畜牧业作为建设现代农业的重点产业和推进农村经济发展的重要增长点来突破，坚持“产出高效、产品安全、资源节约、环境友好”的发展方向，以建设现代草食畜牧业强市为目标，以加快转变发展方式为主线，以提高质量效益和竞争力为重点，强化政策、科技、设施装备、人才和机制支撑，建立以布局区域化、养殖规模化、生产标准化、经营产业化、服务社会化为特征的现代草食畜牧业生产体系。突出现代畜牧业全产业链和示范县建设；加强基础母畜保护，增强产业发展后劲；加快秸秆饲料化高效利用，全面提升饲草料科学加工利用水平；完善技术服务、疫病防控体系，全面提升生产能力；加强产销衔接，着力推进专业化、规模化、标准化和集约化水平，努力将兰州市建成特色牛羊肉生产供应基地和草食畜牧业示范区，确保草畜产业步入生态、社会、经济效益兼顾的可持续良性循环发展轨道。

当前，草食畜牧业已成为甘肃省特色鲜明培育朝阳农业主导产业之一。近年来，兰州市畜牧兽医研究所以《甘肃省草食畜牧业“十三五”发展规划》为抓手，全面落实好各项扶持政策宣传，积极发挥政策引领支撑作用；通过“过腹转化”“过机（器）转化”“过市（场）转化”的燕麦综合种植技术研究、粮草轮作等为突破口，积极探索“粮草兼顾”新型农牧结合的循环经济发展模式；以试验示范为抓手，着力推进牛、羊、散养鸡等草畜规范标准化规模养殖，发挥示范带动支撑作用；以品种引进及改良为主线，着力优化良种繁育体系，发挥遗传种质资源优化配置的支撑作用；通过开展“百日羔羊肉”综合配套技术、牛羊中草药保健技术、燕麦种植综合配合技术及散养鸡品种引进筛选等多项综合集成关键技术，着力提升草食畜牧业综合发展能力，发挥了较好的科技创新支撑作用。

成绩的取得离不开全市畜牧技术工作者的辛勤努力，即使在资源配置短缺、技术力量薄弱和工作经验不足等困难面前，他们也不等不靠，奋发向上，以实干苦干的精神，多层次、多方位地开展草食畜牧业产业研究示范推广工作。总结成绩的同时，我们也清醒地认识到草畜产业存在的不足和挑战，需要我们不骄不躁，继续脚踏实地工作。

本书通过整理汇总近年来本单位技术人员在实践示范及推广工作中总结的经验，通过种草和养畜两大板块，对豆科、禾本科牧草种植技术及肉牛、肉羊、奶牛、林地种草养鸡养殖技术进行归纳，以分章形式为广大畜牧业工作者提供技术参考，是一本具有广泛实用性的读物，也是近些年来兰州市草畜产业技术提升发展的集萃和缩影，是兰州市草畜技术推广工作的真实面貌和总结，是展示兰州市乃至甘肃省草畜产业科技创新工作的参考。

岁月不居，时节如流，时间见证奋斗者永不停歇的脚步。过去已经成为历史，未来要靠后人去创造。在习近平新时代中国特色社会主义思想的指引下，草畜人将继续“不忘初心，牢记使命”，为草畜产业发展默默耕耘，也祝我们兰州市草畜产业更上一层楼。

本书在编写过程中参阅了大量文献资料和图表，在此一并表示衷心感谢！因编者水平有限，书中疏漏及错误之处在所难免，敬请读者批评指正。

编　者

2019 年 12 月

目　　录

饲草种植篇

畜禽养殖篇

饲草种植篇

第一章　豆科饲草栽培

第一节　紫花苜蓿栽培技术

一、概述

紫花苜蓿在全世界范围内种植广泛，在我国的栽培历史已有两千多年，主要分布在西北、华北、东北、江淮流域等地区。紫花苜蓿由于其优良的营养品质，主要用于制干草、青贮饲料或用作牧草。紫花苜蓿除了其作为饲料的用途之外，还可作为人食用的蔬菜，人们食用以叶为主，经常食用苜蓿可以使人类体内的酸碱值保持平衡，是不可多得的健康美食，真正的绿色食品。

紫花苜蓿生长广泛，是重要的多年生牧草。植株高 30～120 厘米，主根较长，分枝数多，从埋于土壤表层的根颈处生出，分蘖期后开始收缩生长，根颈收缩于地表以下。植株生长时分枝从根颈芽生出，一般为直立，茎上有多数具三小叶的复叶。小叶呈倒卵形或倒披针形，顶端边缘较圆。花部为总状花序，腋生，紫色，异花授粉。荚果呈螺旋形，生有 2～8 粒甚至更多的种子。初期植株生长速度快，进入初花期后，生长缓慢，直至盛花期。紫花苜蓿由于其发达的根系，耐旱性强，耐冷热性强，不仅产量高，还能改良土壤，而且品质优良，各种畜禽都喜食。由于其特别长的根系，可适应不同的气候条件和土壤条件。

二、品种介绍

兰州全市人工种草面积达到 108.08 万亩。其中，97.2%的紫花苜蓿种植地集中分布在永登县、榆中县、皋兰县和红古区。永登县年平均气温 5.9℃，年平均降水量 300 毫米左右，平均海拔 2 000 米；榆中县海拔 1 500～2 000 米，属于温带半干旱气候，年平均气温 6.7℃，年平均降水量 400 毫米；皋兰县年平均气温 7.2℃，年平均降水量 266 毫米，海拔高度在 1 459～

2 445 米；红古区海拔 1 580~2 462 米，年平均气温 7.1~9.1℃，年平均降水量 290~360 毫米。兰州市地形、地貌复杂，紫花苜蓿品种更是众多，选择适应当地气候条件和海拔高度、适宜在当地种植的品种是保证产量的必要条件。

（一）地方品种

紫花苜蓿的地方品种在长期自然选择下，均能适应当地的自然环境，稳定性强，理论上适宜在兰州种植的品种有以下几种。

1. 新疆大叶苜蓿

适于温暖半干燥气候，抗寒、抗旱、抗病、耐盐能力比较强，产量稳定，再生速度快，在海拔 1 400~1 500 米水土条件较好的地方，年均能割 4~5 茬，在海拔 2 600 米左右的地区也能割 1~2 茬。如管理较好，鲜草产量可达 7 吨/公顷。在常规管理条件下，高产期达 10 年以上。在气候较干燥或多次刈割、阳光充足条件下不易染病。适应范围广，是中国苜蓿品种内唯一的半休眠性品种。新疆大叶苜蓿适于土质疏松的沙质壤土，最忌积水，地下水位高于 1 米或排水不畅时，则不宜种植。新疆大叶苜蓿由于其良好的适应性，永登县、榆中县、皋兰县及红古区均适于种植。

2. 陇东苜蓿

具有适应广泛、根系发达、耐旱力强、能抗冻、抗干热风、抗涝、抗盐碱、抗瘠薄地、抗杂草等特点，产量高，生长期 140~180 天，每公顷年产干草 7.5~12 吨。适宜种植在海拔 1 200~1 700 米、年平均气温 8~10℃、年降水量 300~500 毫米的高原地带。陇东紫花苜蓿对土壤的适应性强，在山、川、塬各区均可种植，但以土层深厚、排水良好、含钙较多的沙质壤土为最佳，低洼易涝的地方不宜种植，如积水两昼夜就会烂根死亡。由于陇东苜蓿对种植海拔的要求，适用于榆中县、皋兰县和红古区的低海拔地区种植。

（二）人工育成品种

1. 甘农 1 号

抗寒性与抗旱性强，越冬性能好。在寒冷地区生长草产量可达到 9~12 吨/公顷，适宜于黄土高原北部、西部，青藏高原边缘海拔 2 700 米以下、年平均气温 2℃以上地区种植。甘农 1 号抗寒性强，越冬性好，永登县与皋兰县的高海拔地区可选用此品种，可安全越冬。

2. 甘农 3 号

春季返青较早，在灌溉充足的条件下高产，直立性较好，生长速度快，再生能力较强，秋季休眠早，抗倒伏能力一般，每公顷产干草 12~15 吨，种植海拔 2 000 米以下，为灌区丰产品种，适宜于西北内陆灌溉农业区和黄土高原种植。甘农 3 号的高产性能建立在有良好灌溉条件的基础上，低海拔、灌溉条件好的地区可选用此品种。

3. 甘农 5 号

秋眠级 8~9 级，抗蓟马能力强，生长速度和再生速度快，产量高，适宜于海拔低于 1 900 米的西北内陆灌溉农业区和黄土高原种植。甘农 5 号秋眠级数较高，越冬性差，但抗虫能力强，可在低海拔、虫害严重的地区种植。

（三）国外品种

1. 皇后

抗寒、抗旱，品质非常优良（粗蛋白质含量在 26%左右），能耐受-50℃的低温，而且根系非常发达，即使在年降水量 200 毫米左右的地区也能良好生长，非常适应中国西北部的气候和土壤，海拔 2 000 米以上的地区也可种植，是在寒冷干旱区生产苜蓿干草或放牧用得非常优良的苜蓿品种。皇后越冬性好，永登县与皋兰县的高海拔地区可种植此品种。

2. 三得利

产量高，适用区域广泛，营养丰富，蛋白质含量（18%~22%）和消化率高（70%以上），茎秆柔软，适口性极佳，是调制高品质苜蓿干草的理想品种。三得利的部分亲本来自东方，因此抗冻害能力较强，在冬季温暖地区生长活跃，秋眠级 5~6 级，有很强的抗倒伏及抗线虫能力，持续性好，全市范围内均可种植。

3. 德福

秋眠级为 4~5 级，适应性广，喜欢温暖半干旱气候，在年降水量 300~800 毫米，无霜期 100 天以上的地区均可种植。性喜中性或微碱性土壤，pH 值为 6~8 时最适宜德福生长。根据不同地区，德福每年可刈割 2~5 次，在水肥条件均比较好的情况下，鲜草产量高，营养价值非常高，富含蛋白质、维生素和矿物质，夏季生长活跃。德福的茎秆纤细柔软，坚韧而富有弹性，抗倒伏能力强，能够放牧利用。抗病虫害能力强，对白粉病、霜霉病和褐斑病的抗性也很强，全市低海拔范围内均可种植。

4. 阿尔冈金

抗逆性强，适应性广，草质优良，产草量很高。与普通品种相比，它具有如下突出特性：在有雪覆盖的条件下，能耐受-50℃低温；抗寒性较强，可在海拔 2 300 米的地区种植，能在年降水量 200 毫米左右的地区良好生长；刈割后生长快，每年可刈割 2~4 次；对褐斑病、黄萎病等有很强的抗性；全年亩

（1 亩≈667 平方米，下同）产鲜草 6 000~8 000 千克，干草 1 400~2 000 千克；草质柔软，叶量丰富，粗蛋白质含量达 20%以上。阿尔冈金还是优良的土壤改良和水土保持植物。由于阿尔冈金越冬性好，高海拔区域可以种植。

5. WL326GZ（放牧型苜蓿中高产）

WL326GZ 品种秋眠级 4，抗寒指数 1；多叶率高，茎秆纤细，适口性较好；抗寒耐旱能力强，刈割或放牧后再生速度快；干草生产或放牧利用时表现出优秀的持久性，对土壤质量和田间管理要求不高，均可产出高产量的干草。消化率高，畜产品产出量高。放牧管理措施：第一茬草收作干草，直至建植情况好的情况下开始放牧，同一地块放牧 2~5 天，封育 25~35 天，避免过度放牧，留茬高度至少 15 厘米，有利于越冬和来年返青。

6. WL343HQ（优秀的牧草品质）

WL343HQ 品种秋眠级 4，抗寒指数 1；多叶率高，茎秆纤细，适口性好；抗寒能力很强，再生性极强，耐频繁刈割；生长期可长时间保持极高的饲喂价值，种植户可灵活调整收获时间；抗病虫能力强；具有超高的消化率，粗蛋白质含量高；在各种土壤类型和气候条件下均能保持高产，2014 年在国家草品种区域试验站兰州站种植试验，干草产量达 1 160. 7 千克/亩。

7. WL354HQ（兼具抗寒抗病高产优势）

WL354HQ 品种秋眠级 4，抗寒指数 1；抗病害能力强；相对牧草质量及总可消化养分极高，可产出更高产量畜产品；抗倒伏、耐践踏能力强，刈割后恢复能力强，可适应密集收割的管理方式；适应多种干草生产条件，适合干草生产者利用；产量高，2016—2018 年在兰州种植干草产量可达 1 348. 5 千克/亩。

8. WL363HQ（高秋眠、强抗寒）

WL363HQ 品种秋眠级 5，抗寒指数 1，是近年来培育出的强耐寒且具有高产量潜能的新品种。再生速度快，每年 4~6 次刈割条件下依然能保持较高的产量；消化率高，对土壤条件和管理水平要求不高；抗病性强，高抗线虫；适合生产方式灵活的牧草生产者使用。2016—2018 年在河西地区种植干草产量可达 1 200 千克/亩。

综上，选择出的几个理论上适宜在兰州市种植的紫花苜蓿品种，只是根据其生长特性选择而出，具体如何选择最佳品种，还要根据当地的气候条件、种植条件和管理条件，具体问题具体分析，更要结合实际经济能力、技术能力和生产用途选择出最适宜的紫花苜蓿品种，这样才能最大限度地节约种植成本，提高产量。

三、栽培技术

为了生产出高产优质的牧草，对苜蓿进行田间管理及病虫害防治是必不可少的。从苜蓿的销售价格来看，牧草品质的各项指标中如有一项不合格将直接影响农牧民收入。因此，对苜蓿的田间管理与病虫害防治进行严格把关是提高苜蓿产量和品质的重要环节。

（一）土地准备

播种紫花苜蓿的地块要求土层深厚，质地沙黏比例合适，土壤松散，通气性和透水性好，保水保肥，以壤土和黏壤土为佳。土壤 pH 值为 6.5~8，可溶性盐分在 0.3%以下。由于紫花苜蓿种子小，幼苗顶土力弱，播种前必须整地，将地块整平整细，使土壤颗粒细匀。适宜深翻，深翻深度为 25~30 厘米，在翻地基础上，采用钉齿耙耙碎土块，耱平地面。

（二）播种技术

1. 播种时间

（1）春播

春季 4 月中旬至 5 月末，利用早春解冻时土壤中的返浆水分抢墒播种。春播的前提是必须有质量良好的秋耕地。春季幼苗生长缓慢，而杂草生长快，故春播一定要注意杂草防除。

（2）秋播

秋播在 8 月中旬以前进行，使冬前紫花苜蓿株高可达 5 厘米以上，具备一定的抗寒能力，使幼苗安全越冬。秋播对紫花苜蓿种子发芽及幼苗生长有利，出苗齐，保苗率高，杂草危害轻。

播种量：紫花苜蓿收草田播种量为 10~15 千克/公顷。从未种植过紫花苜蓿的土地应接种根瘤菌。每千克种子用 8~10 克根瘤菌剂拌种。经根瘤菌拌种的种子应避免阳光直射，避免与农药、化肥、生石灰等接触。接种后的种子如不马上播种，3 个月后应重新接种。

2. 播种方式

一般生产中采用条播的方式，行距为 15~30 厘米，播带宽 3 厘米。

播种深度：播种深度以 1~2 厘米为宜。既要保证种子接触到潮湿土壤，又要保证子叶能破土出苗。沙质土壤宜深，黏土宜浅；土壤墒情差的宜深，墒情好的宜浅；春季宜深，秋季宜浅。干旱地区可以深开沟、浅覆土。

播后及时镇压，确保种子与土壤充分接触。

（三）田间管理

1. 除草

紫花苜蓿播种当年应除草1~2次。杂草少的地块用人工拔除，杂草多的地块可选用化学除草剂。播后苗前可选用都尔、乙草胺（禾耐斯）、普施特等苗前除草剂。苗后除草剂可选用豆施乐或精禾草克等。除草剂宜在紫花苜蓿出苗后15~20天，杂草3~5叶期施用，用量及用法参照厂家说明。喷洒除草剂20~30天后，禁止放牧或刈割，免得造成中毒事故。

2. 施肥

第一茬草收获后追肥，氮、磷、钾肥比例为1∶5∶5。

3. 灌溉

返青前灌水1次，孕蕾到开花期间灌溉1次，每年第一次刈割后视土壤墒情灌水1次。后面刈割后是否需要浇水视当时情况而定，在生长期内不宜勤灌，如果土地是盐碱地，必须每次刈割后灌水。在霜冻前后大水漫灌1次，以提高紫花苜蓿越冬率。

4. 松土

早春土壤解冻后，紫花苜蓿未返青之前进行浅耙松土，促进发育，有利于返青。

（四）病虫害防治

1. 病害防治

（1）苜蓿褐斑病

在病害发生初期，喷施75%百菌清可湿性粉剂500~600倍液，或50%苯菌灵可湿性粉剂1 500~2 000倍液，或70%代森锰锌可湿性粉剂600倍液，或70%甲基托布津可湿性粉剂1 000倍液，或50%福美双可湿性粉剂500~700倍液。

（2）苜蓿锈病

在锈病发生前喷施70%代森锰锌可湿性粉剂600倍液，或用波尔多液（硫酸铜∶生石灰∶水=1∶1∶200）喷雾。发病初期至中期喷施20%粉锈宁乳油1 000~1 500倍液，或75%百菌清可湿性粉剂每100~120克，加水70升，均匀喷雾。

（3）苜蓿霜霉病

用0.5∶1∶100波尔多液，或45%代森铵水剂1 000倍液，或65%代森锌可湿性粉剂400~600倍液，或70%代森锰可湿性粉剂600~800倍液，或40%乙磷铝可湿性粉剂400倍液，或用70%百菌清可湿性粉剂按每亩面积采用 150~250 克加水 75 升搅均匀喷洒。上述药液需每隔 7~10 天喷施 1 次，视病情连续喷施 2~3 次。

（4）苜蓿白粉病

用 70%甲基托布津 1 000 倍液，或 40%灭菌丹 800~1 000 倍液，或 50%苯菌灵可湿性粉剂 1 500~2 000 倍液，或 20%粉锈宁乳油 3 000~5 000 倍液喷雾。

（5）苜蓿根腐病

播前用 50%苯菌灵可湿性粉剂 1 500~2 000 倍液，或 70%代森锰锌可湿性粉剂 600 倍液，或 70%甲基托布津可湿性粉剂 1 000 倍液喷雾。

2. 虫害防治

（1）苜蓿蚜虫

50%抗蚜威可湿性粉剂按每亩面积采用 10~18 克加水 30~50 升，或 4.5%高效氯氰菊酯乳油按每亩面积采用 30 毫升，或 5%凯速达乳油按每亩面积采用 30 毫升对水喷雾。

（2）蓟马

用 4.5%高效氯氰菊酯乳油 1 000 倍液，或 50%甲萘威可湿性粉剂 800~1 200 倍液，或 10%吡虫啉可湿性粉剂按每亩面积采用 20~30 克对水，70%艾美乐水分散粒剂按每亩面积采用 2 克对水喷雾。

也可在以上虫害在大面积发生之前尽快收割，避免损失。

四、收获利用

（一）刈割时间

现蕾末期至初花期收割。收割前根据气象预测，须 5 天内无降雨，以避免雨淋霉烂损失。

（二）收获方法

采用人工收获或专用牧草压扁收割机收获。割下的紫花苜蓿在田间晾晒使含水量降至 18%以下方可打捆贮藏。

（三）留茬高度

紫花苜蓿留茬高度在 5~7 厘米，秋季最后一茬留茬高度可适当高些，一般在 7~9 厘米。

（四）收获制度

兰州地区 1 年可收 3~4 茬。秋季最后一次刈割距初霜期 30~45 天。若最后一茬不能保证收获后至越冬期有足够生长期，则可推迟到入冬后紫花苜蓿已停止养分回流之后再收割。

五、贮藏加工

（一）干草打捆

在收割晾晒1天后，上层草含水量达到30%左右时，可利用晚间或早晨的时间，进行一次翻晒和并垄。早晚田间湿度较大，进行翻晒，可以减少苜蓿叶片的脱落。在晴天阳光下晾晒2天后，苜蓿草的含水量降至22%以下时，即可进行田间打捆。同样利用早晚空气湿度比较高时打捆，以减少苜蓿叶片的损失及破碎。在打捆过程中注意，不能将田间的土粒、土块、杂草和腐草打进草捆里。码堆时，草捆之间要留有通风口，以便草捆能迅速散发水分。底层草捆不能与地面直接接触，避免被水浸。草捆在仓库里贮存20~30天后，其含水量降至12%以下时，即可进行二次压缩打捆，规格为30厘米×40厘米×55厘米、重量为32千克左右的高密度草捆打好后，就可以进行封塑包装，有利于长期保存并降低运输成本。

（二）青贮

苜蓿青贮是将含水率为65%~75%的新鲜苜蓿经切碎后在厌氧环境下，利用苜蓿上附着的乳酸菌，使苜蓿产生发酵作用，将苜蓿饲料中的可溶性糖类转化为乳酸，乳酸本身是营养物质，又有可以抑制饲料中其他微生物（如腐败微生物）生长的作用。苜蓿青贮可以减少养分流失，减少由于雨季制作干草发生霉变带来的损失，还可以保持苜蓿青绿饲料的营养特性，适口性好、品质好、消化率高、能长期保存。优质青贮苜蓿饲料蛋白质含量在18%以上，可达到优质牧草标准，成为重要的蛋白质来源。

国内苜蓿生产大多数以制作干草为主，但由于每年7—8月兰州市区域降水集中，收获期雨热同季，导致割晒苜蓿自然晒干比较难，高含水量打包又使苜蓿霉变很多，所以收获风险极大。同时，苜蓿烘干设备昂贵，工序复杂操作难，苜蓿的收获已经成了苜蓿生产的制约因素。国外很多国家40%的苜蓿用于调制干草，60%的苜蓿以青贮的方式收获保存。调制干草的地区一般降雨量小或者有烘干设备。青贮苜蓿大多用于牧场自用或者近距离供应。

我国一般采用青贮窖贮存苜蓿。苜蓿由于含碳水化合物较少，传统的直接青贮不易成功，所以必须制作半干青贮。半干青贮就是干物质含量在35%~40%，即含水量在60%~65%。这样就要求收割后在阳光下晒3~5小时，然后进行捡拾。

青贮窖按牛为单位进行建设。每头牛每天需要8~10千克青贮苜蓿。每立方容积按 500 千克计算青贮窖大小。宽度根据每日采食高度不少于 30 厘米计算。旧青贮窖要及时清理，晒窖消毒。

收割期在现蕾期或初花期，收割速度要快才能保证质量一致。收割和捡拾、粉碎、拉运要配合一致。收割进度要根据捡拾、粉碎速度订制方案。粉碎的同时在收割机内的自带水箱里加上青贮菌液添加剂，按要求确定喷施剂量。

封窖时间越短越好，防止有害杂菌进入。封窖期间及时防雨，备好遮苫。底部不可进水。窖满要压实封严。做青贮时用塑料布沿墙体展开，底部压入 1~1.5 米，封窖时候用黑白膜封住窖顶部再用轮胎压好。

添加剂主要种类包括乳酸菌制剂、酶制剂、蜜糖、绿汁发酵液、甲酸、蔗糖，其中以乳酸菌制剂和酶制剂使用较多。

六、分级标准（表 1-1，表 1-2）

表 1-1　紫花苜蓿干草分级标准

理化指标	等级				
	特级	优级	一级	二级	三级
粗蛋白质（CP）	≥22	≥20 <22	≥18 <20	≥16 <18	<16
中性洗涤纤维（NDF）	<34	≥34 <36	≥36 <40	≥40 <44	>44
酸性洗涤纤维（ADF）	<27	≥27 <29	≥29 <32	≥32 <35	>35
相对饲用价值（RFV）	>185	≥170 <185	≥150 <170	≥130 <150	<130
杂草类含量	<3	<3	≥3 <5	≥5 <8	≥8 <12
粗灰分	≤12				
水分	≤14				

表 1-2　紫花苜蓿半干青贮分级标准

指标	等级			
	一级	二级	三级	四级
pH 值	≤4.8	>4.8，≤5.1	>5.1，≤5.4	>5.4，≤5.7
氨态氮/总氮（%）	≤10	>10，≤20	>20，≤25	>25，≤30

（续表）

指标	等级			
	一级	二级	三级	四级
乙酸（%）	≤10	>10，≤20	>20，≤30	>30，≤40
丁酸（%）	0	≤5	>5，≤10	>10
粗蛋白质（%）	≥20	≥18，<20	≥16，<18	<16，≥15
中性洗涤纤维（%）	≤36	>36，≤40	>40，≤44	>44，≤45
酸性洗涤纤维（%）	≤30	>30，≤33	>33，≤36	>36，≤37
粗蛋白质（%）	<12			

第二节　箭筈豌豆栽培技术

一、概述

箭筈豌豆是双子叶植物纲蔷薇目豆科野豌豆属，一年生或二年生草本，高 15~90 厘米。茎斜升或攀缘，单一或多分枝。萌发早、生长速度快、早熟、产种量高且较稳定。箭筈豌豆茎叶柔嫩，营养丰富，适口性强，牛、羊、猪、兔等家畜均喜食，是家畜的优质饲料。一般亩产鲜草 2 000~3 500 千克，茎叶含粗蛋白质 22. 81%，粗脂肪 0. 5%，粗纤维 3. 84%，灰分 2. 9%，粗蛋白质含量较高，粗纤维含量少，氨基酸含量丰富。箭筈豌豆为绿肥及优良牧草。籽实中粗蛋白质含量占全干重的 30%左右，是优良的精饲料。茎秆可作青饲料，调制干草，也可用作放牧。全草还可药用，国外曾有用其提取物作为抗肿瘤药物的报道。

箭筈豌豆苗期生长缓慢，孕蕾期开始迅速生长。花期以前，温度越高，其生长速度越快，花期以后则与品种特性有关。箭筈豌豆喜凉爽，抗寒性较强，适应性较广。箭筈豌豆适于气候干燥、温凉、排水良好的沙质壤土上生长，适宜 pH 值为 6. 5~8. 5 的土壤，比普通豌豆耐瘠薄，在生荒地上也能正常生长，是一种耗水较少的饲料作物。在生长期间遇干旱，植株生长暂停滞，遇水后又可继续生长。箭筈豌豆在甘肃、青海试种时，表现适应性强，生长所需活动积温 1 500~2 000℃，在 2~3℃ 时开始发芽。幼苗期能忍耐 −6℃ 的春寒。生存最低温度 12℃。

二、品种介绍

箭筈豌豆是在20世纪50年代从苏联、罗马尼亚等国引进了10多个品种，之后又陆续从澳大利亚等国引进了一些品种。60年代中期，我国开始了箭筈豌豆品种的选育工作。

333/A箭筈豌豆是中国农业科学院兰州畜牧研究所1964年从“西牧333”春箭筈豌豆原始群体中发现了变异株，继而应用混合选择法，经多年多点栽培选育而成的一个新品种。333/A箭筈豌豆青草茎叶柔软细嫩，粗蛋白质含量高，适口性好，各种家畜均喜食。种子可作精饲料，也可加工成优质粉丝和凉粉等食品。遗传性状稳定，综合性状优良，具有早熟、丰产、不炸荚、抗旱耐寒、低毒、耐瘠薄、品质好等特性。经品比试验和4省6点区域试验，与当地对照品种比较，生育期早熟7~37天；复种青草产量增产23%~36%，干物质百分率高20%；种子产量平均增产35%~56%；茎叶干物质的粗蛋白质含量为22.78%，提高5.27%，种子粗蛋白质含量为32.4%。383/A箭筈豌豆在西北五省（区）种植，其生育期在新疆最短84天，在青海最长是122天。

三、栽培技术

（一）土地准备

春播地在前茬作物收割后秋深耕20~25厘米，播种前浅耕15~20厘米，耙耱、整平地面，使土壤颗粒细匀，孔隙度适宜。

（二）播种技术

1. 播种方式

（1）条播

行距为15~20厘米，播带宽3厘米，播深3~4厘米，不超过5厘米，沙质土壤宜深，黏土宜浅；土壤墒情差的宜深，墒情好的宜浅。

（2）撒播

用人工或机械将种子均匀地撒在山区坡地土壤表面，然后轻耙覆土镇压。麦茬地套种或复种箭筈豌豆可采用撒播。

2. 播种量

（1）单播

单播播量为135~180克/亩。

（2）混播

与禾本科牧草混播时禾本科牧草播量为225~280克/亩、箭筈豌豆播量为90~112克/亩。

初次种植或从未种过箭筈豌豆的地块应接种根瘤菌，按8~10克/千克剂量拌种，避免阳光直射；避免与农药、化肥、生石灰等接触；接种后的种子3个月内未播种应重新接种。

3. 播种期

在兰州地区4月上旬至5月中旬播种。

(三) 田间管理

1. 除草

种植当年，应除草1~2次，播后苗前和苗后15~20天、杂草3~5叶期除草1次，产出的青草杂草率应该控制在5%以内。杂草少的地块用人工拔除，杂草多的地块可选用安全高效、低毒低残留的除草剂。

2. 灌溉

有灌溉条件的地块视需水情况在出苗后5~7天内灌水，在10%~50%茎上有可见花蕾时视土壤墒情进行灌水，整个生育期需灌水2~3次；水量不宜过大，应速灌速排，切忌渍水，地下水位较低地块注意开沟。

3. 施肥

播前施农家肥45~60千克/亩、过磷酸钙225克/亩做底肥，磷酸二氨113~146克/亩做种肥。前茬如果是豆类、洋芋地，则可以适量减少施肥量或不施肥。

(四) 病虫害防治

1. 病害防治

病害主要为白粉病、锈病、根腐病、霜霉病等，针对白粉病选用抗病品种；牧草收获后，在入冬前清除田间枯枝落叶，以减少翌年的初侵染源；发病普遍的草地提前刈割，减少菌源，降低下茬草的发病率；少施氮肥，适当增施磷肥、钾肥和含硼、锰、锌、铁、铜、钼等微量元素的微肥，以提高抗病性。针对锈病选用抗病品种，适时播种，合理密植，及时开沟排水，及时整枝，降低田间湿度，在锈病大发生前及时收获。

2. 虫害防治

虫害主要为蚜虫、豆秆黑潜蝇等，发生虫害后应及时进行防治，每亩可用50%抗蚜威可湿性粉剂10~18克加水30~50升，或4.5%高效氯氰菊酯乳油30毫升，或5%凯速达乳油30毫升喷雾。还可采用生物防治和农业防治。生物防治应采用以下措施：针对蚜虫利用天敌（如瓢虫、草蛉、食虫蝽、食蚜蝇和蚜茧蜂等）防治。针对豆秆黑潜蝇利用天敌（如蜘蛛和捕食性蓟马）防治。虫害农业防治应采用以下措施：针对蚜虫选用抗蚜箭筈豌豆品种；尽快提前收割。针对豆秆黑潜蝇尽量倒茬轮作，在虫害大发生前，尽快收割。收获后，清除残茎、叶和叶柄、茎秆等，于冬季作燃料烧毁。另外还有增施基肥、提早播种、适时间苗等措施。

（五）收获

箭筈豌豆现蕾期至初花期收割，与禾本科牧草混播时，禾本科牧草孕穗期或乳熟初期收割。收割时视天气状况及时收割，避免雨淋霉烂损失。

第三节　其他豆科牧草栽培技术

一、红豆草

多年生草本，高 30~120 厘米。主根粗长，侧根发达，主要分布在 50 厘米的土层内，最深可达 10 米。茎直立，多分枝，粗壮，中空，具纵条棱，疏生短柔毛。叶为奇数羽状复叶，具小叶 13~27 枚，呈长圆形、长椭圆形或披针形，长 10~25 毫米，宽 3~10 毫米，先端钝圆或尖，基部楔形，全缘，上面无毛，下面被长柔毛；托叶尖三角形，膜质，褐色。总状花序腋生，具小花 25~75 朵；花萼钟状；花冠蝶形，粉红色至深红色。荚果半圆形，压扁，果皮粗糙有明显网纹，呈鸡冠状凸起的尖齿，深褐色，不开裂，内含种子 1 粒；种子肾形，光滑、暗褐色。染色体为 $2n=28$。

（一）地理分布

目前栽培的红豆草主要分布于我国温带地区，如内蒙古自治区（全书简称内蒙古）、山西、北京、陕西、甘肃、青海、吉林、辽宁等省（区、市）都有试种或较大面积的栽培；野生的分布于西欧奥地利、瑞士和德国等地，在苏联野生种分布于波罗的海沿岸。栽培种广泛分布于英国、意大利、法国、匈牙利、捷克斯洛伐克、西班牙和苏联的乌克兰和俄罗斯南部各州。

（二）生态特征

红豆草的根系发育强大，据测定，生长 1 年的根系分布在 25 厘米的耕作层内，留在土壤中的鲜根，每亩为 833.4 千克，生长 2 年的根量倍增，亩产鲜根 2 700 千克，为第一年的 3 倍多，第三、第四、第五年生的依次为 3 533.5 千克、3 933.5 千克和 4 625 千克。如果加上底土层中的残留根量，总重超过了地上部分产量。因此，种植红豆草的土壤中含有许多有机质，是粮食作物和经济作物的良好前作，在干旱地区的轮作倒茬和耕作制度中具有重要的作用。红豆草种子在适宜的条件下，播种后3~4天即可发芽，子叶出土后5~10天长出第一片真叶。红豆草在甘肃河西走廊栽培，生长快，开花早，播种当年即可结籽。在甘肃黄羊镇4月初播种，7月上旬开花，8月中旬种子成熟。第二年一般在3月中旬返青，较紫花苜蓿约早1周，比红三叶草约早2周。在内蒙古呼和浩特市的自然条件下，4月末播种，当年亦能开花、结籽，但种子不甚饱满。翌年4月中旬返青，5月下旬现蕾，6月上旬开花，7月上旬种子成熟。由返青至成熟约90天，是豆科牧草中较早熟种。南京地区秋季播种，第二年4月初开始迅速生长，4月中旬现蕾，5月初开花，6月上、中旬种子成熟。红豆草的开花习性：每个花序的花期为20~25天，开花顺序自下而上，先阳面后阴面，1天之内，每个花序有5~8朵花开放。每朵花的开放时间为1~2天，开花 2~3天后，花瓣同雄蕊一起脱落，子房开始发育成荚果。红豆草为异花授粉植物，自交结实率低，即使在人为条件下控制授粉，其后代的生活力也显著减退。成熟的花粉粒，在5小时内有授粉能力，雌蕊授粉能力则可保持2天。在大田生产条件下，红豆草授粉率的高低，在很大程度上取决于传粉昆虫的多寡及其他条件，如开花期遇上高温、多雨也会影响授粉。在自然条件下，红豆草结实率一般为30%左右。故提高红豆草的结实率，是种子生产的重要问题。红豆草种子丧失发芽能力较快，一般贮存5年以上的种子，不宜做播种使用。红豆草适于生长在森林和森林草原以及草原地带，比较喜欢含碳酸盐的土壤和阴坡地。性喜温暖、干旱的气候条件，抗旱性比紫花苜蓿强，抗寒能力则稍逊于紫花苜蓿。

（三）饲用价值

红豆草富含主要的营养物质，粗蛋白质含量较高，为13.58%~24.75%，矿物质元素含量也很丰富，饲用价值较高，各类家畜和家禽均喜食。收籽后的秸秆也是马、牛、羊的良好粗饲料。无论单播还是和禾本科牧草混播，其干草和种子产量均较高，饲草中含有畜禽所必要的多种氨基酸。红豆草有机物质消化率低于紫花苜蓿和沙打旺，反刍家畜饲用红豆草时，不论数量多少，都不会引起臌胀病。红豆草在调制干草过程中的最大优点是比三叶草和紫花苜蓿损失叶片少，易晾干。比紫花苜蓿病虫害少，抗病力强，它的种子、豆荚和花，被昆虫采食。因其返青要比三叶草和紫花苜蓿早，故是提供早期草料的牧草之一，在早春缺乏青饲料的地区栽培尤为重要。由于红豆草开花早，花期长达2~3个月，对养蜂甚为有利，是优良的蜜源植物。其根上有很多根瘤，固氮能力强，对改善土壤理化性质，增加土壤养分，促进土壤团粒结构的形成，都具有重要的意义。

（四）栽培要点

红豆草可带荚播种。其千粒重15~18克，带荚千粒重20~24克。我国北方以春播为宜，而华北和华中地区可夏播或秋播。作割草用，每亩播量5~6千克，作为采种用，每亩3~4千克。割草用的行距为20~30厘米，种子田行距为30~45厘米。播深3~5厘米，在干旱多风地区，播后必须及时镇压，以利保苗。红豆草播后出苗前，不宜灌水，如遇降雨使表土板结时，需要及时抢耙，以利出苗。红豆草在苗期生长缓慢，易受杂草危害，应及时除草。在生长初期或每次刈割、放牧后，要追施化肥和石灰，与灌溉结合进行，以促进生长和再生。红豆草适宜的刈割期是孕蕾期。但产草量略偏低，草质好，蛋白质含量和消化率高，刈后再生草生长迅速，产量高；若盛花期、荚期刈割，产草量较高，但草质差，粗纤维多，叶量少，再生性蛋白质含量和消化率均逊于孕蕾期刈割的鲜草。红豆草的留茬高度，对头茬草的产量影响极大。即留茬越高，其产草量越低，但对再生草无明显影响。在一般的耕作条件下，只能刈割2次，再生草产量为第一次刈割产量的50%~60%。再生草一般用于放牧和调制干草。红豆草的分枝期，茎约占30%，叶占70%；在盛花期，茎约占58%，叶占42%；结荚期茎约占60%，叶占40%；种子成熟期，茎约占62%，叶占38%。红豆草为春播型牧草，播种当年即可开花结实，但是第一年亩产种子仅5~12.5千克，第二年至第五年产籽量最高，亩产种子可达60~70千克。若头茬收草、二茬收种子时，种子产量因头茬的收割时间而异。红豆草生长到5年以后，由于自疏作用，杂草随着侵入，产量逐渐下降。红豆草的落粒性强，边熟边落粒，故采种不宜过迟。

二、沙打旺

（一）形态特征

多年生草本，高50~70厘米，全株被丁字形茸毛。主根粗长，侧根较多，主要分布于20~30厘米土层内，根幅达150厘米左右，根上着生褐色根瘤。茎直立或倾斜向上，丛生，分枝多，主茎不明显，一般为10~25个。叶为奇数羽状复叶，有小叶3~27枚，长圆形，托叶膜质，卵形。总状花序，多数腋生，每个花序有小花17~79朵，花蓝色、紫色或蓝紫色，萼筒状5裂；花翼瓣和龙骨瓣短于旗瓣。荚果矩形，内含褐色种子10余粒。染色体2n=16。栽培沙打旺与野生直立黄芪相比，在外形上有很大差异。栽培种植株高达1.5~2米，枝叶茂盛，开花结籽较迟。因此，北方许多省区种子难以成热，不能天然更新，但是细胞染色体均为2n=16。根据山西农业大学的试验，栽培种属大型染色体，其长度和宽度分别为野生种的2~3倍。野生种染色体很小，其长度几乎与栽培种的直径约相等。

（二）地理分布

沙打旺在内蒙古、河北、河南、山东、辽宁、江苏等省（区）都有野生种分布，并有多年栽培历史。目前栽培种已推广到黑龙江、吉林、陕西、山西、北京、天津等地区，到1982年底，栽培面积近300万亩。在国外，苏联、日本、朝鲜等国也有野生种分布。

（三）生态特征

沙打旺适应性较强，根系发达，能吸收土壤深层水分，故抗盐、抗旱。在风沙地区，特别在黄河故道上种植，1年后即可成苗，生长迅速，并超过杂草，还能固定流沙。沙打旺适于在沙壤土上生长，以pH值6~8最适宜。根据宁夏盐池草原实验站的研究，沙打旺早春越冬芽从萌发到幼芽露出地面需7天左右，此时平均气温为4.9℃。茎、叶能忍受地表最低气温分别为-30℃和-24.4℃，而当年茎生芽可忍受最低气温为-15.4~-13.9℃，花蕾能忍受的最低温度值小于6.6℃，大于5.6℃，种子发芽下限温度为9.5℃左右，发芽的适宜温度为20.5~24.5℃。沙打旺从萌发至50%左右种子成熟时，大约需要有效积温2 440℃。在日平均气温22℃左右、相对湿度为60%左右、日照8小时开花最多。根据西北水土保持研究所的试验，叶中含水量为74.8%，属中旱生植物。生长速度与降水量有密切关系，降水量多时生长速度快，特别在干旱地区十分明显，因各年降水量不同，生长高度也有明显差异。沙打旺怕水淹，在排水不良或积水的地方，易烂根死亡。苗期生长十分缓慢，出苗后半个月苗高不足1厘米，地下根已达4厘米，4年生沙打旺根深可达4~5米。在同样生长条件下，沙打旺的地上及地下部干物质产量均高于紫花苜蓿。根据辽宁省农业科学院的试验，早春播种的沙打旺，出苗后105~117天现蕾，131~147天盛花；2年生以上的植株，返青后85~90天现蕾，115~120天盛花，由现蕾到第一朵小花开放需要24~35天，平均28天。每朵小花从开放到凋谢需要1~3天，平均2天。同一花序从第一朵小花开放到全花序开完花需要5~19天，平均8天，以后形成的花序，因温度不足，只有部分小花开放。2年以上的植株，第一个花序开始现花到第二个花序现花需要2~10天，平均5天。小花开后，只需要3.5~6.5天即可见荚。沙打旺为无限花序，早开花则早成熟，成熟天数少，晚开花则晚成熟，所需天数也多。如在沈阳，8 月 5 日前开花者，需要 25~26 天成熟，8 月 9 日至 11 日开花者，需要 30~32 天成熟。而 8 月 16 日—18 日开花者，则需 35~37 天成熟。根据河南省农业科学院畜牧研究所的试验，从现蕾到种子脱落各生育阶段所需时间共 55~60 天，其中现蕾至开花 15~20 天，开花至花落 6~9 天，花落至结荚 2~3 天，结荚至种子成熟 25~30 天，种子成熟至落粒 3~5 天。花序形成需 20℃以上高温，在 7—8 月平均气温达 20℃以上时，种子均可成熟。农牧渔业部畜牧局根据全国各地试种情况及沙打旺各种子基地气象资料分析，沙打旺要求年平均气温 8~15℃，年降水量 300~500 毫米，0℃以上积温 3 600~5 000℃，生长期 150 天以上。凡是年平均气温低于 10℃，0℃以上积温低于 3 600℃，无霜期少于 150 天的地区，种子难以成熟或仅少量种子成熟。如在陕西省吴起县，种子难以成熟。而年平均气温在 10℃以上，无霜期 180 天以上的河南民权县、睢县和陕西渭南县等地，当年春播，秋季可收部分种子，一般亩产种子 5~15 千克。大面积推广沙打旺只不过 4~5 年的时间，而推广如此之快，是由于沙打旺具有下述几个特点：一是沙打旺是干旱地区的优质饲草。沙打旺营养生长期长，比同期播种的紫花苜蓿营养期长 1~1.5 个月。叶量丰富，占总重量的 30%~40%。营养期茎叶含粗蛋白质为主，占 5%左右。据群众反映，干草的适口性优于青草。各地将沙打旺打浆、青贮、调制干草或加工干草粉等，供各种家畜饲用。二是产量高。沙打旺植株高大粗壮，产草量高于一般牧草。河南的睢县、陕西的渭南县，亩产青草达 5 000 千克以上，陕西榆林县亩产青草 900~1 900 千克。甘肃黄羊镇，沙打旺生长第二年，生长期灌 1 次水，亩产青草 6 000~8 000 千克，是干旱地区很有前途的一种牧草。三是抗旱能力强。在吉林西部、内蒙古锡林浩特、青海西宁等地区，冬季严寒，冻土层深达 1.5 米左右，紫花苜蓿和草木樨某些品种常遭冻害，可是沙打旺受冻害较轻。在陕北榆林，1971 年 9 月播种的沙打旺，在-30℃的低温下，越冬率较紫花苜蓿和草木樨高 80%以上。四是抗风沙能力强。在风沙大的地区，沙打旺常常被沙埋，被埋以后又能自行长出来，表现生命力较顽强。河南睢县草子场前身是林场，有沙荒地 6 000 多亩，历来栽树不长，种粮不收。自从 1979 年改种沙打旺以后，效果十分明显。沙打旺播后当年能覆盖地面，使风来沙不起，水流沙不动，保持了水土。五是沙打旺优质绿肥。沙打旺根瘤多，固氮能力强。河南睢县草子场在沙地上种沙打旺 3 年后，再在沙打旺行间种小麦（行距 2~3 米），亩产小麦 250 千克，果树行间种沙打旺压绿肥后，相当于给每棵果树施 0.75 千克尿素。陕西榆林县，在种过 3 年沙打旺的茬地种谷子，每亩打粮 300 千克，而对照地每亩仅收100千克。沙打旺的茎叶中含氮1.1%~3.8%、磷0.15%~0.36%、钾1.4%~1.6%，每500千克鲜草中氮的含量，相当于硫酸铵8.5~28.5千克。六是利于保持水土。沙打旺茎叶繁茂，覆盖面积大，扎根快，生长迅速，是黄土高原理想的保持水土的植物。在陕西吴起县、志丹县飞播沙打旺的荒地上，大雨后土壤未受冲刷，当年播下的沙打旺可以覆盖地面50%左右，2~3年后可以覆盖地面30%~90%。由于覆盖面积大，减少了冲刷地面的力量，保持了水土。七是茎秆可作燃料。2年以上的沙打旺，茎秆粗壮，适口性较差，在缺少燃料的地方，群众将收过种子和叶子的茎秆作薪柴利用，增加了燃料来源。八是种子小，吸水力强，发芽快，出苗齐。在气温在30~35℃，水分充足时，播后第二天即可发芽，3~4天即可出苗，故适于干旱地区高温多雨时大面积飞播。

（四）饲用价值

随着沙打旺种植面积的扩大，用其作饲草的地方逐渐增多。如嫩茎叶打浆喂猪，在沙打旺草地上放牧绵羊、山羊，收割青干草冬季补饲，用沙打旺与禾草混合青贮等。凡是用沙打旺饲养的家畜，膘肥、体壮，还未发现有异常现象，反刍家畜也未发生臌胀病。河南睢县草子场，种有大面积的沙打旺，并建立了半细毛羊专业队，饲养羊232只，南阳黄牛25头，每天除喂精饲料外，饲草以沙打旺为主，公牛犊平均日增重0.5千克。沙打旺花期长，花粉含糖丰富，是一种优良的蜜源植物，特别在秋季，百花凋零，而沙打旺的花仍十分繁盛，可供蜂群采集花粉。河南唯县草子场1980—1981年，除本场养蜂120箱外，外来养蜂者达1 320箱。沙打旺为蜂群源源不断地提供蜜源，蜂群为沙打旺传递花粉，增加种子产量。据辽宁省农业科学院试验，沙打旺由苗期到盛花期，碳水化合物含量由63%增加到79%，无氮浸出物（淀粉、糊精和糖类等）由45%减到35%，粗纤维则由18%增加到37%，霜后落叶时增至48%。从各地多点试验及分析证明，沙打旺粗蛋白质含量在风干草中为14%~17%，略低于紫花苜蓿，幼嫩植株中粗蛋白质含量高于老化的植株。初花期的粗蛋白质含量为12.29%，仅低于苗期（13.36%），而高于营养期（11.2%）、现蕾期（10.31%）、盛花期（12.30%）和霜后落叶期（4.51%），霜后落叶期的粗蛋白质含量急剧下降，仅为盛花茎期前的1/3~1/2。在不同生长年限中，氨基酸总含量以第一年最高，达13%以上，2~7年的植株中，变化幅度为8%~9.6%，接近草木樨含量（9.8%），而低于紫花苜蓿。紫花苜蓿第二年初花期氨基酸总量为12.22%。生长1年的沙打旺，从苗期到盛花期，植株中8种必需氨基酸含量变化范围在2.7%~3.6%，平均为2.38%，略低于紫花苜蓿（3.05%）。因此沙打旺是干旱地区的一种好饲草，但其适口性和营养价值低于紫花苜蓿。沙打旺的有机物质消化率和消化能也低于紫花苜蓿。根据中国农业科学院畜牧研究所的试验，沙打旺属低毒植物，所含毒素为有机硝基化合物，这种化合物在畜禽消化道的代谢产物为3-硝基-1-丙醇和3-硝基丙酸，经肠道吸收进入血液后，影响中枢神经系统，并转变血红蛋白为高价血红蛋白，使肌体运氧功能受阻，因而引起畜禽中毒。如试验将1.7毫克沙打旺叶粉饲喂小鸡，未引起中毒现象。喂入5.4毫升提取液（1毫升提取液等于1克干粉，下同），引起小鸡轻微中毒。喂入9毫升提取液，发生小鸡死亡。根据以上试验，认为沙打旺是低毒黄芪属植物，可作为饲料推广应用。

（五）栽培要点

适时播种。沙打旺苗期生长比较缓慢。早春播种，植株当年生长健壮，无霜期长的地区，当年还可收到种子。在干旱地区，适于雨季前播种，出苗率高，但当年不能结籽。飞机播种沙打旺，在我国西北地区黄土高原已有4年之久。在正常情况下，飞播沙打旺有苗面积可达40%~50%，到第二年即可作为采草场。此种播法成功的主要原因：一是用种量少，速度快，成本低。飞播每亩播种量仅0.2千克，飞播一架次可播种5 000亩左右，大大降低了用种量及飞播成本。二是播下的种子分布较均匀：以每亩播种量按0.2千克计算，飞播后每平方米可落种140~180粒，若每平方米成苗按10%计算，还可保存10株左右，实际上每平方米保存1~3株苗即可达到预期效果。三是种小易覆土。沙打旺种子细小，经风吹就可浅覆土，遇雨水易出苗。飞播后立即赶牛、羊群踩踏一遍，也可以达到覆土镇压的目的，出苗效果也较好。四是覆盖地面大。沙打旺分枝多，生长第二年即可覆盖大地，减少地表蒸发和水土流失，绿化了裸地。当前生产上存在的问题：首先是沙打旺适口性较差，家畜开始饲喂时不采食，经习惯后才采食。将沙打旺调制成干草后，适口性较好。其营养价值、适口性和再生性均不如紫花苜蓿。其次是沙打旺生育期较长，一般在180天以上，花期又长，因此常遇到早霜危害，种子不易成熟或仅少量成熟，平均每亩种子产量5~10千克左右，种子产量低，满足不了生产的需要。再一点是沙打旺为无限花序，种子成熟很不一致，采种较困难。至于其低毒性，尚待进一步研究。

三、白三叶草

（一）形态特征

多年生草本，叶层一般高15~25厘米，高的可达30~45厘米。主根较短，但侧根和不定根发育旺盛。株丛基部分枝较多，通常可分枝 5~10 个。茎匍匐，长 15~70 厘米，一般长 30 厘米左右，多节，无毛。叶互生，具长 10~25 厘米的叶柄，三出复叶，小叶倒卵形至倒心形，长 1.2~3 厘米，宽 0.4~1.5 厘米，先端圆或凹，基部楔形，边缘具钢锯齿，叶面具“V”字形斑纹或无；托叶椭圆形，抱茎。花序呈头状，含花 40~100 余朵，总花梗长；花萼筒状，花冠蝶形，白色，有时带粉红色。荚果倒卵状长形，含种子 1~7 粒，常为 3~4 粒；种子肾形，黄色或棕色。

（二）地理分布

白三叶草在我国中亚热带及暖温带地区分布较广泛。在四川、贵州、云南、湖南、湖北、广西壮族自治区（全书简称广西）、福建、吉林、黑龙江等省区均有野生种发现。在四川，白三叶草分布的垂直高度在海拔 500~3 600 米的范围，而以 1 000~3 200 米的地带生长较好。在东北、华北、华中、西南、华南各省区均有栽培种；在新疆维吾尔自治区（全书简称新疆）、甘肃等省区栽培后表现也较好。白三叶草原产于欧洲，并广泛分布于亚、非、澳、美各洲。在苏联、英国、澳大利亚、新西兰、荷兰、日本、美国等均有大面积栽培。

（三）生态特征

白三叶草性喜温暖湿润的气候，不耐干旱和长期积水，最适于生长在年降水量为 800~1 200 毫米的地区。白三叶草种子在 1~5℃时开始萌发，最适气温为 19~24℃。在冬季积雪厚度达 20 厘米、积雪时间长达 1 个月、气温在-15℃的条件下，能安全过冬。在 7 月平均温度≥35℃，短暂极端高温达 39℃时，仍能安全越夏。白三叶草喜阳光充足的旷地，具有明显的向光性运动，即叶片能随天气和每天时间的变化以及光源入射的角度、位置而运动，早晨三小叶偏向东方，正对阳光；中午三小叶向上平展，阳光以 30°的角度射到叶面。下午三小叶偏于西方，至傍晚，三小叶向上闭合，夜间叶柄微弯，使合拢的三小叶横举或下垂，至翌日重复上述运动过程。这种向光性运动，有利于加强光合作用及营养物质的形成。在荫蔽条件下，叶小而少，开花亦不多，其产草量及种子产量均低。根据对不同光照条件的对比，在全光照条件下，单位面积形成的花序数增加 46.7%，平均每花序的小花数增加 21.89%，平均千粒重增加 7.84%。说明充足的光照可以促进白三叶草的生长与发育。白三叶草适应的 pH 值为 4.5~8。pH 值为 6~6.5 时，对根瘤形成有利。贵阳野生白三叶草，在栽培条件下的生育期如下：在贵阳地区秋播，开花结实良好，全生育期为 298 天，春播仅少数开花，种子成熟不好。白三叶草匍匐茎，可生长不定根，形成新的株丛，为耐践踏的放牧型牧草。白三叶草适应性较强，能在不同的生境条件下生长，在亚热带的湿润地段，可形成貌似单一的群落，在群落中它占总重量的 81.6%，其种子产量亦较高。在野生草地，常与狗牙根、牛鞭草、白茅等禾本科植物混生。在栽培条件下，与多年生黑麦草、猫尾草、羊茅、雀稗等禾本科牧草混播良好，但与鸭茅之间的拮抗性却较大。近年来，在贵州威宁县及湖南城步县南山牧场及湖南新宁县，飞播牧草共 10 余万亩，其中以白三叶草为主的混播草地生长良好，播后的第二年即可放牧利用。

（四）饲用价值

白三叶草适口性优良，为各种畜禽所喜爱，营养成分及消化率均高于紫花苜蓿、红三叶草。在天然草地上，草群的饲用价值也随白三叶草的比重增加而提高。干草产量及种子产量则随地区不同而异。它具有萌发早、衰退晚、供草季节长的特点，在南方，供草季节为 4—11 月。全年产草量出现春高-夏低-秋高的马鞍形。白三叶草茎匍匐，叶柄长，草层低矮，故在放牧时采食的多为叶和嫩茎，因而它的营养成分及消化率力为所有豆科牧草之冠。其干物质的消化率一般都在 80%左右。同时，随草龄的增长，其消化率的下降速度也比其他牧草慢，如黑麦草平均每天下降 0.5%，而白三叶草每天则下降 0.15%。白三叶草在我国种植，第一年亩产鲜草 750～1 500 千克，第二年亩产鲜草 3 000～3 500 千克（四川雅安刈割 4 次，折合干草 540～630 千克），在四川凉山海拔 1 400～3 200 米的地带及湖南一些地方亩产可达 5 000 千克以上。白三叶草的野生种与栽培种在我国及世界各地广泛分布，已成为世界上较重要的牧草品种资源之一，世界上已建立了若干个白三叶草品种，并育成很多个白三叶草的品系，在畜牧业生产上已发挥了巨大的作用。白三叶草多用于混播草地，很少单播，它是温暖湿润气候区进行牧草补播、改良天然草地的理想草种之一。同时，亦可作为保护河堤、公路、铁路沿线，防止水土流失的良好草种，也可作为运动场、飞机场的草皮植物及美化环境铺设草坪等。

（五）栽培要点

白三叶草春秋均可播种，我国南方春播在 3 月中旬前，秋播宜在 10 月中旬前。千粒重 0.5～0.7 克，千克粒数约 145 万粒。播种量每亩 0.25～0.5 千克。与禾本科牧草如黑麦草、鸭茅、猫尾草等混播，适于建立人工草地。由于白三叶草幼苗期生长缓慢，应及时清除杂草或采用保护作物以控制杂草增加。白三叶草与红三叶草和草莓三叶草的根瘤菌相同，在接种时，按每 10 克根瘤菌种与 1 千克白三叶草种子用少量水拌匀。在混播的草地上，一方面应防止禾本科牧草生长过于茂盛而抑制白三叶草的生长，可采用刈草和放牧的方法控制。另一方面也要控制白三叶草的比重过大，以防止反刍动物采食过量引起臌胀。一般禾本科牧草与白三叶草的产量以 2∶1 为好，既可防止臌胀病，又可获得干物质和蛋白质在单位面积上的最高产量。在气候、土壤适宜的条件下，白三叶草可利用营养繁殖的能力继续繁殖，其种子成熟后也可自行落地，萌发生长，所以白三叶草能在草地上长期维持不败。为了保证产草量，应当在刈割后，入冬前或春追施钙、镁、磷肥或过磷酸钙加石灰，每亩每年施用 20~25 千克。白三叶草种子的生产应考虑选择适宜土壤（粉沙壤或轻壤土）、充足的光照（15 小时以上）和传播花粉的昆虫等条件。种子的采收以 80%~90% 的头状花序变为褐色时为宜，也可通过肥、水的管理，使种子成熟期一致，以减少采种工作量。

第二章　禾本科饲草栽培

第一节　燕麦栽培技术

一、概况

燕麦（*Avena.* L）又称莜麦、玉麦、铃铛麦，英文名 Oats，是禾本科、燕麦属、年生草本植物，一般分为带稃型和裸粒型两大类。兰州市饲用栽培带稃型燕麦，常称为皮燕麦。

燕麦性喜冷凉、湿润的气候条件，是一种长日照、短生育期、要求积温较低的作物，很适合在我市日照较长、无霜期较短、气温较低的寒冷地区种植。燕麦根系发达，吸收能力较强，比较耐旱，对土壤的要求也不严格，能适应多种不良自然条件，即便在旱坡、干梁、沼泽和盐碱地上，也能获得较好的收成。

燕麦秸秆是牲畜的优良饲草，燕麦的茎、叶、秸秆、稃中含有丰富而易消化的营养物质，其中蛋白质含量 5.2%，脂肪含量 2.2%，可消化纤维 11.4%~18.3%，无氮浸出物 44.6%，可提高奶牛和奶羊的产乳量和奶品质。用燕麦籽实饲喂幼畜、老畜、弱畜和重役畜，是增强体质、恢复牲畜膘情的重要措施。

燕麦虽为小宗作物，但在区域性农业生产和调剂城乡人民生活中不可或缺，在区域经济发展中占有重要地位。

二、主要品种

（一）国内品种

1. 白燕 7 号

春性，幼苗竖立，深绿色，生养期 87~144 天。株高 92.1 厘米，千粒重 27.8 克，籽实带壳，籽粒浅黄色，表面有绒毛。抗旱、抗倒伏，抗燕麦红叶病、白粉病、黑穗病。在土肥水管理适宜条件下，干草亩产可达到 320 千克。

适宜兰州市干旱和半干旱地区、高寒阴湿区、二阴地区及类似生态区种植。

2. 陇燕3号

春性，晚熟品种，生养期110~130天。叶片深绿色，分蘖力强，有效分蘖多。株型紧凑，茎秆粗壮，株高135~160厘米。周散形穗，颖壳黑紫色，长卵圆形。穗长14~20厘米。小穗数24~30个，穗粒数30~45，穗粒重1~1.5克。千粒重30~34克，种子成熟后不落粒。在土肥水管理适宜条件下，干草亩产可达到751.2千克。对燕麦红叶病的抗性明显高于对照，对黑穗病免疫。适宜在兰州市永登县和榆中县冷凉或二阴地区种植。

（二）国外引进品种

1. 太阳神

春性，中晚熟饲用品种。籽粒较大，建植速度快，在生长季节内快速分蘖。茎秆高大，叶量较多且叶片宽大，但是茎秆很有力量，不易倒伏。粗蛋白质含量在10%~20%，营养成分受土壤肥力、气候和管理措施的影响。调制干草应在抽穗期收获，用于青贮制作则应在蜡熟期收割。适宜在我国大部分地区种植，在冷凉湿润的气候条件下生长最好。

2. 爱沃

牧用型、超晚熟燕麦品种，叶片颜色深绿，植株中等偏高，茎秆抽穗高度在130~160厘米，生长直立，分蘖能力强，抗倒伏能力强。叶茎比高，牧草品质好，相对饲喂价值高。种子拌杀虫剂可有效抵抗黄矮病。

3. 牧乐思

从加拿大引进的饲用专用型燕麦品种，须根发达，茎秆直立，株高1.4~1.8米，叶量丰富，叶片宽大，适口性非常好。近几年，“牧乐思”在我国燕麦主产区内蒙古阿鲁科尔沁旗、甘肃山丹、河北坝上等地区种植面积逐年扩大，是我国燕麦主产区的主推品种之一。该品种主要特点为植株高大、叶片宽、产量高、抗倒伏。“牧乐思”在水浇地亩产干草800千克以上，旱地亩产600千克左右。1年种植两季的地区，全年干草产量可达1.2吨/亩。建议播量9~10千克/亩。

4. 海威

加拿大引进的饲用燕麦品种，须根发达，茎秆直立，株高1.3~1.5米，植株分蘖能力很强，每个植株上可产生8~13个分枝。叶片宽大且叶量丰富、茎叶柔嫩多汁，含糖量高，适口性非常好。目前在我国内蒙古赤峰、通辽、河北张家口、青海、甘肃等燕麦主产区种植面积逐年增加，是燕麦干草生产中的主力品种之一。“海威”亩产干草800千克/亩，干草中粗蛋白质含量高，营养价值丰富，草味甘甜，适口性非常好，既可制作干草又可青贮或青饲利用。收获干草的最佳刈割期为乳熟期，青贮利用时以乳熟期至蜡熟期刈割为宜，若青饲利用，宜在拔节至开花期刈割，或株高 50~60 厘米时刈割，留茬 5~8 厘米。建议播种量 9~10 千克/亩。

三、栽培技术

（一）土地准备

应选择地势平坦、肥力中等以上、保水保肥的地块。结合秋耕翻，施腐熟有机肥 1 000~2 000 千克/亩，春季播种前施相当于氮 10~12 千克/亩、磷 5~7 千克/亩的化肥后旋耕，使地表平整，上虚下实。

（二）播种技术

燕麦忌连作，豆科作物都是它的良好前作。与豌豆轮作增产效果显著。兰州市燕麦饲草耕作区一般进行春播，适宜播种期为 5 月下旬至 6 月上中旬。

燕麦种子发芽约吸收本身重量 65%的水分才能萌发，因此播种时土壤的墒情很重要。播前用内吸性药剂拌燕麦种子，用 60%吡虫啉悬浮种衣剂按种子重量的 0. 3%进行种子包衣，防治燕麦红叶病。用 50%多菌灵按种子重量的 0. 2%~0. 3%拌种，防治燕麦坚黑穗病。

条播行距为 12~15 厘米，播量 10~15 千克/亩，密度 35~40 万株，播后及时镇压。播种深度为 4~6 厘米，要求播种时种子均匀，不漏播，不断垄，深浅一致。燕麦可单播也可与豌豆、箭筈豌豆、毛苕子等豆科牧草混播，以提高干草和蛋白质产量。混播燕麦占混播总量的 3/4 较好。

（三）田间管理

于分蘖后期至拔节期用中耕机进行中耕除草 1 次，也可选用化学除草，如选用巨星干浮剂 1~1. 8 克/亩对水 30 千克，选晴天、无风、无露水时均匀喷施。在分蘖期或拔节期结合降水，追施氮肥 5~10 千克/亩。

（四）病虫害防治

针对当地主要病虫害，选用适应性和抗病虫性强的品种，实行合理轮作倒茬，轮作年限在 3 年以上，及时拔除田间病株。

虫害主要有黏虫、蛴螬、蓟马、蚜虫等。如发现黏虫危害，每亩用 5%来福灵乳油 15~20 毫升对水 60 千克喷雾处理，其他病害用 5%氯氰菊酯、吡虫啉、敌百虫等防治。

燕麦常见病害有黑穗病、红叶病、秆锈病，可用多菌灵、甲基托布津等 500 倍液喷雾防病。

四、收获利用

收割时，收割机行走方向应与播种时播种机行走方向垂直，有利于秸秆通风透气，加快水分蒸发，留茬高度 5~10 厘米。在灌浆期至乳熟期刈割，或根据种植生境，适时提前至拔节期刈割收获，饲草品质较好。刈割后，在地里晾晒 10~15 天，待水蒸发至 30%左右，即可打捆。

五、燕麦干草质量分级（表2-1，表2-2）

表 2-1　A 型燕麦干草质量分级　　单位：%

化学指标	等级			
	特级	一级	二级	三级
中性洗涤纤维（NDF）	<55	≥55，<59	≥59，<62	≥62，<65
酸性洗涤纤维（ADF）	<33	≥33，<36	≥36，<38	≥38，<40
粗蛋白质（CP）	≥14	≥12，<14	≥10，<12	≥8，<10
水分	≤14			

注：中性洗涤纤维、酸性洗涤纤维、粗蛋白质含量均为干物质基础

表 2-2　B 型燕麦干草质量分级　　单位：%

化学指标	等级			
	特级	一级	二级	三级
中性洗涤纤维（NDF）	<50	≥50，<54	≥54，<57	≥57，<60
酸性洗涤纤维（ADF）	<30	≥30，<33	≥33，<35	≥35，<37
水溶性碳水化合物（WSC）	≥30	≥25，<30	≥20，<25	≥15，<20
水分	≤14			

注：中性洗涤纤维、酸性洗涤纤维、粗蛋白质含量均为干物质基础

第二节　饲用玉米栽培技术

一、概况

玉米（*Zea mays* L.）英文名 Maize，原产于墨西哥和秘鲁，16 世纪传入我国，目前种植已遍及全国，北起北纬 50°的黑龙江省的黑河以北，南至北纬 18°的海南岛，东至中国台湾地区和沿海各省，西至新疆及西藏高原都有

种植，但主要集中在东北、华北、西北和西南山区，其中甘肃省种植饲用玉米约150万亩，兰州市种植饲用玉米约13.5万亩。

饲用玉米是指以收获青绿秸秆为主的一类玉米，具有产量高、饲用价值高等特点，被称为“饲料之王”，其叶作为良好的青绿饲料，营养丰富，粗纤维含量较少，适口性好，适合青饲和调制青贮料；籽粒和茎也具有饲用价值，茎可为畜牧业提供大量的青绿饲料，对我国饲料生产以及畜牧业的发展有着重要的意义。按收获物和用途来进行划分为籽粒玉米、青贮玉米、鲜食玉米三大类型。

青贮饲用玉米是在适宜收获期内，收获包括果穗在内的地上全部绿色植株，经切碎、加工，用适宜的青贮发酵方法来制作青贮饲料以饲喂牛、羊等为主的草食牲畜的一种玉米。它与一般普通（籽粒）玉米相比具有生物产量高、纤维品质好、持绿性好、干物质和水分含量适宜用厌氧发酵的方法进行封闭青贮的特点。

二、主要品种

（一）京科932

该品种株型半紧凑，果穗长筒形，红轴，籽粒黄色偏硬粒；田间持绿性好，青贮品质高，抗倒伏能力强，便于后期机械收获。抗病性强，适宜兰州市作为春播青贮玉米种植，春播宜在4月下旬至5月上旬，地温稳定在10~12℃，播种深度为4~5厘米，播量1.8千克/亩，行距60厘米，保苗密度为4 500~5 000株/亩，播种时可施复合肥10~15千克/亩做种肥，种肥分离，避免烧苗。在小喇叭口期至大喇叭口期根据长势追施尿素或复合肥35~40千克/亩。在兰州市晚熟春播区，青贮玉米生育期120天左右，籽粒玉米128天左右，株高300~320厘米，穗位120厘米左右，收获时单叶片16片。均产1 496千克/亩（干重），籽粒玉米产量843.6千克/亩。

（二）禾玉9566

在兰州地区做青贮玉米种植，从出苗到青贮收获120天左右，株高一般320~350厘米，穗位130~140厘米，植株长势旺盛，茎秆粗壮；株型半紧凑，秆高穗大，穗长27厘米以上，包叶薄而紧，果柄短，无秃尖，不穗萌，籽粒品质好，蛋白含量达8.43%，淀粉含量达35.07%。植株整齐，果穗均匀，穗行数18~20行，稳产性好，茎秆粗大强韧，根系发达，抗倒伏、抗病性强，适应性广，适合兰州市晚熟区。春播宜在4月下旬至5月上旬，地温稳定在10~12℃，播种深度为5厘米，播量1.8千克/亩，行距60厘米，保苗密度为 4 000~4 500 株/亩，播种时可施复合肥 10~15 千克/亩做种肥，种肥分离，避免烧苗。在小喇叭口期至大喇叭口期根据长势追施尿素或复合肥 35~40 千克/亩。

（三）禾玉 36

植株半紧凑，株高 320 厘米，穗位 150 厘米，籽粒黄色，马齿形，青贮品质好，叶片较宽，叶量大，叶茎比低，幼苗长势强，田间生长均一整齐，抗倒伏能力强，利于后期机械收获和保障产量，抗病性好，抗大斑病，中抗小斑病、茎腐病、纹枯病和玉米螟。兰州市宜春播，一般在 4 月下旬至 5 月上旬，地温稳定在 10~12℃，播种深度为 5 厘米，播量 1.8 千克/亩，保苗密度为 4 500~5 000 株/亩，播种时可施复合肥 10~15 千克/亩做种肥，种肥分离，避免烧苗。在小喇叭口期至大喇叭口期根据长势追施尿素或复合肥 35~40 千克/亩。

三、栽培技术

（一）种子处理

1. 晒种

选晴天在阳光下连续翻晒 2~3 天，晒种可早出苗 1~2 天，提高出苗率 13%~28%。

2. 测定芽率

播种前 10~15 天做好芽率测试，确定最佳播种量。采用常规方法即可。

3. 种子包衣

为预防地下害虫和土传病害，用玉米种衣剂进行包衣，和常规玉米一样，用 20%呋喃种衣剂或 35%的多克福种衣剂进行包衣，药种比为 1∶50；从农业生态防污染、降残留角度出发，最好采用生物拌种剂进行拌种。

（二）选地、整地

青贮玉米对土壤的要求不严格，但要获得理想的生物产量，最好是选择土地平整、耕层深厚、肥力较高、保水、保肥及排水良好的地块。整地要深松整地，耕层达到 20 厘米以上，并做到夹肥起垄、及时镇压、无漏耕、无立垡、无坷垃。

（三）优化施肥

青贮玉米植株高大，需肥量大。要做到有机肥、化肥相结合，化肥要氮肥、磷肥、钾肥配合使用，基肥、追肥按比例施用。亩施农家肥 2~3 立方米，化肥亩用量为纯氮 10~13 千克、纯磷 8~12 千克、纯钾 3~3.5

千克，折合每亩商品化肥量为：磷酸二铵15~25千克、尿素20~25千克、硫酸钾6~7千克。

施肥方法为：磷酸二铵、硫酸钾、尿素10千克混拌均匀后做基肥，剩余20~25千克尿素在玉米拔节期、灌浆期用玉米点播器或追肥枪从两株中间打孔施肥，或将肥料溶解在150~200千克水中，用壶在两株间打孔浇灌50毫升左右。如用专用肥，亩施肥量为：45%玉米专用肥30~40千克，拔节期用追肥抢施尿素10~15千克。

（四）划行起垄

全膜双垄沟播技术是甘肃农技部门经过多年研究、推广的一项新型抗旱耕作技术，该技术集覆盖抑蒸、垄沟集雨、垄沟种植技术为一体，实现了保墒蓄墒、就地入渗、雨水富集叠加、保水保肥、增加地表温度、提高肥水利用率的效果。每幅垄分为大小两垄，垄幅宽110厘米。用木材或钢筋制作的划行器（大行齿距70厘米、小行齿距40厘米），一次划完一副垄。划行时，首先距地边35厘米处划一边线，然后沿边线按照一小垄一大垄的顺序划完全田。川台地按作物种植走向开沟起垄、缓坡地沿等高线开沟起垄，大垄宽70厘米、高10厘米，小垄宽40厘米、高15厘米。使用起垄机沿小垄划线开沟起垄；用步犁开沟起垄，沿小垄划线来回向中间翻耕起小垄，将起垄时的犁臂落土用手耙刮至大垄中间形成垄面，用整形器整理垄面，使垄面隆起，防止形成凹陷不利于集雨。要求起垄覆膜连续作业，防止土壤水分散失。

（五）覆膜

1. 时间

（1）秋季覆膜

前茬作物收获后，及时深耕耙地，在10月中下旬起垄覆膜。此时覆膜能够有效阻止秋冬春三季水分的蒸发，最大限度地保蓄土壤水分，但是地膜在田间保留时间长，要加强冬季管理，秸秆富余的地区可用秸秆覆盖护膜。

（2）顶凌覆膜

早春3月上中旬土壤消冻15厘米时，起垄覆膜。此时覆膜可有效阻止春季水分的蒸发，提高地温，保墒增温效果好。可利用春节刚过劳力充足的农闲时间进行起垄覆膜。

2. 方法

选用厚度为0.008~0.01毫米、宽120厘米的地膜。沿边线开5厘米深的浅沟，地膜展开后，靠边线的一边在浅沟内，用土压实；另一边在大垄中间，沿地膜每隔 1 米左右，用铁锨从膜边下取土原地固定，并每隔 2~3 米横压土腰带。覆完第一幅膜后，将第二幅膜的一边与第一幅膜在大垄中间对接，膜与膜不重叠，从下一大垄垄侧取土压实，依次类推铺完全田。覆膜时要将地膜拉展铺平，从垄面取土后，应随即整平。

3. 覆后管理

覆盖地膜后 1 周左右，地膜与地面贴紧时，在沟中间每隔 50 厘米处打一直径 3 毫米的渗水孔，使垄沟的集雨入渗。田间覆膜后，严禁牲畜入地践踏造成地膜破损。要经常沿垄沟逐行检查，一旦发现破损，及时用细土盖严，防止大风揭膜。

（六）适期播种

每年 4 月下旬至 5 月上旬，5~10 厘米土层地温稳定在 10~12℃，田间持水量达 69%以上；最好将需水高峰与自然降雨期吻合。兰州市的降水量集中在 7—9 月，应根据种植品种生育期安排最佳播种期，如遇低温、干旱等特殊情况，播期可延至 5 月中旬、下旬。

（七）播种量及播种密度

青贮玉米产量主要以地上部生物量为主，因此密度较常规玉米高 0.5 倍，要求亩保苗数达到 4 000~5 000 株；行株距一般为 65 厘米×25 厘米；播种量为 3~4 千克。

（八）化学除草

青贮玉米化学除草与常规玉米一样，用土壤封闭剂或苗后茎叶除草剂进行化学除草。

（九）田间管理

1. 苗期管理（出苗至拔节）

苗期管理的重点是在保证全苗的基础上，促进根系发育、培育壮苗，达到苗早、苗足、苗齐、苗壮的“四苗”要求。在春旱时期遇雨，覆土容易形成板结，导致幼苗出土困难，使出苗参差不齐或缺苗，所以在播后出苗时要破土引苗，不提倡沟内覆土。

在苗期要随时到田间查看，发现缺苗断垄要及时移栽，在缺苗处补苗后，浇少量水，然后用细湿土封住孔眼。幼苗达到 4~5 片叶时，即可定苗，每穴留苗 1 株，除去病、弱、杂苗，保留生长整齐一致的壮苗。全膜玉米生长旺盛，常常产生大量分蘖（杈），消耗养分，定苗后至拔节期间，要勤查勤看，及时将分蘖彻底从基部掰掉，注意防止玉米顶腐病、白化苗及虫害。

2. 中期管理（拔节至抽雄）

中期管理的重点是促进叶面积增大，特别是中上部叶片（棒三叶），促进茎秆粗壮敦实。此期要注意防治玉米顶腐病、瘤黑粉病、地老虎、蝼蛄、玉米螟等虫害。当玉米进入大喇叭口期，追施壮秆攻穗肥，一般每亩追施尿素 15~20 千克。追肥方法是用玉米点播器或追肥枪从两株中间打孔施肥，或将肥料溶解在 150~200 千克水中，用壶在两株间打孔浇灌 50 毫升左右。玉米全膜双垄沟播后，水肥热量条件好，双穗率高，时常还出现第三穗，应尽早掰除第三穗，减少养分消耗。

3. 后期管理（抽雄至成熟）

后期管理的重点是防早衰、增粒重、防病虫。要保护叶片，提高光合强度，延长光合时间，促进粒多、粒重，肥力高的地块一般不追肥以防贪青；若发现植株发黄等缺肥症状时，应及时追施增粒肥，一般以每亩追施尿素 5 千克为宜。

（十）浇拔节水和灌浆水

青贮玉米在拔节期和灌浆期，如天气干旱，田间持水量达不到 70%，结合施肥应增浇拔节水和灌浆水。

（十一）隔行去雄

青贮玉米在灌浆期隔行去雄，能增产 6.9%~10%。

（十二）适时收割和收获

当玉米籽粒乳线消失、籽粒变硬有光泽时收获。果穗收后，秸秆应及时收获青贮。将地膜保留在地里，保蓄秋、冬季土壤水分，在翌年土壤消冻后顶凌覆膜时，撤膜、整地、施肥、起垄、覆膜。青饲青贮玉米最适收获期是在含水量为 61%~68%时。通常青贮玉米蜡熟期为适宜收获期。

四、饲用玉米的青贮

（一）原理

秸秆青贮是利用微生物的乳酸发酵作用达到长期保存青绿多汁饲料营养特性的一种方法。玉米青贮是利用新鲜的玉米茎叶或整株切碎，密封贮藏，使植株本身呼吸造成缺氧条件，而乳酸菌对青贮料的厌氧发酵产生乳酸，使 pH 值降至 4 左右时，使大部分微生物停止繁殖，最后乳酸菌本身亦因乳酸不断积累，被自身的乳酸控制而停止活动，从而达到长期青贮的目的。

（二）青贮技术

经过切碎的青贮料即时填入青贮池，并人工镇压，一般每装填 50 厘米左右碾压 1 次，人工喷洒 1 次菌剂；青贮料装填完后再进行最后一次镇压，以青贮料表面整平、紧密均匀为宜；在青贮料堆的边缘四周留 1 米左右的空间；用12丝厚、暗色或者白色、强度高、不易破损的塑料薄膜覆盖在压紧压平的青贮料堆上，并且在青贮料堆四周多出1米左右的塑料薄膜上压盖一层10~20厘米厚的土或黄沙，并认真检查薄膜有无破洞，如有破洞用不干胶封补；在塑料薄膜的外层用彩条布覆盖，其上用沙袋、石头、废旧轮胎等压紧，防止刮风损坏、鸟食、鼠害；青贮40~60天后，牲畜需用时随饲随取，在一头开封后随取随封，若较长时间不取料，应用塑料薄膜盖严取料处，防止通气、霉烂。

（三）注意事项

将在乳熟期的饲用玉米（含水量在61%~68%时）全株收获，即收割时间确定在播种后120天左右为最佳。用自走式铡草机将玉米植株切碎至3~5厘米长，然后用喷壶每100千克原料喷水15千克，再加入少量的尿素（100千克原料加5千克尿素，为发酵微生物提供氮源），搅拌均匀后装入用水泥和砖砌成的青贮池中，压实后密封，青贮40~60天便可用来饲喂。保持青贮池中的厌氧环境，防止好气的霉菌等腐败菌乘机滋生，导致青贮失败；创造适宜的青贮温度，料温在25~35℃时，乳酸菌会大量繁殖，超过50℃会导致青贮料腐败变质；尽量缩短铡草和装袋、装池时间，防止因原料在没装袋或装池前发酵变质；老鼠喜食青贮料中的玉米籽粒，如咬破塑料袋会导致青贮失败。

五、青贮玉米品质分级标准

根据GB/T 25882—2010将青贮玉米品质分为3个等级，如表2-3所示。

表2-3　青贮玉米品质分级指标

等级	中性洗涤纤维（%）	酸性洗涤纤维（%）	淀粉（%）	粗蛋白质（%）
一级	≤45	≤23	≥25	≥7
二级	≤50	≤26	≥20	≥7
三级	≤55	≤29	≥15	≥7

注：粗蛋白质、淀粉、中性洗涤纤维和酸性洗涤纤维为干物质（60℃温度下烘干）中的含量

第三节　小黑麦栽培技术

一、概况

小黑麦（*Triticosecale* witt.）是小麦和黑麦属间杂交形成的新作物，遗传

了小麦的丰产优质特性，也具备黑麦的抗病性、抗寒抗旱性和繁茂的营养生长量。小黑麦分为春性、冬性和中间类型。不同类型小黑麦生育期不同，冬性160~190天，春性80~120天。株高一般在1.1~1.8米，根系发达，叶片细长，有蜡质层，分蘖多，穗子长，籽粒大，籽粒发绿，扁长型，腹沟深，兰州市种植户称“绿麦”。

兰州市永登县坪城乡种植小黑麦约2 000亩，鲜草产量可达2 500~2 800千克/亩，干草产量500~800千克/亩；植株茎叶中含蛋白质15.4%~17.8%，含赖氨酸0.6%，适口性好，是优质高蛋白质麦类禾本科饲料作物。小黑麦喜冷凉湿润的气候条件，耐寒性强，冬季有雪覆盖时可在-20℃安全越冬，最低发芽温度2~4℃，最适宜生长的温度为15~25℃。小黑麦耐盐碱、耐瘠薄、耐干旱性强，适应性广，适宜pH值为4.5~8，适种区域较宽，在兰州市各个区域均可种植。饲草小黑麦对白粉病免疫，高抗叶锈病、条锈病、秆锈病、病毒病，生长期病虫害少，叶功能期长，相对其他禾本科作物，生育期内能有效减少化学药剂施用，是优质饲草作物。

二、主要品种

（一）优能

属冬性小黑麦，每年8—10月份均可播种，也可以在春末播种，夏季放牧利用，然后在第二年春化作用后刈割收获牧草；晚夏至初秋播种量为6~7.5千克/亩，初秋至中秋播种量为7.5~8.5千克/亩，中秋播种量8.5~9千克/亩,该品种具有建植速度快，抗旱耐热能力强，生命力强，消化率高，干物质产量高等特点，可用来制作青贮、鲜饲、调制干草、放牧，也可作为覆盖作物利用。

（二）中饲237

中饲237系中国农业科学院作物研究所应用核不育系小黑麦轮回选择选育而成，为六倍体饲草型品种。其特点是茎叶生长繁茂，分蘖多，叶量大，饲草产量高，营养品质好。冬性，中熟，株高150~170厘米，叶片长而宽厚，青绿期长，不早衰，叶茎比高，生物量大，成熟期落黄好。穗呈长纺锤形，每穗小穗数25~30个，每穗结实粒数为40~50粒。对白粉病免疫，高抗条锈病、叶锈病、秆锈病，可耐-20℃低温，抗逆抗倒。平均鲜草产量2 800~3 200千克/亩，干饲草产量700~900千克/亩，籽粒产量250~350千克/亩。适宜播量为10千克/亩，制种有效穗数宜控制在30万/亩，饲草生产有效茎数宜控制在50万~55万/亩。在冬春枯草季节可多次刈割青饲直接饲喂牛、羊或加工优质草粉，灌浆期收割可制作优质青贮或晒制优质干饲草，成熟期收获籽粒可粮用或作精饲料。制作青贮粗蛋白质含量可达15.9%，赖氨酸含量达0.44%，β-胡萝卜素含量达4.4毫克/100克，干饲草粗蛋白质含量一般为10%~12%。

（三）冀饲2号

是由河北省农林科学院旱作农业研究所牧草研究室采用杂交育种方法，经过世代选择、品比试验、抗性鉴定、区域试验，历经9年选育而成的饲用小黑麦新品种，为一年生越冬性六倍体饲用小黑麦。子叶绿色，分蘖性较强，茎叶颜色略显灰绿，株型紧凑，叶片大，叶量多，芒极短，品质优。前期生长较快，抽穗期早、开花期早、早熟，籽实在兰州温暖区域7月上旬成熟。穗长方形，短芒，白壳，粒棕色，粒长形，腹沟明显，小穗多花，结实性强，千粒重42.6克。株高153厘米左右，茎秆较粗壮，抗倒性强，耐盐性好。抗三锈，对白粉病免疫。该品种产草量高，亩产鲜草2 500~3 000千克，干草750千克以上。草质好，抽穗、开花、成熟早。在兰州市温暖川区籽实成熟期与普通冬小麦成熟期一致，有利于后茬作物的安排。由于其具有生育期早、前期生长发育快等特点，因而适于温暖川区冬闲田作错季饲草利用，青饲、青贮、晒干草均可。

（四）新小黑麦5号

由石河子大学农学院与东北农业大学合作选育的超高产粮饲兼用型六倍体春性小黑麦新品种。该品种籽粒产量超高，同时其株高较高，可粮饲兼用，属春性、中晚熟，穗长10~11厘米，主穗粒52~56粒，千粒重55~58克，株高100~120厘米，由于茎秆粗壮，抗倒能力强，在兰州市中等水肥条件下，一般每亩产量可达300~500千克，具有亩产600千克以上的潜力。

三、栽培技术

（一）选地整地

由于小黑麦耐瘠薄性较好，选择中等肥力地块种植即可。前茬以油菜、胡麻、马铃薯、蒜苗茬较为理想，大麦、小麦茬次之。

在前茬作物收获后，深耕达25厘米，晒垡蓄水。

开春后及时进行耙、耱、镇压，使土壤细碎、疏松、保墒，为苗全、苗壮创造良好的土壤条件。

每亩施10千克磷酸二铵、10千克尿素做基肥，播种前深施。

（二）种子准备

1. 品种选择

（1）籽粒用品种

以收获籽粒为主的粮用或粮饲兼用型小黑麦品种，籽粒产量构成因素优良。一般选择表现穗大、粒多，每穗粒数达40~60粒，千粒重一般在45克以上，在适宜条件下可达50克以上。兰州市水肥条件中等地区以新小黑麦5号为粮饲兼用品种。

（2）饲草用品种

用作饲草的小黑麦品种茎秆高，下部节间粗，株高一般在150厘米以上，在适宜条件下，株高160~180厘米，最高可达200厘米以上。小黑麦基部第二节间直径一般在0.45~0.5厘米，抗倒伏能力较强。在适宜栽培条件下，一般亩产鲜草2 500~2 800千克，若收获籽粒，也可达300千克。目前推广品种为是中饲237。

2. 种子处理

对种子进行精选、晾晒，可提高发芽率。

（三）适期早播

1. 播种期

根据当地播种冬小麦、春小麦时期，适时播种冬性小黑麦、春性小黑麦。

2. 播量

收获籽粒用的品种，每亩播量21~23千克；作饲草用的品种，每亩播量23~25千克。如播期偏晚应适当增加播量，有效茎数控制在每亩40万~50万株。

3. 播种方式

采用播种机条播，行距10~15厘米，深度4~5厘米。

4. 带肥下种

每亩带6~8千克磷酸二铵、3~4千克尿素作为种肥。

（四）田间管理

1. 化学除草

小黑麦播种后30~40天（三叶期），田间杂草基本出齐，及时进行化学除草，每亩施用金巨剪3克、骠马70克，一次性彻底防除阔叶杂草和野燕麦，防效达98%，安全高效。

2. 追肥浇水

在小黑麦拔节孕穗期至扬花期（水肥临界期），每亩追施5~8千克尿素。

根据当地降水量控制灌溉次数，雨水多则不浇水，干旱少雨则至少浇 1 次水。

3. 防止倒伏

作饲草用高秆品种，在拔节始期、拔节后期喷施 1~2 次矮壮素，每次 150~200 克/亩，结合水肥控制，防止倒伏。

四、收获利用

根据 ICS65. 120-B20 团体标准，收干草捆，在灌浆中期刈割，刈割机械配置压辊设备，收获小黑麦同时压裂茎秆，刈割留茬高度在 10 厘米，收获后避免淋雨。刈割后的小黑麦于割茬上晾晒，减少与地面直接接触，根据小黑麦的含水量和天气状况，一般晾晒 2~3 天，并进行摊晒作业 1~2 次；当小黑麦含水量低于 35%时，将小黑麦搂集成草垄，以便打捆操作。小黑麦水分低于 20%后，利用圆草捆机、方草捆机或捡拾打捆机，将散草压制成草捆。方形绳捆密度高于 150 千克/立方米，方形钢捆密度高于 250 千克/立方米，圆形捆密度高于 150 千克/立方米。利用干草捡拾机将干草捆装车，尽快运出地外，避免露天存放。当小黑麦水分高于 15%时，草捆之间要留通风道，水分低于 14%时可不留通风道，并定期巡查，避免虫患鼠害。用作青贮，在乳熟期收割产草量高。割草的留茬高度应尽量降低。粮用型小黑麦麦颖包裹较紧，不易脱粒干净，收籽粒应等到完全成熟时，在晴天用高质量康拜因收获。

五、小黑麦干草质量分级

目前，小黑麦干草质量分级标准在行业及团体并未有统一标准，可参考燕麦干草质量分级标准。

第四节　饲用高粱栽培技术

一、概述

高粱是我国北方地区主要粮食、饲料兼用作物之一。杂交高粱推广后，南北种植也已相当普遍。由于它具有较强的抗旱、耐涝和耐盐碱能力，以及高产稳产的性能，对于提高干旱地区和盐碱地的产量，具有重要的栽培意义。

高粱适应性强，赤道至北纬48°的地区皆可栽培，饲用高粱可栽培到更高的纬度。据联合国资料显示，1973年全世界高粱播种面积为6.39亿亩，平均亩产为81千克。总产量以美国最多，其次为我国和印度。平均单产为200千克以上的国家有德国、西班牙、美国、澳大利亚、匈牙利、秘鲁和哥伦比亚等。根据1973年全国高粱协作会议初步统计，全国高粱播种面积约为7 000万亩，平均亩产200千克，总产约为150亿千克，其中杂交高粱占47.4%。

二、品种介绍

(一) 饲用价值

高粱籽粒是重要的精饲料。据分析，每千克高粱含粗蛋白质82克，粗脂肪22克，糖78克，可产生3 600卡热量。因其无氮浸出物含量高，适宜做肉用畜的饲料。但高粱籽粒适口性较差，蛋白质，特别是赖氨酸和色氨酸含量偏低，有待从育种方面加以改进。饲喂时应配合其他饲料，以补充这方面的缺陷。

高粱的青绿茎叶，尤其是甜高粱，是家畜的好饲料，可鲜喂、青贮或调制干草。甜高粱青贮后，适口性好，消化率提高，是家畜优良的贮备饲料。

但是，高粱成熟前的籽粒和茎叶等青物质中含有高粱苷（Glukosid）及其相结合的氰酸（HCN），是有毒物质，多量采食会引起家畜中毒。一般幼嫩部分、再生草、分蘖部分和干旱条件下含毒量多，所以宜与其他饲料混喂，并以制成青贮料或晒成干草后饲喂为好。

高粱籽粒的种皮内含有少量单宁。我国东北高粱，单宁含量为0.01%~0.4%。它具涩味，妨碍消化，影响营养价值。通常新鲜籽粒含单宁多，种皮颜色越深含量越高。如黑高粱含0.67%，红高粱为0.6%，黄高粱为0.58%，白高粱则更少。选育出单宁含量少的品种，是高粱育种的一个目标。单宁具防腐能力，可增加高粱种子的耐贮性，延长种子寿命。单宁具涩味可防鸟害和虫害。

(二) 植物学特性

高粱为禾本科、高粱属（*Sorghum*）的一年生草本植物。须根系，根系发达。成长植株入土深度可达1.4~1.7米，分布范围达60~120厘米。高粱株高1~5米不等。茎秆外部被白粉状蜡质。条件良好时，下部腋芽发育的分蘖也能成穗，甚至收获后能再生分蘖成穗。

高粱叶片狭长，叶面光滑而被蜡粉。灰色叶脉（亦称蜡质叶脉）的叶，较白色或黄色叶脉富含汁液。早熟品种为10~15叶片，晚熟品种可多至25叶片以上。叶片和叶鞘受损伤后，由于碳水化合物转化为花青素而呈紫红色。

高粱为圆锥花序，小穗着生在第三级枝梗上，分有柄和无柄两种。无柄小穗较大，为完全花，能结实，具护颖2枚。有柄小穗为不完全花，只有雄蕊，故不结实。各分枝穗顶端一般着生3个小穗，一个结实的，两个不结实的。

高粱抽穗后3~5天开花，开花期6~9天。第二至第五天为盛花期，每日开花盛期在晚19点至清晨2点，白天开花甚少。颖外授粉，每朵开花时间20分钟以上。异花授粉率为3%~5%。

高粱自抽穗至成熟历时50天左右。果实为颖果，有暗褐色、橙红色、淡黄色、白色等。色浓者是因为种皮内含有花青素和单宁。高粱籽粒为椭圆形，卵形或长圆形，千粒重为20~30克。

我国栽培高粱历史悠久，至少有五千年的历史。品种繁多，春播早熟高粱区［包括黑龙江、吉林、内蒙古及山西北部、辽宁东部山区、宁夏回族自治区（全书简称宁夏）固原等地］原栽培的品种多为小蛇眼、红棒子、护二号等，近年来大力推广黑杂1号、黑杂34号、嫩杂9号、吉杂1I号、吉杂26号、同杂2号、同杂13号等杂交种，增产显著。春播晚熟高粱区（包括辽宁、北京、河北、山西、陕西、甘肃、新疆、宁夏等地）原推广的主要品种有熊岳253、分枝大红穗、千斤白、蛇眼、多穗高粱等，现基本上已被遗杂19号、沈杂1号、晋杂5号、忻杂7号、团结1号等杂交种所代替。其他地区也有相应品种和杂交种。

（三）生物学特性

高粱原产于热带，性喜温暖，要求短日照。对低温和雹害较敏感。遇0℃气温则植株受害。种子在6~7℃时才开始发芽，多在10~12℃的温度下播种。生育期间要求温度也较高，适温为25~30℃。

高粱抗旱性强。其原因是：一是它需要水量少，种子发芽仅需吸收相当于种子重量40%~50%的水分，蒸腾系数为274~380；二是根系发达，高粱的根量比玉米多1倍，根毛生活力强，茎和根的渗透压高，分别为15~20帕和12~15帕，而玉米相应为14帕和10~11帕；三是蒸腾量小，叶面积仅相当于玉米叶面积的一半，气孔小，长度相当于玉米的2/3，茎叶表面被有蜡粉；四是当水分极为缺乏或酷热时，可停止生长，暂时休眠，遇雨能恢复生长，从而少受旱害，所以新疆吐鲁番市干热风严重，不能种植玉米，而高粱却生长良好。

高粱耐涝，在抽穗期后遭水淹，对产量影响甚小。据农民经验，心叶淹水不超过2天，下部淹水不超过7天，不影响产量。据山西忻县地区农业科学研究所资料显示，杂交高粱的耐涝性比一般高粱品种更强。如山西忻县芦野大队，1966年忻杂3号杂交高粱在8月份连遭2次二尺（2/3米）多深的水淹，产量比一般品种高1倍多。又如，山西汾阳市西陈家庄大队5亩晋杂5号杂交高粱在2尺（2/3米）深的积水中，浸渍36天，亩产仍达到275千克，而其他当地品种的高粱则被淹死。

耐盐碱是高粱的又一特性。据内蒙古农业科学研究所资料显示，土壤含盐量小于0.34%，高粱生长正常，0.34%～0.49%时受抑制，超过0.49%，高粱不出苗或死亡。但河北省沧州市农业科学研究所资料表明，杂交高粱能正常出苗。孕穗前耕层含盐量达0.541%，仍正常生长。在上述耕地上杂交高粱比普通高粱增产57.7%～64.1%。此外，高粱具有适应各种土壤、较耐瘠和病虫害少等优点。

我国华北、东北和西北地区春季干旱，降水多集中在夏季。合理地整地保墒，能满足高粱种子发芽出苗及前期生长对水分的需要。6—8月，适逢雨季，正是高粱需水最多的时期。9月后，降水少，晴天多，有利于种子成熟。所以除高纬度和高海拔地区外，华北、西北和东北地区很适宜种植粒用高粱，成为我国高粱的主要产区。此外，在干旱少雨地区，或夏季干热风严重地区，或盐渍化土壤地带及易涝地区，不适于种植其他饲料作物时，可种植高粱。当然，为了取得高产，必须给高粱生育创造良好条件。

三、栽培技术要点

（一）深耕整地

深耕可以改善土壤的物理性状和养分状况，扩大高粱根系吸收范围，是一项主要增产措施。一般是秋耕，深度33厘米左右。播种前整地，对保证播种质量，达到苗全、苗齐、苗壮是很重要的。

（二）播种

当播种深度的土温达到10～12℃可播种高粱。过早播种，土温低，如湿度大，易引起高粱种子腐烂，即所谓“粉种”。栽培育饲、干草或青贮用的高粱，播种期可稍迟些，以便利用高温和夏季雨水，产生多量柔嫩饲料。尚可分期播种，以延长利用期。东北各地以及内蒙古、甘肃、新疆等地，多在4月中旬至5月上旬播种。

高粱密度为：高秆品种和多穗高粱每亩 4 000～6 000 株，中秆品种 5 000～7 000 株，短秆品种 6 000～8 000 株。糖用高粱和饲用高粱的密度过小时，会降低含糖量和饲料的产量、品质，所以较粒用的密度大些。一般糖用高粱为 6 000～8 000 株，饲用高粱为 10 000～15 000 株。在上述密度基础上，可据水肥条件，适当增减。每亩播种量普通高粱为 1.5～2 千克，多穗高粱为 2.5～3 千克。

高粱为中耕作物，多实行宽行条播，行距为 45～60 厘米。也有宽窄行条播，即 50 厘米、15 厘米行距相间。

高粱对播种深度要求较严格，实践证明，高粱适宜播种深度是：红粒高粱根茎长，芽鞘顶土力强，以 4～5 厘米为宜；而根茎短、芽鞘软、顶土力差的白粒品种、杂交品种或穗高粱，为 2～3 厘米。播后适当镇压，促使土壤与种子紧密接触。

高粱的田间管理包括以下几个方面：间苗、除草、中耕。3～4 片时真叶第一次间苗，苗高 10 厘米左右定苗，结合间、定苗进行除草。生长期间进行 2～3 次中耕。一般结合第二次深中耕进行培土。

（三）轮作

高粱忌连作，通常与浅耕作物和豆类作物轮作为宜。东北、内蒙古各地，多将高粱与大豆、谷子或玉米、春小麦等配合实行 3～4 年的轮作。盐碱地上，与秣食豆轮作，华北常将冬小麦、大豆、夏粟、高粱等实行三年四熟的轮作方式。西北地区则有春粟（或冬小麦）、春大豆、高粱或者春高粱、冬小麦、春大豆等轮作方式。这些轮作方式都把高粱种在豆类作物之后，在高粱之后种植根系发育较弱的粟或小麦，是很适宜的。

此外，高粱常与谷子、大豆、马铃薯等作物实行间作。或与麦类作物实行套种，增加复种指数。或高粱与大豆、谷子等进行混作。这些方式，都可提高单产。

（四）施肥

高粱需肥量较多。据东北公主岭试验场分析，每收获高粱籽粒 50 千克，从土壤吸收氮 1.3 千克，五氧化二磷 0.65 千克，氧化钾 1.5 千克。氮、磷、钾的比例为 6∶3∶7。一般土壤中钾肥含量较多，所以种植高粱时，氮肥的施用量常较磷、钾肥料为多。以基肥为主，配合适量的追肥。基肥占总施肥量的 80%。实践表明，欲获 500 千克以上产量，每亩须施 5 000 千克有机肥料。追肥以氮肥为主，如一次追肥，可在拔节期进行，如分两次追施，可分别在拔节期及抽穗期进行。

（五）田间管理

1. 灌溉与排水

高粱抗旱性虽强，但充足的水分条件仍是丰产的必要条件。通常，在土壤水分较充足情况下，苗期不灌水，以便“蹲苗”。但为了促进多穗高粱分蘖，饲用高粱迅速生长，定苗后结合追肥灌水 1 次。从拔节至抽穗开花期，高粱生长迅速，需水多，可据降水情况进行 2~3 次灌水，以保持土壤水分达最大持水量的 60%~70%。灌溉方法可采用沟溜或畦灌。高粱虽能耐涝，但如果淹水时间过长，或田面常积水，仍不利于根系生长，应排水。

2. 除蘖、打叶与折穗

粒用高粱的分蘖发育时期晚，无生产价值，应予以摘除或以深培土压抑之。但分蘖力强又能与主茎同时成穗的品种，如多穗高粱或饲用高粱则不除蘖。

我国山东、河南和河北等省有在高粱生长后期打叶的习惯。打叶可作饲草，又有利于通风透光，促进早熟。但打叶要适时，适量，不然会影响高粱产量和品质。据山东省农业科学院 1963 年试验，蜡熟中后期打叶，留 6 片叶为宜。过早打叶、打叶过多都要减产。此外，糖用高粱在乳熟期摘穗，可提高茎秆含糖量。

（六）病虫害防治

高粱的主要害虫有土蚕、蚜虫、玉米螟和跳虫等，主要病害有炭疽病、高粱丝黑穗病、高粱散黑穗病等。

防治方法：

为了防治高粱玉米螟虫，可以利用成虫的趋光性，在夜间用频率振动灯诱捕成虫并将其杀死。在高粱盛花期，可以用 150 倍的 Bt 乳剂或 200 倍的青虫液进行喷雾控制，或用 40 毫升 6% 氟虫腈悬浮剂加 40 千克水进行常规喷雾。

为防治高粱蚜虫，沼液或烤烟茎叶应用水浸泡，并用清水喷洒。根据昆虫情况，每隔 10 天左右喷洒 2 000倍液的 11%吡虫啉可湿性粉剂、20 克 51%抗蚜威粉剂、5 克 25%噻虫嗪水粉剂和其他液体药物，进行 3 次药物控制。

控制高粱炭疽病，从孕穗期开始，使用 37%的甲基硫菌灵悬浮剂 600 倍液、51%苯菌灵可湿性粉剂 1 500 倍液、26%溴菌腈可湿性粉剂 500 倍液进行喷雾防治。

（七）收获利用

高粱收获适应期，因栽培目的而异。作干草用的高粱，在抽穗期刈割。

过晚刈割，茎粗老，纤维素增多。青贮高粱在乳熟—蜡熟期收割。作为青饲用的糖用高粱，在植株长到60~70厘米至抽穗期间，根据饲用需要刈割，糖用高粱在茎含糖量最高的乳熟期收割。粒用高粱在完熟期收割。多穗高粱后熟期短，注意收获期遇雨而发生在穗上发芽现象。

（八）贮藏与加工

高粱籽实是各种牲畜的优良饲料，也可用于酿酒。高粱主要做青贮或青饲用，秸秆和苞叶、穗轴经过切碎和粉碎，可作牲畜和猪饲料。作青贮用时，从雄穗抽出后到乳熟—蜡熟期间均可收割。

畜禽养殖篇

第三章　肉牛高效健康养殖技术

第一节　肉牛良种繁育技术

一、肉牛的主推品种

（一）引进品种

1. 西门塔尔牛

西门塔尔牛原产于瑞士西部阿尔卑斯山区，现在已分布世界75个国家，成为世界第二大品种，是肉牛中最大的品种（图3-1，图3-2）。我国从国外引进肉牛品种始于20世纪初，但大部分都是新中国成立后才引进的。中国西门塔尔牛新品种由中国农业科学院畜牧研究所、通辽市家畜繁育指导站等20多家单位培育而成，于2002年1月通过农业部品种审定，并正式命名。

图3-1　德系西门塔尔牛

图3-2　北美西门塔尔牛

（1）体型外貌

西门塔尔牛体型大，毛色为黄白花或淡红白花，头、胸、腹下、四肢及尾帚多为白色，在北美地区的部分西门塔尔牛种群为纯黑色。头较长，面宽。角较细而向外上方弯曲，尖端稍向上。颈长中等，体躯长，呈圆筒状，肌肉丰满。胸深，尻宽平，四肢结实，大腿肌肉发达。乳房发育好，泌乳力强。肉用品种体型粗壮。

(2) 体重和体尺

西门塔尔牛犊牛初生重大，公犊为45千克，母犊为44千克。成年公牛体重1 000~1 300千克，成年母牛650~750千克。引入我国后，初生重公犊40千克，母犊37千克。成年公牛体重1 000~1 300千克，成年母牛600~800千克（表3-1）。

表3-1 中国西门塔尔牛成年牛体重和体尺

性别	体重（千克）	体高（厘米）	体斜长（厘米）	胸围（厘米）	管围（厘米）
公	866	144	177	223	24
母	524	132	154	191	19

(3) 生产性能

西门塔尔牛乳、肉用性能均较好，平均产奶量为4 070千克，乳脂率3.9%。西门塔尔牛以产肉性能高，胴体瘦肉多、脂肪少且分布均匀而出名，是杂交利用或改良地方品种的优秀父本。该牛生长速度较快，平均日增重可达1.35千克以上，12月龄的牛体重可达450千克以上，生长速度与其他大型肉用品种相近。公牛育肥后屠宰率可达65%左右，净肉率50%以上。西门塔尔牛的牛肉等级明显高于普通牛肉。肉色鲜红，纹理细致，富有弹性，大理石花纹适中，脂肪色泽为白色或带淡黄色，脂肪质地有较高的硬度。

(4) 繁殖性能

西门塔尔牛母牛常年发情，初产24~30月龄，发情周期18~22天，发情持续期20~36小时，情期受胎率一般在69%以上，妊娠期282~292天，产后平均53天发情。成年母牛难产率低，适应性强，耐粗放管理。

(5) 推广利用情况

从20世纪50年代至80年代，我国黑龙江、吉林、河北、内蒙古、新疆、河南、山东、山西、辽宁、四川等省、自治区都先后从不同国家引入西门塔尔牛。西门塔尔牛养殖已成为发展地方经济的支柱产业。中国西门塔尔牛于2002年通过了农业部畜禽新品种认定，在科尔沁草原和胶东半岛农区强度育肥西门塔尔牛日增重1~1.2千克，屠宰率60%，净肉率50%。

2. 夏洛莱牛

夏洛莱牛原产于法国中西部到东南部的夏洛莱省和涅夫勒地区，1920年被育成为专门的肉牛品种（图3-3，图3-4）。自育成以来就以体型大、生长快、瘦肉多、饲料转化率高而受到国际市场的广泛欢迎。我国在1964年和

1974 年先后两次直接从法国引进夏洛莱牛，分布在东北、西北和南方的 13 个省、自治区、直辖市。

图 3-3　夏洛莱种公牛

图 3-4　夏洛莱种母牛

（1）体型外貌

夏洛莱牛体躯高大强壮，属于大型肉牛品种。该牛最显著的特点是被毛为白色或乳白色，皮肤常有色斑。全身肌肉发达，骨骼结实，四肢强壮。夏洛莱牛头小而宽，角圆而较长，并向前方伸展，角质蜡黄，颈粗短，胸宽深，肋骨方圆，背宽肉厚，体躯呈圆筒状，肌肉丰满，后臀肌肉很发达，并向后和侧面突出。

（2）体重和体尺

夏洛莱牛犊牛初生重大，公犊为 45 千克，母犊为 42 千克。成年公牛体重 1 100~1 200 千克，成年母牛 700~800 千克。夏洛莱牛成年牛体重和体尺如表 3-2 所示。

表 3-2　夏洛莱牛成年牛体重和体尺

性别	体重（千克）	体高（厘米）	体斜长（厘米）	胸围（厘米）	管围（厘米）
公	1 140	142	180	244	26
母	735	132	165	203	21

（3）生产性能

夏洛莱牛在生产性能方面表现出的最显著特点是：生长速度快，瘦肉产量高，是杂交利用或改良地方品种时的优秀父本。据法国的测定表明，在良好的饲养管理条件下，6 月龄公犊体重达 234 千克，母犊达 210.5 千克。平均日增重公犊 1~1.2 千克、母犊 1 千克。12 月龄公牛体重达 525 千克、母牛

360 千克，18 月龄时分别达到 658 千克和 448 千克。阉牛在 14~15 月龄时体重达 495~540 千克，最高达 675 千克，育肥期日增重 1.88 千克。屠宰率 65%~70%，胴体净肉率 80%~85%。

（4）繁殖性能

夏洛莱母牛初情期在 13~14 月龄，17~20 月龄可参与配种。由于此时期难产率高达 13.7%，因此法国原产地要求年龄达 27 月龄、体重达 500 千克以上时配种，3 岁第一次产犊，可降低难产率，并获得良好的后代。我国饲养的夏洛莱母牛，发情周期 21 天，发情持续期 36 小时，产后 62 天第一次发情，妊娠期平均为 286 天。

（5）推广利用情况

用夏洛莱牛改良我国本地黄牛，其杂交后代体格明显加大、增长速度加快，杂种优势明显，在较好的饲养管理条件下，杂种牛 24 月龄体重达 494 千克。当选配的母牛是其他品种的改良牛时，如西门塔尔改良母牛，则效果更明显。在粗放的饲养管理条件下，以本地牛为母本、夏洛莱牛为父本，1.5 岁的杂种公牛屠宰胴体重达 300 千克。夏洛莱牛 1988 年收录于《中国牛品种志》。我国 2003 年 11 月发布了《夏洛莱种牛》国家标准（GB 19374—2003）。

3. 利木赞牛

利木赞牛原产于法国中部利木赞高原，当初是大型役用牛，1850 年开始选育，1886 年建立良种登记簿，1924 年育成专门化肉用品种，为法国第二大品种（图 3-5，图 3-6）。比较耐粗饲，生长快，单位体重的增加需要的营养较少。胴体优质肉比例较高，大理石纹的形成较早。母牛很少难产，容易受胎，在肉牛杂交体系中起良好的配套作用。中国首次是从法国进口，因毛色接近中国黄牛，较受群众欢迎，是中国用于改良本地牛的第三主要品种。

图 3-5　利木赞种公牛

图 3-6　利木赞种母牛

（1）体型外貌

利木赞牛体型小于夏洛莱牛，骨骼较夏洛莱牛细致，体躯冗长，肌肉充实，胸躯部肌肉特别发达，肋弓开张，背腰壮实，后躯肌肉明显，四肢强健细致，蹄为红色。公牛角向两侧伸展并略向外前方挑起，母牛角不很发达，向侧前方平出。毛色以红黄为主，腹下、四肢内侧、眼睑、鼻周、会阴等部位色变浅，呈肉色或草白色。

（2）体重和体尺

利木赞牛犊牛初生重较小，公犊 39 千克，母犊 37 千克，成年公牛体重 950～1 100 千克，成年母牛 600～900 千克。这种初生重小、后期发育快、成年体重大的相对性状，是现代肉牛业追求的优良性状。利木赞牛成年牛体重和体尺如表 3–3 所示。

表 3–3　利木赞牛成年牛体重和体尺

性别	体重（千克）	体高（厘米）	体斜长（厘米）	胸围（厘米）	管围（厘米）
公	1 025	139	169	220	24
母	750	127	150	195	21

（3）生产性能

利木赞牛产肉性能高，胴体质量好，眼肌面积大，前、后肢肌肉丰满，净肉率高，肉嫩且脂肪少、风味好。体早熟是利木赞牛的优点之一，在集约化饲养条件下，犊牛断奶后生长很快，10 月龄时体重达 408 千克，12 月龄时达 480 千克。哺乳期平均日增重 0. 86～1 千克。育肥牛屠宰率 65%左右，胴体瘦肉率 80%～85%。胴体中脂肪少（10. 5%），骨量也较少（12%～13%）。8 月龄小牛肉就有良好的大理石纹。

（4）繁殖性能

利木赞牛繁殖率高、易产性好，难产率极低是利木赞牛的优点之一，无论与任何肉牛品种杂交，其犊牛初生重都比较小，一般要轻 6～7 千克，故难产率只有 0. 5%。利木赞牛公牛一般性成熟年龄为 12～14 月龄，母牛初情期为 1 岁左右，发情周期 18～23 天，初配年龄 18～20 月龄，妊娠期 272～296 天。在较好的饲养条件下，2 周岁可以产犊。

（5）推广利用情况

从 20 世纪 70 年代初到 90 年代，我国数次引进利木赞牛，前期主要从法国引入，后来多从加拿大引进种公牛，在辽宁、山东、宁夏、河南、山西、内蒙古等省、自治区改良当地黄牛，改良效果好。

利木赞牛作为黄牛改良的父本，其杂交生长、育肥、屠宰方面的杂交优势明显。利木赞牛与我国秦川牛、草原红牛、晋南牛、南阳牛、蒙古牛、鲁西牛等杂交后，利杂牛外貌介于利木赞牛和地方黄牛之间。一般表现为体格较大，被毛黄色或红黄色，背腰平直，对黄牛的斜尻有很大改善。杂种后代体尺、体重、生长速度、饲料报酬、屠宰率、净肉率等肉用性能可获得提升。同时，保留了本地黄牛适应性强、耐粗饲、抗病力强的特征，甚至在高寒气候条件下也表现出较好的增重效果。

4. 安格斯牛

安格斯牛属于古老的小型肉牛品种，原产于英国的阿伯丁、安格斯和金卡丁等郡，并因地得名（图 3–7，图 3–8）。我国 1974 年开始陆续从英国、澳大利亚引进红安格斯牛，与本地黄牛进行杂交。

图 3–7 红安格斯种公牛

图 3–8 红安格斯种母牛

（1）体型外貌

安格斯牛体型较小，体躯低矮，体质紧凑、结实。成年公牛体高 130. 8 厘米，成年母牛体高 118. 9 厘米。安格斯牛以被毛黑色和无角为其重要特征，故也称其为无角黑牛。该牛头小而方，额宽，颈中等长、较厚，体躯宽深，呈圆筒形，四肢短而直，全身肌肉丰满，具有现代肉牛的典型体型。红色安格斯牛新品种，与黑色安格斯牛在体躯结构和生产性能方面没有大的差异。国外以黑色为主。

（2）体重和体尺

安格斯牛犊牛平均初生重 25 ~ 32 千克。成年公牛平均活重 700 ~ 900 千克,成年母牛 500~600 千克。安格斯牛成年牛体重和体尺如表 3–4 所示。

表 3-4　安格斯牛成年牛体重和体尺

性别	体重（千克）	体高（厘米）
公	800	130.8
母	550	118.9

（3）生产性能

安格斯牛具有良好的肉用性能，被认为是世界上专门化肉牛品种中的典型品种之一。早熟、易肥，饲料转化率高，胴体品质好，净肉率高，大理石花纹明显。安格斯牛肉嫩度和风味很好，是世界上唯一一种用品种名称作为牛肉品牌名称的肉牛品种。屠宰率一般为 60%～65%，哺乳期日增重 0.9～1 千克。育肥期日增重（1.5 岁以内）平均 0.7～0.9 千克。该牛适应性强，耐寒抗病，性情温和，易于管理，在国际肉牛杂交体系中被认为是最好的母系。

（4）繁殖性能

安格斯牛早熟易配，12 月龄性成熟，但常在 18～20 月龄初配。在美国育成的较大型的安格斯牛可在 13～14 月龄初配。产犊间隔短，一般都是 12 个月左右，连产性好，长寿，极少难产。发情周期 20 天，妊娠期 280 天。

（5）推广利用情况

安格斯牛适应性强，纯种胚胎出生或活体引进个体在辽宁、陕西、贵州等主要肉牛产区表现正常，能适应各种饲养条件和环境。如贵州省畜禽品种改良站对 15～24 月龄的 8 头公牛进行体尺、体重测定，平均日增重为 840 克，24 月龄平均体重为 710.5 千克，体尺发育情况良好；陕西自繁红色安格斯母牛周岁体重平均 370 千克，2 岁体重平均 534 千克，产犊率为 101.5%。

（二）地方良种

1. 秦川牛

（1）体型外貌

秦川牛毛色以紫红色和红色居多，约占总数的 80%，黄色较少。头部方正，鼻镜呈肉红色。角短，呈肉色，多为向外或向后稍弯曲。体型大，各部位发育均衡，骨骼粗壮，肌肉丰满，体质强健。肩长而斜，前躯发育良好，胸部深宽，肋长而开张，背腰平直宽广，长短适中，荐骨部稍隆起，一般多是斜尻。四肢粗壮结实，前肢间距较宽，后肢跗关节靠近，蹄呈圆形，蹄叉紧、蹄质硬，绝大部分为红色（图 3-9，图 3-10）。

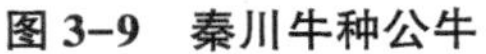

图 3-9　秦川牛种公牛

图 3-10　秦川牛种母牛

（2）体重和体尺

秦川牛公犊初生重 26.7 千克，母犊 25.3 千克。成年公牛体重 620 千克，成年母牛 416 千克。秦川牛成年牛体重和体尺如表 3-5 所示。

表 3-5　秦川牛成年牛体重和体尺

性别	体重（千克）	体高（厘米）	体斜长（厘米）	胸围（厘米）	管围（厘米）
公	620	141	160	203	21
母	416	127	141	178	18

（3）生产性能

秦川牛肉用性能良好，易于育肥，肉质细致，瘦肉率高，大理石状花纹明显。对 29 头 25 月龄公牛育肥试验，在良好饲养水平下，饲养 395 天，平均日增重为 0.75 千克，宰前活重 590.4 千克，屠宰率 63.1%，净肉率 52.9%，眼肌面积 79.8 平方厘米。秦川牛肉质细嫩，柔软多汁，大理石纹明显。秦川牛役用性能好，公牛最大挽力为 475.9 千克，占体重的 71.7%。

（4）繁殖性能

秦川牛公牛一般 12 月龄性成熟，1～1.5 岁开始发情，2 岁左右开始配种。母牛初情期为 9 月龄，发情周期 21 天，发情持续期 39.4 小时，妊娠期 285 天，产后第一次发情约 53 天。其适应性良好，为优秀的地方良种，是理想的杂交配套品种。

2. 南阳牛

（1）体型外貌

南阳牛属较大型役肉兼用品种。体躯高大，肌肉较发达，结构紧凑，体质结实，皮薄毛细。鼻镜宽，口大方正。角形以萝卜角为主，公牛角基粗壮，母牛角细。鬐甲隆起，肩部宽厚。背腰平直，肋骨明显，荐尾略高，尾细长。四肢端正而较高，筋腱明显，蹄大坚实。公牛头部雄壮，额微凹，脸细长，颈部褶皱多，前驱发达。母牛后躯发育良好。毛色有黄色、红色、草白色 3 种，面部、腹下和四肢下部毛色浅（图 3-11，图 3-12）。

图 3-11　南阳牛种公牛

图 3-12　南阳牛种母牛

（2）体重和体尺

南阳牛公犊初生重 31.2 千克，母犊 28.6 千克。成年公牛体重 648 千克，母牛 412 千克。南阳牛成年牛体重和体尺如表 3-6 所示。

表 3-6　南阳牛成年牛体重和体尺

性别	体重（千克）	体高（厘米）	体斜长（厘米）	胸围（厘米）	管围（厘米）
公	648	145	160	199	20
母	412	126	139	169	16

（3）生产性能

经一般育肥，1.5 岁公牛平均体重 442 千克，育肥期日增重 0.813 千克，屠宰率 55.6%，净肉率 46.6%，眼肌面积 92.6 平方厘米。南阳牛肉质细嫩，颜色鲜红，大理石状花纹明显。牛役用性能强，最大挽力占体重的 57%~77%。南阳牛目前已由役用为主转变为肉用为主。

（4）繁殖性能

南阳牛较早熟，1 岁即能配种怀胎。母牛常年发情，在中等饲养水平下，初情期在 8~12 月龄，初配年龄一般掌握在 2 岁。发情周期 21 天，发情持续期 1~3 天，妊娠期 289. 8 天，怀公犊比怀母犊的妊娠期长 4. 4 天。产后初次发情约需 77 天。

3. 鲁西牛

(1) 体型外貌

鲁西牛体躯高大，肌肉发达，筋腱明显，皮薄骨细，体质结实，结构匀称。被毛从浅黄色到棕红色，以黄色为最多，一般前躯毛色较后躯深，公牛毛色较母牛的深。鼻镜呈肉红色。公牛头方正，颈短厚、稍隆起，肩峰耸起，前躯发育好，角粗大，多为平角或龙门角（图 3-13）。

图 3-13　鲁西牛种公牛

图 3-14　鲁西牛种母牛

母牛头清秀，角细短，颈长短适中，乳房发育较好。尻稍斜，四肢端正，蹄质坚实（图 3-14）。

(2) 体重和体尺

鲁西牛公犊初生重 22~35 千克，母犊 18~30 千克。成年公牛体重 644. 4 千克，成年母牛 366 千克。鲁西牛成年牛体重和体尺如表 3-7 所示。

表 3-7　鲁西牛成年牛体重和体尺

性别	体重（千克）	体高（厘米）	体斜长（厘米）	胸围（厘米）	管围（厘米）
公	644	146	160	206	21
母	365	123	138	168	16

(3) 生产性能

鲁西牛皮薄骨细，产肉率较高，肉用性能良好，肌纤维细，脂肪分布均匀，大理石状花纹明显。在加少量麦秸、每天补饲 2 千克精饲料（豆饼

40%，麸皮60%）的条件下，对1～1.5岁牛进行育肥，平均日增重0.6千克。一般屠宰率为53%～55%，净肉率为47%。据山东菏泽地区对14头育肥牛的屠宰测定，18月龄4头公牛和3头母牛的平均屠宰率为57.2%，净肉率为49%，眼肌面积89.1平方厘米。

（4）繁殖性能

母牛性成熟早，有的8月龄即能受胎。一般10～12月龄开始发情，1.5～2周岁初配，发情周期平均22天，发情持续期2～3天。妊娠期平均285天，产后第一次发情平均为35天。

二、肉牛的选育与改良

肉牛的选育直接影响肉牛群体的数量和质量，决定着肉牛生产性能的高低及产品品质的优劣，同时也关系着肉牛生产的效率和效益。为了提高现有肉牛的质量，培育新品种和充分利用杂种优势，使生长速度和产肉量有较大提高，需对现有品种进行选育和改良。

肉牛的选种即选择优良的个体作为种用，其目的就是把种畜的优良特性在后代中不断巩固与加强。典型肉用牛体躯呈长方形，颈粗短，胸宽深，背腰平直，尻部长、宽、平、方，肌肉丰满，四肢较短，皮肤较厚而松软，毛密、有光泽。

（一）肉牛的选育性状

肉牛选育的主要性状包括种公牛、母牛的生长发育和肉牛的育肥性能。优良种牛应具备以下条件：生产性能高，生长发育快，体型外貌好，符合品种和性别的特征，遗传性能稳定，具有良好的适应性和抗应激能力，无遗传性疾病。肉牛重要经济性状的遗传力如表3-8所示。

表3-8　肉牛重要经济性状的遗传力

重要经济性状	性状遗传力	重要经济性状	性状遗传力
成年母牛体重	0.5	胴体重	0.25
产犊间隔	0.1	屠宰率	0.4
顺产性	0.1	胴体等级	0.45
犊牛成活力	0.1	眼肌面积	0.4
初生重	0.3	皮下脂肪厚度	0.45
断奶重	0.25	大理石纹	0.4
断奶后日增重	0.3	瘦肉率	0.55
育肥期日增重	0.5	肉骨比	0.6
周岁重（育肥场）	0.40	柔嫩度	0.3
周岁重（牧场）	0.35	同期体重体高比（BPI）	0.6

1. 生长发育性状

不同牛种在规定的年龄阶段要求达到的体尺、体重不同，可由此来衡量牛达到哪一个等级作为选种的重要依据。牛的体尺、体重测量一般在初生、断奶、周岁、1.5 岁、2 岁、3 岁及成年进行，体尺、体重测量方法如表 3-9 所示。

表 3-9 体尺测量的部位与方法

测量项目	测量方法	测量工具
体高	鬐甲最高点到地面的垂直距离	测杖
体直长	肩胛前缘（肱骨突）与坐骨结节间的水平距离	测杖
体斜长	肩端（即肱骨突）前端至同侧坐骨结节后缘间的距离	测杖或卷尺，注明
胸围	肩胛骨后缘处体躯的水平周径，其松紧度以能插入食指和中指自由滑动为准	卷尺
胸宽	沿两肩胛缘量胸部最宽的距离	测杖
胸深	沿着肩胛骨后角，从鬐甲至胸骨间的垂直距离	测杖
管围	前肢掌骨上 1/3 处（最细处）的周径	卷尺
腰角宽	两腰角外缘间的距离	测杖
尻长	腰角前缘至坐骨结节后缘间的距离	测杖
腰高	两腰角连线之中央至地面的垂直距离，又称十字部高	测杖
尻高	荐骨最高点至地面的垂直距离	测杖
臀端高	坐骨结节至地面的垂直距离，又称坐骨结节高	测杖

牛的活重在有条件的地方可用地磅直接称量，没条件的可根据膘情大致判断，或用体尺来估算。

活重=胸围 2（厘米）×体斜长（厘米）/11 420（适用于黄牛）

活重=胸围 2（米）×体直长（米）×100（适用于肉牛）

活重=胸围 2（米）×体直长（米）×87.5（适用于奶牛和乳肉兼用牛）

活重=胸围 2（厘米）×体斜长（厘米）/12 000（18 月龄的牛）

活重=胸围 2（厘米）×体斜长（厘米）/12 500（6 月龄的牛）

2. 肥育性能和胴体品质

主要包括日增重、饲料报酬、屠宰率、净肉率、眼肌面积、瘦肉率和大理石纹等。

3. 体型外貌

不同类型、不同品种的牛各自的外形特征及特点不同，如毛色、角形等质量性状，它反映了品种的特性和纯度，不可忽视。

4. 适应性和抗病力

针对不同地区的环境差异，选择适应当地环境的牛种。如热带与亚热带的普通牛与瘤牛的杂种后代耐热与抗焦虫的能力更强，生产潜能得到更大发挥。

（二）肉牛的选配

选配是在选种的基础上进行的，根据鉴定和后裔测定的结果安排公、母牛交配，使双亲的优良特征、特性和生产性能结合到后代身上。

1. 同质选配

为了巩固和发展某些优良性状，选择具有相似性状的公、母牛交配。如体格高大的公牛与体格高大的母牛交配。

2. 异质选配

多用于结合公、母牛双方不同的优良性状，如生长速度快的公牛与胴体品质好的母牛交配；交配一方纠正另一方的缺点，如背腰平直公牛与背腰凹陷的母牛交配。

3. 亲缘选配

根据公、母牛亲缘关系远近来安排交配组合。亲缘选配应有目的地进行。

（三）肉牛的杂交改良

我国牛种资源丰富，但牛体格小，日增重低，这需要引入外来品种对其进行杂交改良，以获得体型好、生产性能高，又能适应当地环境条件的后代。肉牛常用的杂交方法包括以下几种。

1. 级进杂交

级进杂交是用优良高产品种改良低产品种的常用方法。育种方法是本地母牛与外来品种公牛交配，所生杂种一代母牛，再与此外来品种公牛交配，这样一代代配下去，直到获得所需要的性能为止，然后在杂种间选出优良的公牛与母牛进行自群繁殖。一般级进的代数以3~4代为宜。

2. 引入杂交（导入杂交）

当一个品种的性能基本满足要求，只有个别性状仍有缺点，这种缺点用本品种选育法又不易得到纠正时，就可选择一个理想品种的公牛与需要改良某个缺点的一群母牛交配，以纠正其缺点，使牛群趋于理想。

3. 育成杂交

育成杂交又叫创造性杂交，它是通过2~3个或更多的品种来培育新品种的方法。两个或两个以上的品种进行杂交，使后代同时结合几个品种的优良特性，扩大变异的范围，显示出多品种的杂交优势，并且还能创造出亲本所不具有的新的有益性状，提高后代的生活力，增加体尺和体重，改进外形缺点，提高生产性能。

4. 经济杂交

经济杂交包括简单经济杂交和复杂经济杂交。两个以上品种杂交，所产杂种后代，不论公、母均不留作种用，全部作商品用。我国很多地区引入优秀公牛与本地牛杂交，杂种一代的生产性能得到大幅度提高。

5. 轮回杂交

2~3个或更多个品种轮番杂交，杂种母畜继续繁殖，杂种公畜供经济利用。轮回杂交能使杂交后代都保持一定的杂种优势。据报道，两品种和三品种轮回杂交可分别使犊牛活重平均增加15%和19%。

6. 终端公牛杂交体系

B品种公牛与A品种纯种母牛配种，将杂一代母牛（BA）再用第三品种C公牛配种，所生杂种二代，不论公、母全部育肥出售，不再进一步杂交。这种停止在最终用C品种公牛的杂交，就称为终端公牛杂交体系，其优点是能使各品种优点相互补充而获得较高的生产性能。

三、肉牛繁育技术

（一）母牛的繁殖生理

1. 母牛初情期与性成熟

初情期是指母牛初次发情或排卵的年龄。此时虽有发情表现，但生殖器官仍在继续生长发育。此时有配种受胎能力，但身体的发育尚未完成，故还不宜配种，否则会影响母牛的生长发育、使用年限以及胎儿的生长发育。性成熟因品种、饲养条件及气候等条件不同而异，黄牛的性成熟在8月龄左右，水牛在12月龄左右。

2. 初配年龄

牛的身体发育成熟后才能配种，不能过早，但也不能过迟。牛性成熟后，体重达到成年牛体重的70%左右（300千克以上），即可配种。因品种、饲养条件和气候不同，配种月龄有差异。母黄牛在15月龄左右、母水牛在3~4岁开始配种。

3. 发情周期

发情周期指上一次发情开始到下一次发情开始的间隔时间。黄牛的发情周期一般为 18~24 天（平均 21 天）。母牛在发情期间，由开始发情至发情结束这段间隔称为发情持续期。黄牛的发情持续期为 1~2 天，适宜配种的时间为发情后 12~20 小时，一般配 2 次，每次间隔 6~8 小时。因发情持续期有个体差异，在实践中要掌握规律，摸索经验。

（二）人工授精技术

牛人工授精是用器械采集公牛的精液，经过处理、保存后，再用器械把精液输入发情母牛的生殖道，使其妊娠的方法。牛人工授精技术可以快速扩大良种数量，有效提高优秀种公牛的利用率，已成为现代畜牧业的重要技术之一。

1. 发情鉴定

（1）外部观察法

观察母牛的外部表现和精神状态，以牛的性兴奋、外阴变化等判断其是否发情和发情程度。根据母牛表现可分为 3 个时期。

发情初期：发情牛爬跨其他母牛，神态不安，哞叫，但不愿接受其他牛的爬跨，外阴部轻微肿胀，黏膜充血呈粉红色，阴门流出透明黏液，量少而稀薄如水样，黏性弱。

发情中期（高潮期）：母牛安静接受其他牛的爬跨（叫稳栏现象），发情的母牛后躯可看到被爬跨留下的痕迹。阴门中流出透明的液体，量增多，黏性强，可拉成长条呈粗玻璃棒状，不易扯断。外阴部充血、肿胀明显，皱纹减少，黏膜潮红，频频排尿。

发情后期：此时母牛不再接受其他牛的爬跨，外阴部充血肿胀开始消退，流出的黏液少，黏性差。

（2）阴道检查法

采用开膣器张开阴道，观察阴道壁的颜色和分泌的黏液、子宫颈的变化。发情时，牛的阴道湿润、潮红、有较多黏液，子宫颈口开张，轻度肿胀。此法不能精确判断发情程度，已不多用，但有时可作为母牛发情鉴定的参考。

（3）直肠检查法

将手臂伸进母畜的直肠内，隔着直肠壁用手指摸卵巢及卵泡的变化。触摸卵巢的大小、形状、质地，卵泡发育的部位、大小、弹性，卵泡壁的厚薄以及卵泡是否破裂、有无黄体等。发情初期卵泡直径 1~1.5 厘米，呈小球形，部分突出于卵巢表面，波动明显；发情中期（高潮期）泡液增多，泡壁变薄，紧张而有弹性，有一触即破的感觉；发情后期卵泡液流出，形成一个小的凹陷。

2. 适时输精

生产中，如果1个发情期1次输精，要在母牛拒绝爬跨后6~8小时内进行；若1个情期2次输精，要在第一次输精后，间隔6~10小时再进行第二次输精。老龄、体弱和夏季发情的母牛发情持续期相对缩短，配种时间要适当提前。可用直肠检查法，掌握母牛卵泡发育情况，在卵泡成熟时输精受胎率最高。排卵后输精，受胎率显著降低。一般情况下，母牛发情（高潮）期只有1~2天，如发现上午发情，则下午配种。下午发情，则第二天早晨配种，但也有个体差异，在实践中要掌握个体规律。

3. 人工授精操作步骤

（1）冻精解冻

主要有自然解冻、手搓解冻和温水解冻。其中，以温水解冻效果最佳。水温控制在40℃±2℃，将冻精从液氮内取出，快速放入温水中，左右轻轻摇动10~15次取出擦干即可，要求显微镜检查活力达到0.35，方可使用。

（2）精液装枪

将细管冻精解冻后，用毛巾拭干水渍，用锋利剪刀剪掉封口部，输精枪推杆拉回10厘米，将细管棉塞端插入输精枪推杆深约0.5厘米，套上外套管。

（3）人工输精方法

阴道开张输精法：用开膣器插入母牛阴道，以反光镜或手电筒光线找到子宫颈外口，把装好精液的输精器插入子宫颈外口内1~2厘米，注入精液，然后轻缓取出输精器和开膣器。本法的优点是操作比较简单，容易掌握。缺点是所用器械较多，受胎率比直肠把握法低。

直肠把握输精法：该方法最常用，又称直肠把握法。先把母牛保定在配种架内（已习惯直肠检查的母牛可在槽上进行），尾巴用细绳拴好拉向一侧，然后清洗消毒母牛外阴部并擦干。配种员手臂涂上润滑剂，五指并拢，捏成锥形，徐徐伸入直肠排出宿粪，向盆腔底部前后、左右探索子宫颈，纵向握在手中，用前臂下压会阴，使阴门开张，另一只手执输精枪插入阴门，先向斜上前方插入10~15厘米越过尿道口，再转为平插直达子宫颈，这时要把子宫颈外口握在手中，假如握得太靠前会使颈口游离下垂，造成输精器不易对上颈口。两手互相配合，使输精枪插入子宫颈，并达到子宫颈部或子宫体。

然后输精，缓慢抽出输精枪，然后手从直肠里抽出，即可完成输精。在操作过程中，个别牛努责剧烈，应握住子宫颈向前方推，以便输精枪插入。操作时动作要谨慎，防止损伤子宫颈和子宫体。特别应注意的是在输精操作前要确定是空怀发情牛，否则易导致母牛流产。直肠把握法的优点是受胎率比阴道开张法高，使用器械简单，操作方便。

（三）同期发情技术

牛的同期发情技术是利用激素制剂人为地控制并调整母牛发情周期的进程，使一定数量的母牛在预定时间内集中发情。

1. 处理方法

用于母牛同期发情处理的药物种类很多，方法也有多种，但目前应用较多的是孕激素法和前列腺素法。

（1）孕激素法

分为两种，即埋植法和阴道栓塞法。埋植法是将一定量的孕激素制剂装入管壁有小孔的塑料细管中，利用套管针或者专用埋植器将药管埋入牛耳背皮下。阴道栓塞法是将含有一定量孕激素的专用栓塞放入牛阴道内。经一定天数（一般是10天左右）后将栓塞取出，并（或提前1天）注射前列腺素，在第二天、第三天、第四天内大多数母牛有卵泡发育并排卵。

（2）前列腺素法

前列腺素的投药方法有子宫注入（用输精器）和肌内注射2种，前者用药量少，效果明显，但注入时较为困难。后者操作容易，但用药量需适当增加。

前列腺素处理法对处在发情周期5~18天（有功能黄体时期）的母牛才能产生发情反应。因此，用前列腺素处理后，虽然大多数牛的卵泡正常发育和排卵，总有少数牛无外部发情症状和性行为表现无反应，或表现非常微弱，其原因可能是激素未达到平衡状态，对于这些牛需做2次处理。有时为使一群母牛有最大限度的同期发情率，第一次处理后，对发情的母牛不予配种，经10~12天后，再对全群牛进行第二次处理，这时所有的母牛基本处于周期的相同时期。第二次同期发情处理后，母牛其外部症状、性行为和卵泡发育均趋于一致，同期发情比率显著提高。

2. 操作要点

（1）母牛的选择和要求

年龄：地方黄牛2~8岁，杂交肉牛1.5~8岁。健康无病。

体重及膘情：黄牛体重在200~300千克，杂交肉牛体重在300千克以上，水牛体重在200千克以上。中等以上膘情。过肥或发育不正常的母牛及刚进行了疫苗注射或驱虫的牛不能选用。

发情周期：要求母牛处于黄体期，即发情后5~17天，最好是8~12天。可通过触摸卵巢和询问畜主确定其周期。带犊母牛要求产后2个月以上，子宫恢复正常。

(2) 牛群规模

每次同期发情的适宜规模为每个输配人员50~80头。

(3) 时间选择

最佳的时间是在秋季，太冷、太热的季节不宜进行同期发情。药物处理时要避开牛的使役期。

(4) 妊娠检查

药物处理前所有母牛必须进行直肠妊娠检查，通过检查确定空怀者才能注射药物，否则会引起妊娠牛流产。

(5) 注射剂量

根据母牛的体重，每头牛臀部肌内注射氯前列烯醇（PG）2~4毫升，本地黄牛一般2毫升即可。对于直肠检查时发现有黄体囊肿的母牛可加大用药量（4~6毫升）。

(6) 输精时间

注射药物后，以打针当天为0天，黄牛在第三天、第四天各按要求输精1次。水牛在第四天、第五天各输精1次。需要注意不管是否有发情表现都要进行输精。

(四) 早期妊娠诊断技术

牛早期妊娠诊断对提高牛群繁殖率和减少空怀具有重要意义。通过早期妊娠诊断，可尽早确定母牛输精后妊娠与否，从而采取相应的饲养管理措施。对已受胎母牛，应加强饲养管理，保证母体和胎儿健康，防止流产。未受胎母牛，要及时查找原因，采取有效的治疗措施，促使其再发情、妊娠，尽量减少空怀天数。

1. 外部观察法

母牛输精后，到下一个发情期不再发情，且食欲和饮水量增加，上膘快，被毛逐渐光亮、润泽，性情变得安静、温顺，行动迟缓，常躲避追逐和角斗，放牧或驱赶运动时，常落在牛群后面。妊娠5~6个月时，腹围增大，腹壁一侧突出。8个月时，右侧腹壁可触到或看到胎动。外部观察法在妊娠中后期观察比较准确，但不能在早期做出确切诊断。

2. 直肠检查法

直肠检查法是用手隔着直肠壁通过触摸检查卵巢、子宫以及胎儿和胎膜的变化来判断是否妊娠以及妊娠期的长短。在妊娠初期，一侧卵巢增大，可在卵巢上摸到突出于卵巢表面的黄体，子宫角粗细无变化，但子宫壁较厚并有弹性。妊娠1个月，两侧子宫角不对称，一侧变粗，质地较软，有波动感，绵羊角状弯曲不明显。妊娠2个月，妊娠角比空角粗1~2倍，变长而进入腹腔，角壁变薄且软，波动感较明显，妊娠角卵巢前移至耻骨前缘，角间沟变平。妊娠3个月时，角间沟消失，子宫颈移至耻骨前缘，孕角比空角大2~3倍，波动感更加明显。妊娠4个月，子宫和胎儿已全部进入腹腔，子宫颈变得较长且粗，抚摸子宫壁时能清楚地摸到许多硬实的、滑动的、通常呈椭圆形的子叶，孕角侧子宫动脉有较明显波动。直肠检查法是早期妊娠诊断最常用、最可靠的方法，根据母牛妊娠后生殖器的变化，可判断母牛是否妊娠及妊娠期的长短。检查时动作要轻缓，力度不能过大，以免伤及子宫造成流产现象。应用直肠检查法进行早期妊娠诊断时，要根据子宫角的形状、大小、质地及卵巢的变化，综合判断。

3. 阴道检查法

阴道检查法是根据阴道黏膜色泽、黏液、子宫颈的变化来确定母牛是否妊娠。母牛输精1个月后，检查人员用开膣器插入阴道，有阻力感，且母牛阴道黏膜干涩、苍白、无光泽。妊娠2个月后，子宫颈口附近有黏稠液体，量很少。妊娠3~4个月，子宫颈口附近黏液量增多且变得浓稠，呈灰白色或灰黄色，形如糨糊，子宫颈紧缩关闭，有糨糊状的黏液块堵塞于子宫颈口(即子宫颈栓)。阴道检查法对于检查母牛妊娠有一定的参考价值，但准确率不高。

4. 子宫颈黏液诊断法

取子宫颈部少量黏液，用以下方法进行诊断。

放入30~38℃温水中，1~2分钟后仍凝而不散则表明已妊娠，散开则表示没有妊娠。

加1%氢氧化钠溶液2~3滴，混合煮沸。分泌物完全分解，颜色由淡褐色变为橙色或褐色者为妊娠。

5. 乳汁诊断法

将3%硫酸铜溶液1毫升加到0.5~1毫升乳汁中，乳汁凝结为妊娠，不凝结为未妊娠。也可取1毫升乳汁放入试管中，加1毫升饱和氯化钠溶液，振荡后再加0.1%氧化镁溶液15毫升振荡20~25秒，然后置于沸水中1分钟，取出静置3~5分钟后观察，如形成絮状物沉在下半部表明已妊娠，不形成絮状物或集于上部是未妊娠。

6. 尿液诊断法

取母牛清晨排出的尿液 20 毫升放入试管中，先加入 1 毫升醋，再滴入 2%~3%医用碘酊 1 毫升，然后用火缓慢加热煮沸。试管中溶液从上到下呈现红色表明妊娠，呈浅黄色、褐绿色且在冷却后颜色很快消退则表明未妊娠。

7. 超声波妊娠诊断法

超声波妊娠诊断法是将超声波的物理性和动物体组织结构的声学特点密切结合的一种物理学检查法，是利用超声波仪探测胎水、胎体及胎心搏动、血液流动等情况进行诊断。此法操作简单、准确率高。超声波检查已逐渐被广泛用于母牛的早期妊娠诊断。此法一般需要到配种后 30 天左右，才能探测出比较准确的结果。

第二节　肉牛饲料加工利用技术

一、苜蓿青贮加工利用技术

苜蓿有“牧草之王”的美称，蛋白质含量高，营养价值高，饲喂肉牛增重效果显著。目前，苜蓿加工调制主要采取晾晒、烘干等方法，产品以青干草草捆、草颗粒、草块为主。晾晒过程中，由于气候等因素影响和贮存措施不到位，营养损失较大（粗蛋白质损失 5%~8%）。烘干法能够保证产品质量，但设备昂贵，能源消耗大，生产成本高，适用范围有限。采用苜蓿青贮技术，可有效保存苜蓿营养成分，减少损失，而且适口性好、消化率高、保存期长。采用拉伸膜裹包贮存的青贮苜蓿，可进行远距离运输，实现商品化生产和销售。

（一）苜蓿窖贮青贮制作

以鲜苜蓿为原料，按照“适时收获—适当晾晒（调节含水量）—搂集—切碎—装入青贮窖（池）—压实—密封”的流程，加工调制优质苜蓿青贮。装压时，可按比例加入乳酸菌、纤维素酶和有机酸等饲草调制添加剂。

1. 适时收获

一般在初花期（20%开花）进行刈割，因天气、设备和劳力等因素影响，刈割时间可从初花期提前至现蕾期（图 3–15，图 3–16）。

2. 适度晾晒

刈割后，通过晾晒，调节苜蓿含水量至 45%~55%。晾晒时间根据当地

图 3-15　现蕾期至初花期苜蓿

图 3-16　机械适时收获

气候条件和天气等因素确定，天气晴好时一般晾晒 8~24 小时，干旱地区晾晒时间可缩短至 8~12 小时。检查含水量以苜蓿晾晒至叶片发蔫不卷即可，含水量过高、过低，对苜蓿青贮质量均有影响。晾晒好的原料要及时运送到青贮制作地点（图 3-17，图 3-18）。

图 3-17　晾晒苜蓿鲜草

图 3-18　含水率 50%左右的苜蓿

3. 铡短

将苜蓿原料用铡草机切短至 2~5 厘米（图 3-19，图 3-20）。

4. 贮存

将原料装入青贮窖，每装填 30~50 厘米厚，立即摊平、压实。为了提高青贮苜蓿品质，可加入适量饲草调制添加剂（表 3-10）。原料高出窖沿 50~60 厘米后，上铺塑料薄膜，覆土密封。

图 3-19　晾晒后铡短

图 3-20　大型机械捡拾铡短

表 3-10　苜蓿青贮调制添加剂的使用方法

名称	用量	使用方法
乳酸菌	每 1 000 千克苜蓿需 2.5 克乳酸菌活菌	将 2.5 克乳酸菌溶于 200 毫升 10% 白糖溶液中配制成复活菌液，再用 10~80 千克的水稀释后，均匀喷洒在原料上
有机酸	每 1 000 千克苜蓿添加 2~4 千克有机酸	直接喷洒在原料上
饲料酶	每 1 000 千克苜蓿添加 0.1 千克青贮专用饲料酶	用 10 千克麸皮或玉米面等稀释后，再与原料均匀混合

注：各种添加剂用量和使用方法应以产品说明为准

青贮窖大小根据肉牛饲养量确定，每立方米容量 700~800 千克，每头育肥牛每年需苜蓿青贮饲料 600 千克。

饲养规模较小的场（户），可挖掘土质青贮窖，周围用塑料薄膜覆盖，池宽 3 米以上，池深根据地下水位高低确定，一般不超过 2 米。

（二）苜蓿包膜青贮制作

包膜苜蓿青贮收获、晾晒、搂集和切碎与苜蓿窖贮青贮制作方法相同，打捆和包膜采用专用设备。切碎打捆时，可添加乳酸菌、纤维素酶和有机酸等饲草调制添加剂。

1. 打捆

将切碎的原料装入专用饲草打捆机中进行打捆（每捆重 50~60 千克）。

如需加入饲料添加剂，应在打捆前与切碎的原料混合均匀。

2. 包膜

打捆结束后，从打捆机中取出草捆，将草捆平稳放到包膜机上，然后启动包膜机用专用拉伸膜进行包裹。包膜圈数为 22~25 圈（保证包膜在 2 层以上）。

3. 堆放

包膜完成后，从包膜机上搬下已经制作完成的包膜草捆，堆放整齐。堆放时不超过3层，地点应避光、远离火源，并预防鼠害。搬运时要小心，避免扎破、磨坏包膜，造成漏气。如发现包膜破损，应及时用胶布粘贴，防止因漏气导致苜蓿腐败。

（三）取用

窖贮苜蓿，一般密封发酵45天后即可开窖使用。开窖时，应从窖的一端沿横截面开启，从上到下切取。按照每天需要量，随用随取，取后立即遮严取料面，防止暴晒。

包膜青贮一般需50~60天方可开包使用。饲喂时，将外面包裹的塑料膜、网或绳剪开即可。取喂量应以当天喂完为宜。

优质青贮苜蓿茎、叶形态分明，色泽呈暗绿色，气味酸香，无霉变（图3-21）。

图3-21　苜蓿青贮效果

（四）饲喂

苜蓿青贮应与其他饲草料搭配混合饲喂。推荐日粮配方如表3-11所示。

表3-11　育肥牛苜蓿青贮分阶段育肥日粮配方

体重范围（千克）	精饲料				粗饲料			
	浓缩料（%）	玉米（%）	麸皮（%）	日饲喂量（千克）	秸秆（%）	苜蓿青贮（%）	玉米青贮（%）	日饲喂量（千克）
350~400	30	58	12	3.8	50	25	25	4.7
400~450	28	62	10	4.2	50	25	25	5
450~500	25	70	5	4.5	50	25	25	5

二、秸秆类饲料加工利用技术

（一）玉米秸秆黄贮技术

玉米秸秆黄贮是玉米籽实收获后，将玉米秸秆切碎装入青贮窖中，经过密闭厌氧微生物发酵，调制成具有酸香味、适口性好、可长时间贮存的粗饲料。与干玉米秸秆相比，具有气味芳香、适口性好、消化利用率高等优点。

1. 收割

一般是在玉米蜡熟后期，果穗苞皮变白，植株下部5~6片叶子枯黄时即可收获。为保持原料水分不损失，应随割、随运、随贮。

2. 切碎

秸秆铡碎长度以1~2厘米为宜，过长不易压实，容易变质腐烂。

3. 装窖

切碎的原料要及时入窖，除底层外，要逐层均匀补充水分，使其水分达到65%~70%。即用手将压实后的草团紧握，指间有水但不滴为宜。为提高秸秆黄贮糖分含量，保证乳酸菌正常繁殖，改善饲草品质，可添加0.5%左右的麸皮或玉米面。

4. 压实

装填过程中要层层压实，充分排出空气。可以用拖拉机、装载机等机械反复碾压，尤其要将四周及四角压实。

5. 密封

原料装填至高出窖口40~50厘米、窖顶中间高四周低呈馒头状时，即可封窖。在秸秆顶部覆盖一层塑料薄膜，将四周压实封严，用轮胎或土镇压密封。土层厚30~50厘米，表面拍打光滑，四周挖好排水沟，防止雨水渗入。制作后要勤检查，发现下陷、裂缝、破损等，要及时填补，防止漏气。封窖后40~50天，可开窖使用。

（二）玉米秸秆添加剂调制技术

秸秆加工调制过程中，通过添加微生物菌剂、酶制剂和有机酸等添加剂，加快乳酸菌繁殖，促进厌氧发酵，将玉米秸秆调制成柔软、酸香、适口性好的粗饲料。制作青贮饲料的添加剂主要有两类。一是饲料酶和微生物活菌制剂。通过增加乳酸菌初始状态数量，快速产生乳酸，缩短达到青贮所需pH值的时间。二是有机酸（甲酸、乙酸等）。在短时间内，可降低青贮原料pH值，使乳酸菌大量繁殖，抑制其他有害菌生长。

1. 适时收获

选用玉米籽实收获后的新鲜秸秆，不能混入霉变秸秆和沙土等杂质。

2. 添加剂的制备

(1) 菌种复活及菌液配制

按照处理秸秆量复活菌种（依据产品说明操作），当天用完。以处理1吨秸秆需要的菌液为例：将菌种（3~5克）加入1 000毫升糖水中（浓度为1%），常温下（25℃左右）放置1~2小时（夏季不超过4小时，冬季不超过12小时），使菌种复活。将复活好的菌剂倒入10~80千克清洁水中，搅拌均匀，制成喷洒用的菌液备用。

(2) 酶制剂稀释与准备

按照当天处理的玉米秸秆量，依据产品使用说明，确定使用酶及稀释物的数量，当天用完。通常处理1吨秸秆需青（黄）贮饲料专用酶1千克（高浓度酶制剂用量为100克）、人工盐4~5千克、麸皮或玉米面10千克，将饲料酶、人工盐、麸皮或玉米面充分混合后备用。

(3) 有机酸的准备

一般情况下，处理1吨玉米秸秆需添加有机酸2~4千克。具体用量参照产品使用说明。

3. 切碎

将玉米秸秆切碎至1~2厘米为宜。

4. 填装压实

将切碎的玉米秸秆填装入青贮窖中，秸秆逐层平铺、压实，尤其要注意将四周及四角压实。

5. 水分调节

在加工调制过程中，要检查秸秆含水量是否适宜，并根据情况进行适当添加，一般含水量应在65%~70%。

6. 加入添加剂

每压实一层，在表面均匀喷洒一层制备好的添加剂。乳酸菌、有机酸用农用喷雾器进行喷洒，酶制剂手工均匀撒开。

7. 密封

玉米秸秆填装至高出窖口40~50厘米、呈馒头状时，表面足量均匀喷洒添加剂，覆盖塑料薄膜，覆土30~50厘米。

8. 取用

玉米秸秆经40天发酵后即可取用，取完后要用塑料薄膜将开口封严，尽量减少与空气接触，防止二次发酵、霉变。每次按照1~2天的饲喂量取用。

三、糟渣类饲料加工利用技术

（一）酒糟贮存加工技术

酒糟及其残液干燥物（DDGS）是酿酒和酒精工业的副产品，用其饲喂肉牛已经有几十年历史。目前，广泛使用的酒糟种类有两种。一种是谷物酒糟，主要以玉米、高粱、糯米等各种谷物为原料，是生产酒精或酿造白酒、米酒的副产品。据统计，2011 年我国白酒酒糟产量约 2 500 万吨。另一种是啤酒糟，主要以大麦和大麦芽为原料，经过糖化工艺发酵后产生的滤渣。

酒糟水分含量高（60%以上），易发酵变质、滋生虫蝇，污染环境，短期内难以充分利用，一般酒厂都作为废弃物处理。采用科学方法，将酒糟进行加工贮存，可有效提高饲料资源利用率，减少环境污染。酒糟由于营养成分不同，处理方法也不一样。

1. 谷物酒糟贮存加工方法

（1）干燥法

主要通过晾晒或烘烤，使酒糟水分含量降至 15%以下，所得产品称为干酒糟，保存时间较长。晾晒时选择晴天将酒糟薄摊于水泥地面上，此法成本低，污染少，需要较大的场地，空气湿度大时晾晒时间较长，故该方法适合小批量酒糟处理。烘烤法需要专用设备、工艺进行处理，优点是处理量大、产品率高、饲用价值好、环境污染小，缺点是能耗较大，设备投资和运行费用较高。

（2）窖贮法

将酒糟放入窖池内，压实密封，形成厌氧环境，抑制腐败菌繁殖。窖池一般选在地势干燥、地下水位低的地方，大小根据养牛规模、原料数量确定（可利用青贮窖和氨化池）。装窖时，在窖底铺一层干草或草袋子，窖壁周围可铺无毒塑料薄膜或草席子，然后把酒糟装入窖内，装一层踩实一层，直至把窖装满。封窖时窖顶呈馒头形，顶部覆盖一层草，并盖上塑料薄膜，用土（30 厘米厚）压实、压紧。

（3）微贮法

参照秸秆微贮的方法，在每吨酒糟中（含水量 70%～80%）加入长度为 3～5 厘米的秸秆或干草 330 千克，按秸秆发酵活干菌的操作规程，每袋菌剂（3 克）处理 1.5 吨酒糟，分层装窖，喷洒压实后，在最上面均匀撒上少许盐粉（每平方米 250 克），再压实，用塑料薄膜密封盖土，保质期为 9～12 个月。

2. 啤酒糟贮存加工方法

（1）窖贮

啤酒糟由于含能量、糖分较高，含水量较大（70%以上），易酸败变质，出厂后应及时转运至养殖场，进行处理。为了提高发酵效果，每吨啤酒糟需加入50~70千克玉米粉、薯粉等富含淀粉的辅料（也可以加入适量糖蜜）。将辅料与酒糟充分混合均匀，含水量控制在60%为宜（即手抓成团，有水从指间析出，但不滴出为准）。混合好的酒糟放入窖（池）内，充分压实，排出空气，用塑料薄膜密封。

（2）塑料袋贮存

应用塑料袋进行贮存发酵时，应选择厚而结实的塑料袋，装前做好检查，有漏洞应及时用胶带修补好。贮存时应随时检查，发现漏洞及时补救以减少损失。取用后应及时密封，以免与空气过分接触，二次发酵引起酸败变质。

3. 饲喂方法

（1）湿酒糟

将鲜酒糟或窖贮、微贮等方法贮存的酒糟，直接拌入铡短的饲草、青贮料或精饲料补充料中饲喂，也可以单独饲喂酒糟。但由于湿酒糟含水量较高，使用时需注意两点：一是易降低肉牛干物质采食量，影响消化吸收率；二是易霉烂、腐败，导致酒糟变质，引发疾病，影响育肥效果。

（2）干酒糟

将烘干的酒糟作为蛋白质原料，配合到精饲料补充料中。具有干物质含量高、使用方便等特点，可有效提高酒糟利用率。

4. 特点

酒糟含有丰富的粗蛋白质、粗脂肪、B族维生素、亚油酸、微量元素和许多未知生长因子，粗蛋白质含量比玉米高50%左右。饲喂时要注意与其他饲料合理搭配，长期、大量、单一饲喂酒糟，易引起急慢性中毒，并引发家畜其他疾病，给养殖场（户）造成经济损失。饲喂时应注意以下几点。

由少到多，逐渐增加，待牛只适应后再按量饲喂。突然大量饲喂酒糟，易引起急性中毒。饲喂量一般不超过日粮的20%~30%。

鲜酒糟中残留有一定量的乙醇，还有少量或微量多种发酵产物，如甲醇、杂醇油、醛类和酸类等。饲喂时应注意观察，以防中毒。

长期、单一饲喂酒糟，易引起慢性中毒，并引发家畜瘤胃臌胀、胃酸过多等疾病。妊娠母畜易引发流产，应限制饲喂量。

饲喂酒糟时，日粮中要添加玉米面、麸皮、青绿饲料、钙和维生素 A、维生素 D 等，防止维生素 A、维生素 D 缺乏和钙流失。

（二）苹果渣与玉米秸秆混合贮存技术

我国苹果年产量约 3 100 万吨，其中 20%~30%用于果汁加工，年产苹果渣 200 万吨。苹果渣富含维生素、果酸和果糖等多种营养物质，可以直接消化利用，饲喂肉牛效果较好。但是，由于果渣含水量大（80%以上），直接饲喂会产生腹泻现象。若不及时利用还会出现变质，影响饲喂效果。目前，苹果渣除少量直接用作饲料外，绝大部分被废弃，污染了局部环境。苹果渣与玉米秸秆混合贮存技术是将苹果渣（含有果皮、果核、果籽以及少量果肉）与切碎的玉米秸秆，在密封厌氧条件下进行发酵贮存，调制成营养价值高、适口性好的粗饲料。开发和利用苹果渣对扩大饲料资源具有重要意义。

1. 原料选择

选择切短至 1~2 厘米长的风干或收获玉米籽实后的玉米秸秆及果品加工厂 1~2 天内生产的新鲜果渣。果渣无霉变、无污染、无杂质。

2. 混合贮存比例

风干玉米秸秆与果渣混合比例为 6：4，青绿玉米秸秆与果渣混合比例为 7：3。

3. 填装压实

（1）分层填装

苹果渣含水量高，装填时应先在最底层装入约 50 厘米厚的玉米秸秆，摊平、压实（特别要注意靠近窖壁和拐角的地方）。秸秆上铺约 30 厘米厚的果渣，堆实、摊平。如此往复，直到压实最上层玉米秸秆时，用塑料薄膜覆盖，再覆土密封。

（2）顶层覆盖

如果没有足够的果渣，可将切碎的秸秆逐层装入青贮窖中，按玉米秸秆青贮饲料制作方法操作，直到压实至最上层玉米秸秆时，用 60~80 厘米厚的果渣直接封顶。

4. 水分和温度

制作时要注意原料混合比例，调节水分含量。在装填水分含量较低的秸秆时，需适当加水，混贮原料总含水量控制在 65%~70%。最佳贮存温度为 20~30℃，最高不超过 38℃。

5. 管理与维护

青贮池（窖）四周应有排水沟或排水坡度，窖口防止雨水流入及空气进入，如有条件可加装防护栏。

6. 取用

苹果渣与玉米秸秆混贮35~45天后即可开窖使用。开窖时，应从窖的一侧沿横截面开启。从上到下，随用随取，切忌一次开启的剖面过大，导致二次发酵。制作良好的果渣玉米秸秆混贮饲料有醇香味或果香味，玉米秸秆颜色青绿，果渣呈亮黄色。

（三）玉米芯加工利用技术

玉米芯是玉米果穗脱粒后的穗轴，重量一般占玉米穗的20%~30%。我国玉米芯资源丰富。长期以来，玉米芯的饲用价值没有得到开发，绝大部分用作农家燃料，造成很大浪费。近年来，随着畜牧养殖业的发展，玉米芯的饲用价值逐渐受到人们的重视，广泛用于肉牛养殖业。

玉米芯主要营养成分是纤维素、淀粉。其中，纤维素含量为26%~39%，淀粉含量为4%~35%。玉米芯含有17种氨基酸和铁、铜、镁、锌、锰等矿质元素。

1. 加工利用方法

（1）物理处理法

先用粉碎机粉碎成直径0.3厘米左右的颗粒，饲喂前用水浸泡12小时左右（含水量55%~65%），使之软化。

（2）发酵处理法

将粉碎的玉米芯浸泡处理，使其含水量达到65%~70%（即用手紧握指缝有液体渗出但不滴下为宜），然后装入发酵池逐层压实。制作过程中，每吨玉米芯添加1.5千克纤维素酶（用玉米面20千克或麸皮30千克预混合）和2~5千克食盐。装满发酵池后，覆盖塑料薄膜，用轮胎或土镇压密封。一般夏天发酵2~3天、冬天发酵7天后，即可开窖饲喂。

2. 饲喂方法

（1）饲喂物理处理的玉米芯

按比例与其他饲料合理搭配、混合均匀，添加量为粗饲料总量的16%~25%。此方法节省饲料，且对填充家畜胃容积、促进排便等均有良好效果。

（2）饲喂发酵处理的玉米芯

应由少到多与其他饲草料混合饲喂。如果酸度过大，应控制饲喂量。育肥牛每头每天8~12千克，犊牛每头每天3~5千克。

四、饼粕类饲料综合利用技术

（一）菜籽饼（粕）发酵脱毒及利用技术

我国是油菜生产大国，油菜种植面积和油菜籽产量均居世界第一位，菜籽饼（粕）资源较为丰富。

1. 特点

菜籽饼（粕）是一种优质的植物蛋白质饲料，粗蛋白质含量为33%～45%，蛋白质消化率为95%～100%，氨基酸组成和含量与大豆相近。其中，蛋氨酸、半胱氨酸等含硫氨基酸含量较高，在我国南方肉牛养殖中普遍应用。但由于菜籽饼（粕）中含有硫代葡萄糖苷（简称硫苷，GLS）等有毒物质和植酸、单宁、芥子碱、抗蛋白酶因子等抗营养因子，适口性差，直接长期、大量饲喂菜籽饼（粕），易引发胃肠炎、肾炎和支气管炎等疾病。因此，为了充分利用菜籽蛋白，提高菜籽饼（粕）饲喂量，降低饲养成本，须对菜籽饼（粕）进行脱毒处理，降低其毒性，确保饲用安全。

2. 常用脱毒方法

目前，主要采取物理、化学和生物等方法进行脱毒处理。

（1）坑埋法

依据菜籽饼（粕）数量，在地势高燥的地方挖一宽1～1.5米、深1.5～2米土坑（1立方米可埋500～600千克），坑底铺上稻草或席子。将粉碎的菜籽饼（粕），按1∶1比例加水浸泡后，装填到土坑中，顶部盖上稻草或席子，再用塑料薄膜覆盖，最后用20～30厘米厚的土压实，坑埋2个月即可饲用。该方法操作简单，成本低，硫苷脱毒率可达90%左右，但蛋白质和干物质损失较大（约15%）。

（2）热处理法

主要有干热处理法和湿热处理法。具体方法是：将菜籽饼（粕）粉碎，用大铁锅烘炒30～40分钟，并炒出香味；也可以放入容器内，加水煮沸或通入蒸汽，保持100～110℃的温度蒸煮1小时，使芥子碱在高温下失去活性，饼（粕）中的硫苷不被分解。该方法操作简单，适合养殖户或小型养牛场使用。但饼粕中蛋白质利用率下降，特别是硫苷仍留在饼粕中，饲喂后可能受其他来源的芥子碱及肠道内某些细菌的酶解，继续产生毒性。

（3）水浸洗法

在水泥池或缸底开一小口装上阀门，上方5～10厘米处安装过滤底层，将菜籽饼（粕）置于过滤层上，加热水或用冷水浸泡、冲淋，反复浸提。每天换水 1 次，换水时冲淋 1~2 次。一般浸泡 2~4 天即可饲喂。利用水浸泡和冲洗，将菜籽饼（粕）中的有毒成分溶于水中，通过冲洗把毒物带走，尤其是 40℃左右的热水效果更好。该方法脱毒率较高，对设备和技术要求简单，容易操作，但饼（粕）中的干物质损失较大，部分水溶性蛋白质也会流失，耗水量大。

（4）生物发酵法

将菜籽饼（粕）粉碎，加入 0.3%~0.6%的酵母菌、枯草芽孢杆菌、黑曲霉和乳酸菌等复合微生物制剂（或按产品使用说明书），饼（粕）和水按 2∶1 的比例混匀，在水泥地上堆积保湿发酵，当温度上升至 38℃左右（8 小时后），对饼（粕）进行翻堆，再堆积发酵。每日翻堆 1 次，控制好发酵温度，防止雨淋。温度过高时（不要超过 40℃），要及时翻堆和通风降温。发酵 4~5 天完成脱毒，晾晒（烘干）至含水量 8%，保存待用。通过微生物发酵，水解菜籽饼（粕）硫苷及其降解产物。同时，微生物利用自身代谢作用将菜籽饼（粕）中的抗营养因子（如植酸、单宁、纤维素等）分解，产生香味物质，提高了菜籽饼（粕）的适口性和蛋白质含量。该方法成本低、脱毒率高、营养损失小。

3. 饲喂时的注意事项

菜籽饼（粕）要妥善保存，防止霉烂变质，发生霉变时严禁使用。

育肥牛多用，繁殖母牛和犊牛少用。脱毒菜籽饼（粕）多添加，未脱毒菜籽饼（粕）少添加。

要尽量做到先脱毒后饲用，饲喂量要由少至多，让牛逐渐适应。一般情况下，开始时可以在精饲料中添加 5%未脱毒菜籽饼（粕）或 10%脱毒菜籽饼（粕），观察牛的采食和排泄情况，如没有异常，可间隔 5~7 天在精饲料中增加一定比例，逐渐增加。如发现厌食和腹泻，应减少菜籽饼（粕）的用量。

（二）棉籽饼（粕）微生物发酵脱毒利用技术

以棉籽为原料，经脱壳、去茸或部分脱壳、去茸，用机器榨取油后的副产品称为棉籽饼，用浸提法或预压浸提法榨取油后的副产品称为棉籽粕。我国年产棉籽 1 000 多万吨，棉籽饼（粕）是一种极具开发潜力的植物蛋白质饲料资源。由于棉籽是否去壳及加工工艺不同，棉籽饼（粕）营养成分有较大差异。目前，用作饲料原料的棉籽饼（粕）粗蛋白质含量一般在 40%左右，仅次于豆粕（49.48%）。

棉籽中含有棉酚及环丙烯脂肪酸等有害物质，尤其棉酚的危害最大，占棉籽重量的4.8%~7%，按其存在形式可分为游离棉酚和结合棉酚。在制油过程中，通过蒸炒、压榨，大部分棉酚与氨基酸结合形成结合棉酚。结合棉酚在动物消化道内不被吸收，毒性小。少部分棉酚以游离形式存在于粕及油品中，毒性较大。因此，使用棉籽饼（粕）时要限量或进行脱毒处理。

棉酚传统脱毒方法主要有物理法和化学法，其成本高、操作复杂，并且有一定的毒物残留。近年来，利用微生物发酵技术可使棉酚含量降低至0.04%以下，同时提高可溶性蛋白质含量3~11倍。

1. 技术要点

微生物发酵脱毒法是通过微生物发酵，使棉籽饼（粕）中的棉酚转化、降解，达到脱毒目的。

（1）微生物制剂

主要由嗜酸乳杆菌、啤酒酵母菌、枯草芽孢杆菌和小分子肽等促生长因子组成。

（2）脱毒配方

每200千克棉籽饼（粕）加水70千克、红糖1千克、微生物制剂1千克、麸皮20千克。大量使用时，为了降低成本可用糖蜜替代红糖。

（3）发酵窖（池）的准备

规模化牛场可利用已建成的青贮窖，没有青贮窖的养殖场（户），可自建发酵窖（池），大小根据饲养规模和原料数量确定。发酵池应选在地势高、干燥、向阳、排水良好、距离畜舍较近的地方，深2~3米，池壁以砖或石砌筑，水泥抹面最佳，上大下小，侧壁倾斜度为6°~8°。

（4）原料准备

根据发酵窖（池）容量，从加工厂直接将棉籽饼（粕）运输至发酵窖（池）旁。

（5）装填压实

为保证厌氧环境，装填前应在发酵窖（池）四壁衬塑料薄膜。装填原料时应逐层进行，每装入30~50厘米，喷洒混合均匀的菌糖水，然后压实，直至高于发酵窖（池）沿50~70厘米。小型窖（池）可人工踩实或用夯夯实，大型青贮窖可用履带拖拉机或轮式大马力推土机压实。

（6）密封

先在原料上铺一层塑料薄膜，再用40~50厘米厚的土覆盖拍实，外观呈馒头状。

（7）管理

气温4℃以上，贮后密封发酵7天即可饲用。当出现塌陷、裂缝时，应及时填土，以防漏水、漏气。

（8）品质鉴定

发酵好的棉籽饼（粕）颜色微黑、发亮、手捏发潮、略有酒香味。

2. 注意事项

（1）操作时要做到“均、密、实”

均，即微生物制剂与红糖水混合均匀，喷洒均匀；密，即密封好，不透气；实，即尽最大限度压实，减小空隙，创造厌氧环境。

（2）制作时间

根据棉花生产季节和气候特点，发酵环境温度在4℃以上，即可进行制作。

（3）检测

棉籽饼（粕）应在使用前进行棉酚和粗蛋白质测定，以确定其在饲料中的用量。

（4）饲喂

饲喂肉牛时，应该由少到多逐渐增加，并观察牛的健康状况。妊娠中后期的母牛应减少或限制饲喂量。

3. 特点

新疆等地棉籽饼（粕）来源广泛、价格低廉，采用微生物发酵脱毒技术简便、易学、易推广，脱毒效果好（脱毒率达70%~80%）。发酵脱毒后的棉籽饼（粕）具有酸、甜、软、香等特点，适口性好，利用率和转化率显著提高，还能防止有害菌的繁殖和生长。

第三节　肉牛饲养管理技术

一、犊牛饲养管理技术

（一）隔栏补饲早期断奶技术

我国农村肉牛散养户犊牛出生后，一般采用随母哺乳5~6个月、自然断奶的传统饲养模式。犊牛出生后随着日龄增加，生长发育加快，营养需要也增加，而肉用母牛产后2~3个月产乳量逐渐减少，单靠母乳不能满足犊牛的营养需要。同时，母牛泌乳和犊牛直接吮吸乳头哺乳所产生的刺激，对母牛的生殖功能恢复产生抑制作用，严重影响母牛发情，造成带犊哺乳的母牛在产后90~100天甚至更长时间都不发情。实行隔栏补饲、早期断奶，可限制犊牛吮乳时间和次数，当母牛不哺乳时，犊牛因饥饿会主动采食饲料。一方面，可使犊牛提前从液体饲料阶段过渡到反刍阶段，及早补充犊牛所需营养，促进犊牛消化系统发育，提早建立瘤胃微生物区系，增强消化能力，更好地适应断奶后固体饲料的采食，降低发病率。另一方面，减少了哺乳对母牛的刺激，可促进母牛恢复体况，尽早发情配种。

1. 犊牛在出生后 0.5~1 小时内要吃上初乳

在犊牛能够自行站立时，让其接近母牛后躯，采食母乳。对体质较弱的犊牛可人工辅助，挤几滴母乳于洁净手指上，让犊牛吸吮手指，而后引导到母牛乳头助其吮奶。

2. 犊牛栏设置

犊牛出生 7 日龄后，在母牛舍内一侧或牛舍外，用圆木或钢管围成一个小牛栏，围栏面积以每头 2 平方米以上为宜。与地面平行制作犊牛栏时，最下面的栏杆高度应在小牛膝盖以上、脖子下缘以下（距地面 30~40 厘米），第二根栏杆高度与犊牛背平齐（距地面 70 厘米左右）。在犊牛栏一侧设置精饲料槽、粗饲料槽，在另一侧设置水槽，在料槽内添入优质干草（苜蓿青干草等），训练犊牛自由采食。犊牛栏应保持清洁、干燥、采光良好、空气新鲜且无贼风，冬暖夏凉。

3. 犊牛补饲

犊牛出生 15 日龄后，每天定时哺乳后关入犊牛栏，与母牛分开一段时间，逐渐增加精饲料、优质干草饲喂量，逐步加长母牛、犊牛分离时间。

（1）补饲精饲料

犊牛开食料应适口性良好，粗纤维含量低而粗蛋白质含量较高。可购买奶牛犊牛用代乳料、犊牛颗粒料，或自己加工犊牛颗粒料，每天早、晚各喂 1 次。1 月龄日喂颗粒料 0.1~0.2 千克，2 月龄喂 0.3~0.6 千克，3 月龄喂 0.6~0.8 千克，4 月龄喂 0.8~1 千克。犊牛满 2 月龄后，在饲喂颗粒料的同时，开始添加粉状精饲料，可采用与犊牛颗粒料相同的配方。粉状精饲料添加量：3 月龄 0.5 千克，4 月龄 1.2~1.5 千克（表 3-12）。

表 3-12　肉用犊牛颗粒饲料推荐配方及营养水平

原料名称	玉米	麸皮	豆粕	棉粕	食盐	磷酸氢钙	石粉	预混料
配比	48%	20%	15%	12%	1%	2%	1%	1%

注：推荐营养水平为综合净能 6.5 兆焦/千克，粗蛋白质 18%~20%，粗纤维 5%，钙 1%~1.2%，磷 0.5%~0.80%

(2) 补饲干草

可饲喂苜蓿、禾本科牧草等优质干草。出生2个月以内的犊牛，饲喂铡短到2厘米以内的干草，出生2个月以后的犊牛，可直接饲喂不铡短的干草。建议饲喂混合干草，其中苜蓿占20%以上。2月龄犊牛可采食苜蓿干草0.2千克，3月龄犊牛可采食苜蓿干草0.5千克。

4. 饮水

犊牛在初乳期，可在2次喂奶的间隔时间内供给36～37℃的温开水。生后10～15天，改饮常温水，1月龄后自由饮水，但水温不应低于15℃。饮水要方便，水质要清洁，水槽要定期刷洗。

5. 断奶

可采用逐渐断奶法。具体方法是随着犊牛月龄增大，逐渐减少日哺乳次数，同时逐渐增加精饲料饲喂量，使犊牛在断奶前有较好的过渡，不影响其正常生长发育。当犊牛满4月龄，且连续3天采食精饲料达到2千克以上时，可与母牛彻底分开，实施断奶。断奶后，停止使用颗粒饲料，逐渐增加粉状精饲料、优质牧草及秸秆的饲喂量。

6. 犊牛早期断奶补饲建议方案

犊牛饲养采用“前高后低”的方案，即前期吃足奶，后期少吃奶，多喂精、粗饲料。建议饲养方案如表3-13所示。

表3-13　肉用犊牛4月龄断奶的饲养方案

哺育犊牛（月龄）	颗粒饲料（千克）	优质干草（千克）	粉状精饲料（千克）	青（黄）贮	哺乳次数
1	0.1～0.2	—	—	—	每日2次（早、晚）
2	0.3～0.6	0.2	—	—	每日1次（早）
3	0.6～0.8	0.5	0.5	—	隔日1次（早）
4	0.8～1	1.5	1.2～1.5	—	隔2日1次（早）

(二) 犊牛护理技术

犊牛护理技术是指对出生后6个月以内的犊牛进行引导呼吸、脐部消毒、饲喂初乳以及早期断奶等措施，使犊牛顺利、健康度过犊牛期。犊牛出生后对外界不良环境抵抗力较弱，适应力差，消化道黏膜容易被细菌穿过，神经系统反应性不足，很容易受各种病菌的侵袭，发病率高，较易死亡。据统计，有60%～70%的犊牛死亡发生在犊牛出生后第一周。因此，做好犊牛护理，特别是新生犊牛护理对其生长发育至关重要。

1. 确保犊牛呼吸

犊牛出生后如果不呼吸或呼吸困难，通常与难产有关。必须首先清除犊牛口鼻中的黏液，使犊牛头部低于身体其他部位或倒提犊牛几秒钟使黏液流出，然后用人工方法诱导犊牛呼吸。

2. 肚脐消毒

呼吸正常后，应立即观察肚脐部位是否出血，如出血则用干净棉花止血。应挤干残留在脐带内的血液后，用高浓度碘酊（7%）或其他消毒剂涂抹脐带。出生 2 天后应检查犊牛脐部是否有感染。如感染，犊牛表现为精神沉郁，脐带红肿，碰触后犊牛有触痛感。脐带感染可很快发展为败血症，常常引起犊牛死亡。

3. 饲喂初乳

初乳是母牛产犊后 7 天内所分泌的乳汁，它含有丰富的维生素、免疫球蛋白及其他各种营养，尤其富含维生素 A、维生素 D 以及球蛋白和白蛋白，所以初乳是新生犊牛必不可少的营养来源。如果完全不喂初乳，犊牛会因免疫力不足而发生肺炎及血便，使犊牛体重急剧下降。初乳的营养物质和特性随泌乳天数逐日变化，经过 6~8 天初乳的成分接近常乳。因此，犊牛出生后应尽早让犊牛吃上足够的初乳。一般在生后 2 小时内，当幼犊站立起来时，即可喂食初乳。

犊牛饲养环境及所用器具必须符合卫生条件，并且每次饲喂初乳量不能超过犊牛体重的 10%。通常每天 6~8 千克，分 3~5 次饲喂。若母乳不足或产后母牛死亡，可喂其他同期分娩的健康母牛的初乳，或按每千克常乳加 5~10 毫升青霉素或等效的其他抗生素、3 个鸡蛋、4 毫升鱼肝油配成人工初乳代替，另补饲 100 毫升的蓖麻油，代替初乳的轻泻作用。

初期应用奶桶饲喂初乳。一般一手持桶，另一手中指及食指浸入乳中使犊牛吸吮。当犊牛吸吮指头时，将桶提高使犊牛口紧贴牛奶吮吸，如此反复几次，犊牛便可自行哺乳。

饲喂初乳时应注意即挤即喂。温度过低的初乳易引起犊牛胃肠功能失常，导致犊牛下痢。温度过高则易发生口炎、胃肠炎等。因此，初乳的温度应保持在 35~38℃。在夏季要防止初乳变质，冬季要防止初乳温度过低。

晚上出生的犊牛，如到第二天才喂初乳，抗体可能无法被全部吸收，出生后 24 小时的犊牛，抗体吸收几乎停止。犊牛出生后如果在 30~50 分钟以内吃上母牛初乳，可有效保证犊牛生长发育、提高抗病力。

4. 犊牛与母牛隔离

犊牛出生后立即从产房移走并放在干燥、清洁的环境中，最好放在单独圈养的畜栏内。刚出生的犊牛对疾病没有抵抗力，给犊牛创造舒服的环境可降低患病可能性。

5. 防止犊牛下痢

引起犊牛下痢的原因很多。防止犊牛下痢，应注意以下几方面问题：一是给犊牛喂奶要做到定时、定量、定温。奶温最好在30~35℃。二是天冷时要铺厚垫料。垫料必须干燥、洁净、保暖，不可使用霉变或被污染过的垫料。三是对有下痢症状的犊牛要隔离，及时治疗；四是保证饲喂的精、粗饲料干净，并对环境经常进行消毒。

6. 调教犊牛采食，刷拭犊牛

为了避免牛怕人、长大后顶人的现象，饲养人员必须经常抚摸、靠近或刷拭犊牛牛体，使牛对人有好感，让犊牛愿意接受以后的各种调教。没有经过调教采食的犊牛怕人，人在场时不采食。经过训练后，不仅人在场时会大量采食，而且还能诱使犊牛采食没有接触过的饲料。为了消除犊牛皮肤的痒感，应对犊牛进行刷拭，初次刷拭时，犊牛可能因害怕而不安，但经多次刷拭犊牛习惯后，即使犊牛站立亦能进行正常刷拭。

二、育肥牛饲养管理技术

（一）肉牛异地运输

肉牛运输是肉牛育肥及母牛繁殖生产中重要的技术环节。在运输过程中，如果缺乏周密、科学的计划安排和精细的管理，采用的方法不当，将直接影响以后肉牛养殖的经济效益。肉牛不论是赶运，还是车辆装载运输，都会因生活条件及规律的变化而改变牛正常的生活节奏和生理活动，使其处于适应新环境条件的被动状态，这种反应称为应激反应。应激反应越大，恢复期的饲养时间就越长，受损失也越大。为了减少应激造成的牛只掉重或伤病损失等，应做到科学运输。

肉牛运输常用的工具有火车、汽车等。火车运输费用较低，但时间较长；汽车运输时间较短，灵活，但运费较高。经综合比较，汽车运输优于火车，也是目前普遍采用的运输方式。汽车运输技术主要包括影响肉牛掉重、损失的因素和运输期、恢复期的饲养管理等。

1. 运输

（1）运输前的准备工作

牛只健康证件：非疫区证明、防疫证、车辆消毒证件等。

车辆：驾驶员运输证件齐全，车况良好。单层车辆护栏高度不低于1.4

米，加装顶棚，以避免雨淋、暴晒。车厢底部应放置沙土、干草、麦秸、稻草等防滑垫料。

预防或减少应激反应：牛只选好后，有条件时应在当地暂养3~5天，让新购牛合群，并观察健康状况，确保牛只健康后方可装运；运输前2~3天开始，每头牛每日口服或注射维生素A 25万~100万单位；在装运前，肌内注射2.5%氯丙嗪，每100千克活重剂量为1.7毫升，此种方法在短途运输中效果更好；装运前6~8小时应停止饲喂青贮饲料、麸皮、青草等具有轻泻作用的饲料和易发酵饲料；装运前2~3小时不能过量饮水。

（2）装运

装车：设置装牛台，装车过程中切忌任何粗暴行为或鞭打、棒打牛只，这种行为将导致应激反应加重，造成更多的掉重和伤害，从而延长牛只恢复时间。对妊娠母牛尤为注意，防止因机械性造成的流产。合理装载，每头牛根据体重大小应占有的面积是：体重300千克以下每头0.7~0.8平方米，300~350千克每头1~1.1平方米，400千克每头1.2平方米，500千克以上每头1.3~1.5平方米，妊娠中、后期的母牛每头2平方米。牛只可拴系或不拴系，一般体重较小（300千克以下）可不拴系。拴系的牛只头、尾颠倒依次交替拴系，无角的牛只可带笼头。拴系的绳子不要过长或过短。

运输：肉牛调运季节最好是春、秋季，冬季调运要做好防寒工作，夏季气温高，不宜调运。根据调运地点及道路情况，确定运输路线。车速不超过70千米/小时，匀速。转弯和停车前均要先减速，避免急刹车，尤其在上坡、下坡和转弯时一定要缓行；押运员备有手电和刀具（割缰绳用）。运输途中每隔2~3小时应检查一次牛只状况，及时将趴卧的牛只扶起（拉拽、折尾、针刺尾根，甚至用方便袋闷捂口鼻等办法使其站立起来），以防被踩伤等。在长途运输过程中，应保证牛只每天饮水2~3次，每头牛每天采食干草3~5千克。运牛车辆到达目的地后，利用装、卸牛台，让牛只自行走下车，也可用饲草引导牛只下车，切忌粗暴赶打。根据牛只体重大小、体质强弱进行分群（围栏散养）或固定槽位拴系。妊娠母牛要单独组群或拴系管理。当天夜里设专人不定时观察牛只状况，发现问题，及时处理。

2. 恢复期饲养管理

（1）饮水

牛只经过长距离、长时间的运输，应激反应大，胃肠中食物少、体内严重失水，故此时补水是第一位工作。饮水可分次，不要一次饮足。第一次饮水应在牛只休息1~2小时后，每头牛饮水量5~15千克，另加0.1千克人工盐；第一次饮水后 3~4 小时进行第二次自由饮水，水中可掺些麸皮。切忌暴饮。

（2）饲喂优质干草

当牛只充足饮水后，便可饲喂优质干草或粉碎后的干玉米秸秆，第一次饲喂每头牛 2~5 千克，2~3 天后逐渐增加给量，5~6 天后可自由采食。

（3）饲喂混合精饲料

饲喂干草、秸秆 2~3 天后，开始饲喂混合精饲料，饲喂量为活重的 0.5%左右。之后根据牛只采食和粪便状态逐渐增加饲喂量，经过 10~15 天恢复期饲养达到计划精、粗饲料供给量。

（4）驱除牛体内外寄生虫

如购牛季节是秋季还应预防注射倍硫磷，以预防牛皮蝇。

另外，发现有咳嗽、气喘、流鼻液、腹泻、跛行的牛只应及时查明病因，隔离治疗。如采用阉牛育肥，应及时阉割去势，方法有无血去势、人工刀割、药物去势等。牛只完全稳定后进行免疫接种，转入正常饲养。待育肥牛称重后转入育肥期。注意观察牛只采食、反刍情况，粪便、精神状态，发现异常及时处理。建立技术档案。

（二）肉牛短期育肥技术

肉牛短期育肥技术是指选择 1.5 岁左右、未经育肥或不够屠宰体况的、来源于非疫病区内的健康架子牛，采取提高日粮营养水平和加强饲养管理，在短期内提高肉牛体重、改善牛肉品质的实用技术。

1. 饲料准备

饲草料应尽量就地取材，以降低育肥成本。根据育肥场规模大小，备足饲料、饲草。南方可种植高产优质禾本科牧草，如桂牧 1 号、黑麦草等。同时，充分利用作物秸秆，如稻草、花生秧等，以及利用食品加工业的副产品，如饼粕、淀粉渣、豆渣、酒糟等。

2. 育肥季节

牛舍内最适宜的温度是 15~20℃，如果温度过高或过低，都会影响育肥效果。南方肉牛育肥一般选择 9 月份开始至翌年的 6 月份出栏为宜。

3. 架子牛的选择

（1）品种与体重

各地应根据当地的实际情况，优先考虑选择西门塔尔、夏洛莱、皮埃蒙特等优良肉牛品种与地方优良品种母牛的杂交后代牛作为架子牛；其次也可选择较好的本地品种牛。架子牛体重一般在 250~350 千克。

（2）年龄与性别

选择15~18月龄的公牛为宜。研究表明，公牛2岁前开始育肥生长速度快，瘦肉率高，饲料报酬高。2岁以上的公牛，宜去势后育肥，否则不便管理。

（3）外貌与健康状况

选择与年龄相称、生长发育良好的架子牛。身体各部位匀称，形态清晰且不丰满，体型大，体躯宽深，腹大而不下垂，背腰宽平，四肢端正，皮肤薄、柔软有弹性。健康活泼，食欲好，被毛光亮，鼻镜湿润有水珠，粪便正常，腹部不臌胀。

4. 饲养管理

饲养管理分适应期、育肥期2个阶段。

（1）适应期

架子牛进场后先隔离观察15天，让牛适应新的环境，调整胃肠功能，增进食欲。第一天，称重、测量体温，发现体温较高或有其他异常情况的牛，应单独隔离管理，用清热解毒中草药保健治疗。牛到场3~4小时后第一次饮水时，水中可添加适量食盐，少饮多次，切忌暴饮，饲喂稻草适量。第二天，饮水仍少饮多次，稻草自由采食，食槽内可适量掺撒些麸皮、玉米粉。第三天，饮水2次，开始饲喂混合精饲料，加入少量的青饲料和粗饲料。第四至第七天，精饲料饲喂量逐步增加到每头每日1.5千克，青饲料和粗饲料（酒糟、豆渣等）适量，每日让牛采食七成饱即可。第八至第十五天，要进行穿鼻、打耳号建档，期间完成驱虫健胃、免疫注射，注意观察牛的食欲、粪便、精神状况及鼻镜水珠等情况，做好记录，发现异常，及时隔离处理。15天后饲料采食恢复正常，按品种、年龄、体重分群饲养，进入育肥牛舍。

（2）育肥期

架子牛育肥分为育肥前期、育肥中期和育肥后期3个阶段。

育肥前期：此期一般为2个月左右。当架子牛转入育肥栏后，要诱导牛采食育肥期的日粮，逐渐增加采食量。日粮中精饲料饲喂量应占体重的0.6%，自由采食优质粗饲料（青饲料或青贮饲料、糟渣类等）。日粮中粗蛋白质水平应控制在13%~14%，可消化能含量3~3.2兆卡/千克，钙含量0.5%，磷含量0.25%。

育肥中期：一般为5~6个月。精饲料饲喂量占体重的0.8%~1%，自由采食优质粗饲料（切短的青饲料或青贮饲料、糟渣类等）。日粮能量水平逐渐提高，日粮中粗蛋白质含量应控制在11%~12%，可消化能含量3.3~3.5

兆卡/千克，钙含量0.4%，磷含量0.25%。

育肥后期（催肥期）：一般为50~60天。此阶段应减少牛的运动量，降低热能消耗，促进牛长膘、沉积脂肪，提高肉品质。日粮中精饲料采食量逐渐增加，由占体重的1%增加至1.5%以上，粗饲料逐渐减少，当日粮中精饲料增加至体重的1.2%~1.3%时，粗饲料约减少2/3。日粮中能量浓度应进一步提高，日粮中粗蛋白质含量逐步下降到9%~10%，可消化能含量3.3~3.5兆卡/千克，钙含量0.3%，磷含量0.27%。

（3）日常管理

饲料种类应尽量多样化，粗饲料要切碎，不喂腐败、霉变、冰冻或带沙土的饲料。每日饲喂2次，要先粗后精，少喂勤添，饲料更换要采取逐渐过渡的饲喂方式。

短绳拴系饲养，限制运动。经常刷拭，保持牛体清洁。定时清扫栏舍粪便，保持牛床清洁卫生。

在育肥开始前应进行体内外驱虫，驱虫3日后，用大黄苏打片健胃。牛舍、牛床需定期消毒，要有防蚊蝇的措施。

自由饮水，水质符合《无公害食品畜禽饮用水水质》（NY 5027—2001）的要求。

定期称重，并根据增重情况合理调整日粮配方。饲养人员要注意观察牛的精神状况、食欲、粪便等情况，发现异常应及时报告和处理。应建立严格的生产管理制度和生产记录。

架子牛一般经过6~10个月的育肥，食欲下降、采食量骤减、喜卧不愿走动时，就要及时出栏。

（三）奶公牛短期快速育肥技术

奶公牛短期快速育肥技术一般选择适龄奶公牛（架子牛），在较短时间内采用高能日粮饲喂，育肥120~150天出栏屠宰。高能日粮是指每千克日粮中代谢能在10.9兆焦以上，或日粮中精饲料的比例在70%以上。

1. 奶公牛的选择

架子牛通常是指体重在250~350千克、年龄1.5岁左右公牛或阉牛。它们生长发育整齐，增重速度快，易于肥育，有利于采取统一的饲养管理方式。

2. 分阶段育肥

奶公牛的饲喂要控制好饲喂次数、饲喂量和精、粗饲料的配比，不应随意改变饲喂时间、饲料种类及日粮配方，通常采用分阶段饲养方式。

（1）恢复期（10～15天）

架子牛经过较长距离、时间的运输到肥育场后，易产生应激反应，并且对饲料、饲养方法、饮水及环境条件等需要一个适应恢复过程，恢复期日粮应以青干草为主，或50%青干草加50%青贮饲料。

（2）过渡期（15～20天）

经过恢复期饲养，架子牛基本适应新的生活环境和饲养条件，日粮可以由粗饲料型向精饲料型过渡。将精饲料和青贮饲料充分拌匀后饲喂，连续喂几次后，逐渐提高精饲料在日粮中的比例。过渡期结束时，日粮中精饲料的比例应占40%～45%。

（3）催肥期（110～120天）

在催肥期内，日粮中精饲料的比例应越来越高，从55%可提高到80%。这样可以大大提高肉牛的生长潜力，满足生长需要，提高日增重。当公牛体格丰满、体重达到500千克以上时，即可出栏。

3. 饲养

（1）饲喂次数

一般每天早、晚各喂1次，间隔为12小时，确保牛有充分的休息、反刍时间，减少牛的运动。

（2）饲喂方法

将精、粗、青饲料按照一定的比例制作成全混合日粮（TMR）饲喂，可提高饲料利用率。也可先喂粗饲料，后喂精饲料，保证牛能吃饱，对于粗饲料，最好进行湿拌、浸泡、发酵、切短或粉碎等处理，促进牛多采食，减少食槽中的剩料量。饲喂时要做到定时、定量、定序，少喂勤添。

（3）营养需要

以肉牛饲养标准为依据，根据饲料中所含营养物质的量，科学配制日粮，确保蛋白质、能量、矿物质需要。为了促进肉牛生长，可使用莫能霉素等添加剂。在大量使用精饲料的情况下，还应使用碳酸氢钠等缓冲剂，防止肉牛出现酸中毒，用量一般占日粮干物质的1%～1.5%。

4. 管理

日常管理要重点做好编号、分群、驱虫、消毒和防疫等工作。

（1）称重

育肥过程中最好每月称重1次，通过称重可准确掌握育肥牛生长情况，及时挑选出生长速度慢的牛，尽早处理。一般在早晨饲喂前空腹称重。为减轻劳动强度，可以随机抽取存栏数的10%，计算平均增重，估算全群牛的增重。

（2）编号

编号对生产管理、称重统计和防疫治疗工作都具有重要意义。编号在犊牛出生时进行，也可在育肥前进行。异地育肥时，应在牛进场后立即编号。编号方法有耳标法、挂牌法、漆记法、剪毛法、烙印法。

（3）分群

育肥前应根据育肥牛的体重、性别、年龄、体质及膘情情况合理分群饲养，便于根据不同生理状态采取不同的饲料和饲养管理方式，促进牛的生长，提高劳动效率和经济效益。拴系饲养时，牛群的大小应以便于饲喂为前提合理组群。

（4）驱虫和消毒防疫

架子牛过渡饲养期结束，转入肥育期之前，应做一次全面的体内外驱虫和防疫注射，放牧饲养牛应定期驱虫。牛舍、牛场应定期消毒。每出栏一批牛，牛舍要彻底进行清扫消毒。

（5）去势

2 岁以内的公牛不去势育肥效果好，生长迅速，胴体品质好，瘦肉率和饲料转化率高。2 岁以上的公牛应考虑去势，否则不便管理，且肉中有腥味，影响胴体品质。

（6）限制运动

拴系舍饲育肥方式，可定时牵到运动场适当运动。运动时间夏季在早、晚，冬季在中午。放牧饲养方式，在育肥后期一定要缩短放牧距离，减少运动，增加休息，以利于营养物质在体内沉积。

（7）刷拭牛体

每日刷拭牛体，可促进血液循环，提高代谢水平，有助于牛增重。一般每天用棕毛刷或钢丝刷刷拭 1~2 次，刷拭顺序应由前向后，由上向下。

（四）肉牛持续育肥技术

持续育肥是指犊牛断奶后，立即转入育肥阶段进行育肥，一直到 18 月龄左右、体重达到 500 千克以上时出栏。持续育肥由于饲料利用率高，是一种较好的育肥方法。持续育肥主要有放牧持续育肥、放牧加补饲持续育肥和舍饲持续育肥 3 种方法。

1. 放牧持续育肥法

在草质优良的地区，通过合理调整豆科牧草和禾本科牧草的比例，不仅能满足牛的生理需要，还可以提供充足的营养，不用补充精饲料也可以使牛日增重保持在 1 千克以上，但需定期补充一定量的食盐、钙、磷和微量元素。

2. 放牧加补饲持续育肥法

在牧草条件较好的地区，犊牛断奶后，以放牧为主，根据草场情况，适当补充精饲料或干草。放牧加舍饲的方法又分为白天放牧、夜间补饲和盛草季节放牧、枯草季节舍饲两种方式。放牧时要根据草场情况合理分群，每群 50 头左右，分群轮放。我国 1 头体重 120~150 千克的牛需 1.5~2 公顷草场。放牧时要注意牛的休息和补盐，夏季防暑，抓好秋膘。

3. 舍饲持续肥育法

舍饲持续育肥适用于专业化的育肥场。犊牛断奶后即进行持续育肥，犊牛的饲养取决于育肥强度和屠宰时的月龄，强度育肥到 14 月龄左右屠宰时，需要提供较高的营养水平，以使育肥牛平均日增重达到 1 千克以上。在制订育肥生产计划时，要综合考虑市场需求、饲养成本、牛场的条件、品种、肥育强度及屠宰上市的月龄等，以期获得最大的经济效益。

育肥牛日粮主要由粗饲料和精饲料组成，平均每头牛每天采食日粮干物质约为牛活重的 2%左右。舍饲持续育肥一般分为 3 个阶段。

（1）适应期

断奶犊牛一般有 1 个月左右的适应期。刚进舍的断奶犊牛，对新环境不适应，要让其自由活动，充分饮水，少量饲喂优质青草或干草，精饲料由少到多逐渐增加饲喂量，当进食 1~2 千克时，就应逐步更换正常的肥育饲料。在适应期每天可饲喂酒糟 5~10 千克，切短的干草 15~20 千克（如喂青草，用量可增加 3 倍），麸皮 1~1.5 千克，食盐 30~35 克。如发现牛消化不良，可每头每天饲喂干酵母 20~30 片。如粪便干燥，可每头每天饲喂多种维生素 2~2.5 克。

（2）增肉期

一般 7~8 个月，此期可大致分成前、后两期。前期以粗饲料为主，精饲料每日每头 2 千克左右，后期粗饲料减半，精饲料增至每日每头 4 千克左右，自由采食青干草。前期每日可饲喂酒糟 10~20 千克，切短的干草 5~10 千克，麸皮、玉米粗粉、饼渣类各 0.5~1 千克，尿素 50~70 克，食盐 40~50 克。喂尿素时要将其溶解在少量水中，拌在酒糟或精饲料中喂给，切忌放在水中让牛直接饮用，以免引起中毒。后期每日可饲喂酒糟 20~25 千克，切短的干草 2.5~5 千克，麸皮 0.5~1 千克，玉米粗粉 2~3 千克，饼渣类 1~1.25 千克，尿素 100~125 克，食盐 50~60 克。

(3) 催肥期

一般2个月，主要是促进牛体膘肉丰满，沉积脂肪。日喂混合精饲料4~5千克，粗饲料自由采食。每日可饲喂酒糟25~30千克，切短的干草1.5~2千克，麸皮1~1.5千克，玉米粗粉3~3.5千克，饼渣类1.25~1.5千克，尿素150~170克，食盐70~80克。催肥期每头牛每日可饲喂瘤胃素200毫克，混于精饲料中喂给效果更好，体重可增加10%~15%。

在饲喂过程中要掌握先喂草料，再喂精饲料，最后饮水的原则，定时、定量进行饲喂，一般每日饲喂2~3次，饮水2~3次。每次喂料后1小时左右饮水，要保持饮水清洁，水温在15~25℃。每次饲喂精饲料时先取干酒糟用水拌湿，或干、湿酒糟各半混匀，再加麸皮、玉米粗粉和食盐等拌匀。牛吃到最后时，拌入少许玉米粉，使牛把料槽内的食物吃干净。

(五) 架子牛快速育肥技术

肉牛架子牛快速育肥技术是指犊牛断奶后在低营养水平下饲养到12~18月龄后，再供给较高营养水平的日粮，集中快速育肥3~6个月，活重达到550千克左右时出栏屠宰。

1. 架子牛选择

达到体成熟的公牛、阉牛或膘情中等淘汰母牛均可作为育肥牛源。育肥架子牛应品种优良，健康无病，生长发育良好，免疫档案齐全。外地购进牛要查看免疫、检疫手续是否齐全。

(1) 品种

以当地母牛与西门塔尔、夏洛莱、利木赞、安格斯等优良国外肉牛品种的杂交改良牛为主，用“三元”杂交架子牛育肥效果最好。

(2) 年龄

12~18月龄。

(3) 性别

一般选择公牛，也可选择去势公牛和膘情中等的淘汰母牛。体重在250~400千克，膘情中等，个别有生长潜力体重在500千克左右的也可育肥。

(4) 外形

健康无病，身体紧凑匀称，体宽而深，四肢正立，整个体形呈长方形。

2. 育肥方式

一般采用分阶段育肥，即过渡饲养期（10~15天）、育肥前期（15~65天）和育肥后期（65~120天）。

(1) 过渡饲养期

刚进场的牛要有15天左右适应环境和饲料。日粮以粗饲料为主，先饲喂秸秆（长3厘米的稻草、麦草等），青贮饲料逐渐增加。精饲料少量添加，每天每头牛饲喂0.5千克精饲料，与粗饲料拌匀后饲喂，喂量逐渐增加到体重的1%~1.2%，尽快完成过渡期。

（2）育肥前期

干物质采食量逐步达到8千克，日粮粗蛋白质为12%，精、粗饲料比为55：45，预计日增重1.2~1.4千克。

育肥后期：干物质采食量10千克，日粮粗蛋白质含量11%，精、粗饲料比为65：35，预计日增重1.5千克以上。饲喂时，一般采用先粗后精的原则，先将青贮饲料添入槽内让牛自由采食，等吃一段时间之后（约30分钟），再加入精饲料，并与青贮饲料充分拌匀，最大限度地让牛吃饱。采用全混合日粮饲喂时，精、粗饲料必须充分混合。

肉牛不同肥育阶段日粮营养水平和精饲料配方如表3-14和表3-15所示。

表3-14 肉牛不同育肥阶段日粮营养水平（供参考）

活重（千克）	预计日增重（千克）	干物质（千克）	粗蛋白质（克）	钙（克）	磷（克）	综合净能（兆焦）	肉牛能量单位（RND）	育肥期（天）
40~210	0.6~0.8	3~5.85	200~710	20~33	10~16	10.2~30	1.5~3.52	180~240（前期饲喂代乳料）
210~450	1.3~1.8	6.0~9.25	720~962	35~37	16~21	30.2~63.5	3.5~8	120~180
450~550	1.8~2.1	9.3~10.62	965~1120	33~36	20~24	64~75	8.0~8.85	60

表3-15 肉牛不同育肥阶段精饲料配方（供参考）

阶段	精饲料配方（%）								粗饲料
	玉米	豆粕	棉粕	菜粕	麸皮	食盐	碳酸氢钠	预混料	
过渡期（15天）	50	10	10	8	15	1	1	5	干草
前期（60~90天）	60.5	7	17	8	0	1	1.5	5	育贮+少量干草
后期（60~90天）	65.5	7	15	5	0	1	1.5	5	自由采食

3. 饲养方式

（1）散栏饲养

将体重、品种、年龄相似的待育肥肉牛饲养在同一栏内，便于调整和控制日粮采食量，做到全进全出。

（2）拴系饲养

是将牛按照大小、强弱定好槽位，拴系喂养。优点是采食均匀，可以个别照顾，减少争斗、爬跨，利于增重。但饲养劳动量大，牛舍利用率低。

4. 管理要点

（1）新购架子牛管理

新购牛运输前肌内注射维生素 A、维生素 D，并喂 1 克土霉素。经过长、短途运输到达牛场后，先提供清洁饮水，分多次饮用。夏天每头牛还应补充 100 克人工盐。到达育肥场后应隔离 1 周，观察精神、采食、饮水正常后，及时进行免疫注射。日粮以粗饲料为主，严格控制精饲料喂量。按体重、品种、膘情合理分群，佩戴耳标，驱虫健胃。

（2）育肥期间管理

架子牛育肥期间每日一般饲喂 2 次，早、晚各 1 次。精饲料按要求饲喂，粗饲料自由采食。饲喂半小时后饮水 1 次，限制运动。夏季温度高时，饲喂时间应避开高温时段。搞好环境卫生，避免蚊、蝇对牛的干扰和传染病发生。气温低于 0℃时需采取保温措施，高于 27℃时应防暑降温。每天观察牛只，发现异常及时处理。定期称重，根据牛的生长及采食剩料情况及时调整日粮，增重太慢的牛需尽快淘汰。膘情达一定水平（500 千克以上），增重速度减慢时应及时出栏。

（六）奶公犊直线育肥技术

近年来，随着奶牛业的发展，奶公牛的利用越来越受到重视。奶公牛直线育肥技术即是奶公牛持续强度育肥，犊牛断奶后直接转入育肥阶段，给予高水平营养，不用吊架子。奶公牛直线育肥饲养可分为 3 个时期：犊牛期、育成期和催肥期。采用舍饲与全价日粮饲喂的方法，经过 16~18 个月的饲喂期，体重达到 500 千克以上，全期日增重 0.8~1 千克，消耗日粮精饲料约 2 千克/天。

1. 犊牛期饲养管理

犊牛是指出生到 6 月龄的牛。一般按月龄和断奶情况分群管理，可分为哺乳犊牛（0~3 月龄）、断奶后犊牛（3~6 月龄）。

（1）新生犊牛护理

犊牛生活环境应清洁、干燥、宽敞、阳光充足、冬暖夏凉，最适宜温度为 15℃。犊牛出生后首先清除口鼻中的黏液，方法是使小牛头部低于身体其他部位或倒提几秒钟使黏液流出，然后用人为方法诱导呼吸。用布擦净身上黏液，然后从母牛身边移开。

断脐带：挤出脐内污物，用7%碘酊消毒肚脐并在距肚脐5厘米处打结脐带或用夹子夹住，出生2天后应检查小牛是否有感染。

喂初乳：犊牛出生1小时之内要保证首次吃上初乳，饲喂量为犊牛体重的10%，用胃管灌服或自由哺乳均可，初乳适宜温度约38℃，12小时之后再饲喂一次10%体重的初乳。

补充营养：要适当补充一些维生素A、维生素D、维生素E、亚硒酸钠和牲血素。犊牛料中可适当添加生长素0.26%，腐殖酸钠1.03%。犊牛出生10日内，打耳号、去角、照相、登记谱系。标准化的耳号书写上面是场号，下面是牛号。牛谱系要求填写清楚、血统清晰。

去角：2周内去角，采用氢氧化钠或电烙铁方法。如遇蚊、蝇较多的季节，应在伤口处涂上油膏以防蚊、蝇。

（2）犊牛饲养

营养需要：哺乳期60~90天，全期哺乳量300~400千克，精饲料喂量185千克，干草喂量170千克。期末体重达155~170千克。

喂常乳、开食料：犊牛提早饲喂初乳，7日龄后转喂常乳，并开始饲喂开食料，料、奶、水需分开饲喂。

断奶：犊牛10日龄开始采食干草，随着日龄增长，开食料也相应增加，3月龄精饲料采食量逐渐增加到1~1.5千克，可以断奶。断奶后，按犊牛月龄、体重进行分群，把年龄、体重相近的犊牛放在同群中。6月龄以前精饲料采食量增至2~2.5千克。60日龄开始加喂青贮饲料，首次喂量0.1~0.15千克，5~6月龄青贮饲料平均每头日喂量3~4千克，优质干草1~2千克。日粮中 钙：磷比例不超过2：1。

饮水：早期断奶犊牛饮水量是干物质采食量的6~7倍。除了喂奶后需给予饮用水外，还应设水槽供水，早期（1~2月龄）要供温水，水质应符合相关要求。

卫生：犊牛饲养用具及环境要保持干净。奶桶喂奶后用40℃高锰酸钾溶液（0.5%）浸泡毛巾，将犊牛嘴鼻周围残留的乳汁及时擦净。哺乳用具每次用完后应清洗、消毒。犊牛围栏、牛床等应保持干燥，定期消毒。

运动：犊牛出生1周后可在圈内或笼内自由运动，10天后可到舍外的运动场上做短时间的运动。一般开始时每次运动半小时，每天运动1~2次，随着日龄的增加可延长运动时间。

转群：犊牛断奶后需进行布鲁氏菌病和结核病检疫，并进行口蹄疫疫苗和炭疽芽孢苗免疫接种。满6月龄时称体重、测体尺，转入育成牛群饲养。

疾病预防：每日仔细观察犊牛精神状态、食欲、生长发育、粪便等。定期进行体温、呼吸及血尿常规检查，预防疾病发生。如发现异常，及时进行处置。

2. 育肥期和催肥期饲养管理

(1) 饲养

育肥期一般为150天，催肥期一般为100~130天（表3-16，表3-17）。

表3-16 育肥期日粮配方（供参考）

月龄	精饲料配方（%）							饲喂量［千克/（日·头）］		
	玉米	麸皮	豆粕	棉粕	石粉	食盐	碳酸氢钠	精饲料	青贮玉米秸	干草
7~8	32.5	24	7	33	1.5	1	1	2.2	6	1
9~10								2.8	8	1.5
11~12	52	14	5	26	1	1	1	3.3	10	1.8
13~14								3.6	12	2
15~28	67	4	—	26	0.5	1	1.5	4.1~7	14~20	2

表3-17 催肥期日粮配方（供参考）

精饲料配方（%）						饲喂量［千克/（日·头）］		
玉米	麸皮	棉粕	尿素	食盐	石粉	精饲料	酒糟	玉米秸
80.8	7.8	7	2.1	1.5	0.8	7.5	12	1.8
85.2	5.9	4.5	2.3	1.5	0.6	8.2	13.1	1.8
72.7	6.6	16.8	1.4	1.5	1	6	1.1	7.2
78.3	1.6	16.3	1.8	1.5	0.5	6.7	0.3	8.6

(2) 管理

转群：犊牛6月龄后转入育肥舍饲养。牛只转入前，育肥舍地面、墙壁可用2%氢氧化钠溶液喷洒，器具用1%的新洁尔灭溶液或0.1%的高锰酸钾溶液消毒。

驱虫：6月龄犊牛使用伊维菌素进行驱虫处理，用量为每千克体重0.2克。注射后2~5小时要注意观察牛只情况，如有异常，及时进行解毒处理。

饲喂：日饲喂3次，早、中、晚各1次。经常观察牛采食、反刍、排便和精神状况。禁止饲喂冰冻的饲料。

饮水：保证充足饮水，一般在饲喂后1小时内饮水，冬季饮温水。

出栏：当奶公牛16~19月龄，体重达500千克，全身肌肉丰满，即可出栏。

（七）肉牛全混合日粮饲喂技术

全混合日粮（TMR）是指根据肉牛不同生长发育阶段营养需要和饲养方案，用特制的搅拌机将铡切成适当长度的粗饲料、精饲料和各种添加剂，按照配方要求进行充分混合，得到的一种营养相对平衡的日粮。TMR饲喂技术20世纪60年代在美国、英国、以色列等国家首先采用，20世纪80年代引入中国。目前，国内规模奶牛场已普遍使用，规模化肉牛场已开始应用这项技术。

1. 合理分群

合理分群可细化管理，充分满足肉牛不同发育阶段对营养的需求。分群时要根据牛群年龄、体重、生长（产）阶段、体况、日粮营养水平、养殖规模等来确定。

2. 配方设计及原料选择

根据养殖场饲草资源、分群大小和实际养殖情况，合理设计日粮配方。日粮种类可以多种多样。粗饲料主要包括青贮饲料、青干草、青绿饲料、农副产品、糟渣类饲料等。精饲料主要包括玉米、麦类谷物、饼粕类、预混料等。

3. 饲料原料与日粮检测

测定原料的营养成分是科学配制TMR日粮的基础，因原料产地、收割季节及调制方法不同，TMR日粮干物质含量和营养成分差异较大，故TMR日粮每周应化验1次或每批化验1次。

4. 加工制作方法

人工加工：将配制好的精饲料与定量的粗饲料（干草应铡短至2~3厘米）经过人工方法多次掺拌至混合均匀。加工过程中，应视粗饲料的水分多少加入适量的水（最佳水分含量为35%~45%）。

机械加工：应用TMR专用加工设备，将干草、青贮饲料、农副产品和精饲料等原料，按照“先干后湿，先轻后重，先粗后精”的顺序投入到设备中。通常适宜装载量为总容积的60%~75%。加工时通常采用边投料边搅拌的方式，在最后一批原料加完后再混合4~8分钟完成。

5. 日常管理

要确保牛群采食新鲜、适口和平衡的TMR日粮，提高牛群平均日增重，日常管理要根据加工方法，注意控制投料速度、次数、数量等，仔细观察牛只采食情况。

(1) 投喂方法

牵引或自走式TMR机使用专用机械设备自动投喂。固定式TMR混合机需将加工好的日粮进行人工投喂，但应尽量减少转运次数。

(2) 投料速度

使用全混合日粮车投料，车速要限制在20千米/小时，控制放料速度，保证整个饲槽饲料投放均匀。

(3) 投料次数

要确保饲料新鲜，一般每天投料2次，可按照日饲喂量的50%分早、晚进行投喂，也可按照早60%、晚40%的比例进行投喂。夏季高温、潮湿天气可增加1次，冬天可减少1次。增加饲喂次数不能增加干物质采食量，但可提高饲料利用效率，故在2次投料间隔内要翻料2~3次。

(4) 投料数量

每次投料前应保证有3%~5%的剩料量，防止剩料过多或缺料，以达到肉牛最佳的干物质采食量。

(5) 注意观察

料槽中TMR日粮不应分层，料底外观和组成应与采食前相近，发热发霉的剩料应及时清出，并给予补饲。牛采食完饲料后，应及时将食槽清理干净，并给予充足、清洁的饮水。

6. 日粮评价

混合好的饲料应保持新鲜，精、粗饲料混合均匀，质地柔软不结块，无发热、异味以及杂物。含水量控制在35%~45%，过低或过高均会影响肉牛的干物质采食量。检查日粮含水量，可将饲料放到手心里抓紧后再松开，日粮松散不分离、不结块，没有水滴渗出，表明水分适宜。

7. 注意事项

牛舍建设应适合全混合日粮饲喂车设计参数要求，每头牛应有0.5~0.7米的采食空间。

检查电子计量仪的准确性，准确称量各种饲料原料，按日粮配方进行加工制作。

根据牛的不同年龄、体重进行合理分群饲养。

防止铁器、石块、包装绳等杂物混入搅拌车。

三、母牛饲养管理技术

(一) 一年一胎养殖技术

繁殖母牛经历妊娠、分娩、泌乳，其生理和营养代谢发生一系列变化，受应激、营养、哺乳等因素影响，母牛分娩后容易出现体况差、乏情、受胎率低等。一年一胎技术综合应用了分阶段饲养管理、犊牛早期断奶补饲和繁殖技术，可缓解应激、营养、带犊哺乳等因素对母牛繁殖性能的不利影响，促进母牛产后体况恢复，提高发情率和受胎率，使犊牛在120天内断奶，母牛在90~120天内受孕，实现年产一胎。

1. 母牛妊娠后期饲养管理

(1) 控制日粮饲喂量

妊娠后期是妊娠180天至产犊前，此阶段是胎儿发育的高峰期，胎儿吸收营养占日粮营养水平的70%~80%，应适当控制日粮饲喂量，日饲喂精饲料2千克，秸秆青贮饲料10~12千克。

(2) 保持中上等体况

应用体况评分技术（BCS）或膘情评定技术监测牛群整体营养状况（表3-18）。

表 3-18 体况评分标准

分值	评分标准
1	触摸牛的腰椎骨横突，轮廓清晰，明显突出，呈锐角，几乎没有脂肪覆盖其周围。腰角骨、尾根和腰部肋骨凸起明显
2	触摸可分清腰椎骨横突，但感觉其端部不如分值为1分那样锐利，尾根周围有少量脂肪沉积，腰角和肋骨眼观不明显
3	用力下压才能触摸到短肋骨，尾根部两侧区域有一定的脂肪覆盖
4	用力下压也难以触摸到短肋骨，尾根周围脂肪柔软，腰肋骨部脂肪覆盖较多，牛整体脂肪量较多
5	牛的外形骨架结构不明显，躯体呈短粗的筒状，短肋骨被脂肪包围，尾根和腰角几乎完全被埋在脂肪里，腰肋骨和大腿部明显有大量脂肪沉积，牛体因此而影响运动

注：介于两个等级之间，上下之差为0.5分

简易的膘情判断方法看肋骨凸显程度，距离牛1~1.5米处观察，看不到肋骨说明偏肥，看到3根肋骨说明膘情适中，看到4根以上肋骨说明偏瘦。

(3) 做好保胎和产前准备工作

降低饲养密度，减少牛抢食饲料和相互抵撞。禁喂霉变饲料、不饮脏水。冬季禁喂冰冻饲料、冰碴水，以防止流产。同时，加强运动，利于分娩。临产前2周，转入产房，单独饲养，以饲喂优质干草为主。

2. 母牛产后护理

母牛分娩过程体能消耗很大，分娩后应及时补充水分和营养。正常分娩的母牛经适当休息后，应立即让其站立行走，并饲喂或灌服10~15升温热的麸皮盐水（温水10~15升、麸皮1千克、食盐0.05千克）或益母生化散（0.5千克+温水10升）。同时，注意产后观察和护理。

分娩后，观察母牛是否有异常出血，如发现持续、大量出血应及时检查出血原因，并进行治疗。

分娩后12小时，检查胎衣排出情况，如果12小时内胎衣未完全排出，应按照胎衣不下进行治疗。

分娩后7~10天，观察母牛恶露排出情况，如果发现恶露颜色、气味异常，应按照子宫感染及时进行治疗。

3. 产后母牛饲养管理

分娩后2~3天，日粮以易消化的优质干草和青贮饲料为主，补充少量混合精饲料，精饲料蛋白质含量要达到12%~14%，富含必需的矿物质、微量元素和维生素。每日饲喂精饲料1.5千克，青贮饲料4~5千克，优质干草2千克。

分娩4天后，逐步增加精饲料和青贮饲料的饲喂量，每天增加精饲料0.5千克，青贮饲料1~2千克。同时，注意观察母牛采食量，并依据采食量变化调整日粮饲喂量。

分娩2周后，母牛身体逐渐恢复，泌乳量快速上升，此阶段要增加日粮饲喂量，并补充矿物质、微量元素和维生素。每天饲喂精饲料3~3.5千克，青贮饲料10~12千克，优质干草1~2千克。日粮干物质采食量9~10千克，粗蛋白质含量10%~12%。

哺乳期是母牛哺育犊牛、恢复体况、发情配种的重要时期，不但要满足犊牛生长发育所需的营养需要，而且要保证母牛中上等膘情，以利于发情配种。此期应根据母牛产乳量变化和体况恢复情况，及时调整日粮饲喂量，饲喂方案详如表3-19所示。

表3-19　母牛泌乳期日粮组成（参考配方）

母牛泌乳阶段	精饲料（千克）	苜蓿干草（千克）	黄贮（千克）
产后1月（高泌乳期）	3.5	1	12

（续表）

母牛泌乳阶段	精饲料（千克）	苜蓿干草（千克）	黄贮（千克）
产后2月（中泌乳期）	3	1	12
产后3~4月（低泌乳期）	2	1	12

4. 新生犊牛护理和犊牛早期断奶

（1）新生犊牛护理

犊牛出生后，立即清理其口、鼻中的黏液，断脐消毒，让母牛尽快舔干犊牛，并尽量在其出生后0.5~1小时内吃到初乳，初次采食量2千克。对于体质较弱的犊牛，可适当延迟采食时间，并进行人工辅助哺乳。采食初乳期间，应注意观察犊牛粪便，若新生犊牛下痢，应及时进行治疗。

（2）犊牛早期补饲

犊牛出生10~15日龄后，开始训练采食少量精饲料，精饲料形状为粉状或颗粒状（直径4~8毫米）。精饲料的营养要求：粗蛋白质18%~20%、粗纤维5%、钙1%~1.2%、磷0.5%~0.8%，并保障饮用充足的温开水（36~37℃）。1月龄后，开始给犊牛添加铡短的优质干草（苜蓿等豆科牧草），饮用常温水。

（3）补饲方法

自由饮水、采食，补饲量由少到多，逐渐增加。通常1月龄犊牛可补饲精饲料0.2~0.3千克，2月龄犊牛可补饲精饲料0.6~0.8千克、苜蓿干草0.2千克，3月龄犊牛可补饲精饲料1~1.5千克、苜蓿干草0.5千克。

（4）补饲方式

围栏补饲（在母牛舍内一侧或牛舍外，用圆木或钢管围成小牛栏，围栏面积以每头2平方米以上，围栏内放置补饲槽和饮水盆）。

（5）断奶标准

犊牛精饲料采食量持续稳定在2千克时，也就是犊牛3~4月龄间，可将大牛与小牛彻底分离、断奶。

5. 母牛早期配种

营养良好的母牛一般在产后40天左右会出现首次发情，产后90天内会出现2~3次发情。应尽量使牛适量运动，便于观察发情。如果母牛舍饲拴系饲养，应注意观察母牛的异常行为，如吼叫、兴奋、采食不规律和尾根有无黏液等。

诱导发情：母牛分娩40~50天后，进行生殖系统检查。对子宫、卵巢正常的牛，肌内注射复合维生素A、维生素D、维生素E，使用促性腺激素释放激素和氯前列烯醇，进行人工诱导发情。应用人工授精技术，使用早、晚两次输精的方法进行配种。

（二）母牛围产期养殖技术

围产期指母牛分娩前后各15天。产前15天称围产前期，产后15天称围产后期。这一阶段对母牛产前、产后及胎犊、新生犊牛健康非常重要。

1. 围产前期

（1）饲养

临产前母牛应该饲喂营养丰富、品质优良、易于消化的饲料，应逐渐增加精饲料，但最大喂量不宜超过母牛体重的1%，精饲料中可提高一些麸皮含量，补充微量元素及维生素，并采用低钙饲养法。此外，还应减喂食盐，禁喂甜菜渣（甜菜渣含甜菜碱对胎儿有毒性），绝对不能饲喂冰冻、腐败变质和酸性大的饲料。围产前期日粮组成：糟粕料和块根、块茎饲料5千克，混合饲料3~6千克，优质干草3~4千克，青贮饲料10~15千克。

（2）管理

根据预产期，做好产房、产间清洗消毒及产前准备工作。产房昼夜应设专人值班。

母牛一般在分娩前15天转入产房，以使其习惯产房环境。在产房内每牛占一产栏，不系绳，任母牛在圈内自由活动。母牛临产前1~6小时进入产间，消毒后躯。产栏应事先清洗消毒，并铺以短草。

2. 围产后期

（1）饲养

母牛分娩过程体力消耗很大，产后体质虚弱，饲养原则是促进体质恢复。刚分娩后应给母牛喂饮温热麸皮盐钙汤或小米粥。麸皮盐钙汤的做法是：温水10~20千克、麸皮0.5千克、食盐0.05千克、碳酸钙0.05千克。小米粥的做法是：小米0.75千克左右，加水18千克左右，煮制成粥加红糖0.5千克，凉至40℃左右饮喂母牛。产后2~3天内日粮应以优质干草为主，精饲料可饲喂一些易消化的如麸皮和玉米等，每天3千克，2~3天后开始逐渐用配合精饲料替换麸皮和玉米，一般产后第三天替换1/3，第四天替换1/2，第五天替换2/3，第六天全部饲喂配合精饲料。母牛产后7天如果食欲良好，粪便正常，乳房水肿消失，可开始饲喂青贮饲料和补喂精饲料。精饲料的补加量为每天加0.5~1千克。同时，可补加过瘤胃脂肪（蛋白）添加物，减少负平衡。母牛产后头7天要饮用37℃的温水，不宜饮用冷水，以免引起胃肠炎，7天后饮水温度可降至10~20℃。

（2）管理

尽量让母牛自然分娩，需要助产时，应在兽医的指导下进行。

母牛产后经 30 分钟至 1 小时挤奶，挤奶前先用温水清洗牛体两侧、后躯、尾部，最后用 0.1%~0.2%的高锰酸钾溶液消毒乳房。开始挤奶时，每个乳头的第一二把奶要弃掉，一般产后第一天每次每头挤 2 千克左右，够犊牛哺乳量即可，每次挤奶时应热敷按摩 5~10 分钟，第二天每次挤奶 1/3，第三天挤 1/2，第四天才可将奶挤尽。分娩后乳房水肿严重，要加强乳房的热敷和按摩，促进乳房消肿。

产后 4~8 小时胎衣自行脱落。脱落后要将外阴部清洗干净并用来苏儿溶液消毒，以免生殖道感染。胎衣排出后应马上清出产房，以防被母牛吃掉妨碍消化。如 12 小时还不脱落，要采取人工辅助措施剥离。母牛产后应每天用 1%~2%来苏儿溶液洗刷后躯，特别是臀部、尾根、外阴部。每日测 1~2 次体温，若有升高及时查明原因进行处理。

（三）母牛放牧补饲技术

放牧是人工管护下牛在草原上采食牧草并将其转化成畜产品的一种饲养方式。放牧应遵循远赶近吃的原则。放牧方式可分为自由放牧和划区轮牧。自由放牧，适合于草场选择空间大的牧区；划区轮牧，适合于牧场选择空间不大的山场、树林、田间地头及河沟大坝等农区和山区。每年 5~10 月作为放牧育肥期，根据草场产草量和牛群大小确定轮牧区的大小。优良的草场，每公顷可养牛 18~20 头；中等草场，每公顷可养牛 15 头；而较差的草场则只能养 3 头牛。每个小区可轮牧 2~4 次，而较差的草场只可轮牧 2 次。放牧的最好季节是牧草结籽期，每天应不少于 12 小时放牧，至少补水 1 次，同时注意补盐。放牧期夜间最好能补饲适量混合精饲料。每天补给精饲料量为母牛活重的 1%，补饲后要保证饮水。

1. 妊娠母牛补饲

妊娠母牛不仅本身生长发育需要营养，而且要满足胎儿生长发育的营养需要和为产后泌乳进行营养储备。放牧条件下，妊娠初期的母牛，青草季节应尽量延长放牧时间，一般不用补饲。妊娠中后期的母牛为了保障营养需要和犊牛健康，放牧过程中应适当补饲。枯草季节应根据牧草质量和牛的营养需要确定补饲草料的种类和数量。从妊娠第五个月开始，应加强饲养，对中等体重的妊娠母牛，除供给平常日粮外，每日需补饲 1.5 千克精饲料。妊娠最后两个月，每日需补饲 2 千克精饲料，但不可将母牛喂得过肥，以免影响分娩。

2. 产奶母牛补饲

母牛泌乳期间，体内营养物质需求量比平时要多，如果日粮中摄取的营养物质不足，新陈代谢会出现紊乱，生理功能失去平衡，从而导致体重减轻，产奶量下降。因此，生产中为了保障产奶牛的身体健康，多产奶，除了在放牧过程中采食大量的青草外，还应补饲一定量的精饲料，以满足产奶牛对营养物质的需要。补饲时要根据母牛不同泌乳阶段营养需求与不同季节牧草营养水平、草地质量，适时调整补饲精饲料的能量与蛋白质水平，保证矿物质与食盐的摄入量。一般精饲料可按 3 千克奶 1 千克料的方法估算补饲。

第四节　高档牛肉生产技术

高档牛肉是指通过选用适宜的肉牛品种，采用特定的育肥技术和分割加工工艺，生产出肉质细嫩多汁、肌肉内含有一定量脂肪、营养价值高、风味佳的优质牛肉。虽然高档牛肉仅占胴体比例的 12%左右，但价格比普通牛肉高 10 倍以上。因此，生产高档雪花牛肉是提高养牛业生产水平，增加经济效益的重要途径。肉牛的产肉性能受遗传基因、饲养环境等因素影响，要想培育出优质高档肉牛，需要选择优良的品种，创造舒适的饲养环境，遵循肉牛生长发育规律，进行分期饲养、强度育肥、适龄出栏，最后经独特的屠宰、加工、分割处理工艺，方可生产出优质高档牛肉。

一、肥育牛的选择

（一）品种选择

我国一些地方良种如秦川牛、鲁西牛、南阳牛、晋南牛、延边牛、复州牛等具有耐粗饲、成熟早、繁殖性能强、肉质细嫩多汁、脂肪分布均匀、大理石纹明显等特点，具备生产高档牛肉的潜力。以上述品种为母本与引进的国外肉牛品种杂交，杂交后代经强度育肥，不但肉质好，而且增重速度快，是目前我国高档肉牛生产普遍采用的品种组合方式。但是，具体选择哪种杂交组合，还应根据消费市场而决定。若生产脂肪含量适中的高档红肉，可选用西门塔尔、夏洛莱和皮埃蒙特等增重速度快、出肉率高的肉牛品种与国内地方品种进行杂交繁育；若生产符合肥牛型市场需求的雪花牛肉，则可选择安格斯或和牛等作父本，与早熟、肌纤维细腻、胴体脂肪分布均匀、大理石花纹明显的国内优秀地方品种如秦川牛、鲁西牛、延边牛、渤海黑牛、复州牛等进行杂交繁育。

（二）良种母牛群组建

组建秦川牛、鲁西牛等地方品种的母牛群，选用适应性强、早熟、产犊容易、胴体品质好、产肉量高、肌肉大理石花纹好的安格斯牛、和牛等优秀种公牛冻精进行杂交改良，生产高档肉牛后备牛。

（三）年龄与体重

选购育肥后备牛年龄不宜太大，用于生产高档红肉的后备牛年龄一般在7~8月龄，膘情适中，体重在200~300千克较适宜。用于生产高档雪花牛肉的后备牛年龄一般在4~6月龄，膘情适中，体重在130~200千克比较适宜。如果选择年龄偏大、体况较差的牛育肥，按照肉牛体重的补偿生长规律，虽然在饲养期结束时也能够达到体重要求，但最后体组织生长会受到一定影响，屠宰时骨骼成分较高，脂肪成分较低，牛肉品质不理想。

（四）性别要求

公牛体内含有雄性激素是影响生长速度的重要因素，公牛去势前的雄性激素含量明显高于去势后，其增重速度显著高于阉牛。一般认为，公牛的日增重高于阉牛10%~15%，而阉牛高于母牛10%。就普通肉牛生产来讲，应首选公牛育肥，其次为阉牛和母牛。但雄性激素又强烈影响牛肉的品质，体内雄性激素越少，肌肉就越细腻，嫩度越好，脂肪就越容易沉积到肌肉中，而且牛性情变得温顺，便于饲养管理。因此，综合考虑增重速度和牛肉品质等因素，用于生产高档红肉的后备牛应选择去势公牛；用于生产高档雪花牛肉的后备牛应首选去势公牛，母牛次之。

二、育肥后备牛培育

（一）犊牛隔栏补饲

犊牛出生后要尽快让其吃上初乳。出生7日龄后，在牛舍内增设小牛活动栏与母牛隔栏饲养，在小犊牛活动栏内设饲料槽和水槽，补饲专用颗粒料、铡短的优质青干草和清洁饮水；每天定时让犊牛吃奶并逐渐增加饲草料量，逐步减少犊牛吃奶次数。

（二）早期断奶

在犊牛4月龄左右、每天能吃精饲料2千克时，可与母牛彻底分开，实施断奶。

（三）育成期饲养

犊牛断奶后，停止使用颗粒饲料，逐渐增加精饲料、优质牧草及秸秆的饲喂量。充分饲喂优质粗饲料对促进内脏、骨骼和肌肉的发育十分重要。每天可饲喂优质青干草 2 千克，精饲料 2 千克。6 月龄开始可以每天饲喂青贮饲料 0.5 千克，以后逐步增加饲喂量。

三、高档肉牛饲养

针对目前养牛业面临能繁母牛存栏数持续减少，育肥牛源日趋短缺的严峻形势，适度发展高档肉牛生产，延长育肥时间，提高出栏体重，可充分挖掘肉牛生产潜力，有效节约和利用肉牛资源，增加产肉量，满足日益增长的市场消费需要。

（一）育肥前的准备

从外地选购的犊牛，育肥前应有 7~10 天的恢复适应期。育肥牛进场前应对牛舍及场地清扫消毒，进场后先喂点干草，再及时饮用新鲜的井水或温水，日饮 2~3 次，切忌暴饮。每头牛在水中加 0.1 千克人工盐或掺些麸皮效果较好。恢复适应后，可对后备牛进行驱虫、健胃、防疫。

用于生产高档红肉的后备牛去势时间以 10~12 月龄为宜，用于生产高档雪花牛肉的后备牛去势时间以 4~6 月龄为宜。应选择无风、晴朗的天气，采取切开去势法去势。手术前后用碘酊消毒，术后补加一针抗生素。

按性别、品种、月龄、体重等情况进行合理分群，佩戴统一编号的耳标，做好个体记录。

（二）育肥牛饲料原料

肉牛饲料分为两大类，即精饲料和粗饲料。精饲料主要由禾本科和豆科等作物的籽实及其加工副产品为主要原料配制而成，常用的有玉米、大麦、大豆饼（粕）、棉籽饼（粕）、菜籽饼（粕）、小麦麸皮、米糠等。精饲料不宜粉碎过细，粒度应不小于“大米粒”大小，使牛易消化且爱采食。粗饲料可因地制宜，就近取材。晒制的干草，收割的农作物秸秆如玉米秸、麦秸和稻草，青绿多汁饲料如象草、甘薯藤、青玉米以及青贮饲料和糟渣类等，都可以饲喂肉牛。

（三）育肥期饲料营养

1. 高档红肉生产育肥

饲养分前期和后期两个阶段。

（1）前期（6~14 月龄）

推荐日粮：粗蛋白质为 14%~16%，可消化能 3.2~3.3 兆卡/千克，精饲料干物质饲喂量占体重的 1%~1.3%，粗饲料种类不受限制，以当地饲草资源为主，在保证限定的精饲料采食量的条件下，最大限度供给粗饲料。

（2）后期（15~18月龄）

推荐日粮：粗蛋白质为11%~13%，可消化能3.3~3.6兆卡/千克，精饲料干物质饲喂量占体重的1.3%~1.5%，粗饲料以当地饲草资源为主，自由采食。为保证肉品风味，后期出栏前2月内的精饲料中玉米应占40%以上，大豆粕或炒制大豆应占5%以上，棉籽饼（粕）不超过3%，不使用菜籽饼（粕）。

2. 大理石纹牛肉生产育肥

饲养分前期、中期和后期3个阶段。

（1）前期（7~13月龄）

此期主要保证骨骼和瘤胃发育。推荐日粮：粗蛋白质12%~14%，可消化能3~3.2兆卡/千克，钙0.5%，磷0.25%，维生素A 2 000单位/千克。精饲料采食量占体重的1%~1.2%，自由采食优质粗饲料（青绿饲料、青贮饲料等），粗饲料长度不低于5厘米。此阶段末期牛的理想体型是无多余脂肪、肋骨开张。

（2）中期（14~22月龄）

此期主要促进肌肉生长和脂肪发育。推荐日粮：粗蛋白质14%~16%，可消化能3.3~3.5兆卡/千克，钙0.4%，磷0.25%。精饲料采食量占体重的1.2%~1.4%，粗饲料宜以黄中略带绿色的干秸秆（麦秸、玉米秸、稻草、采种后的干牧草等）为主，日采食量在2~3千克/头，长度3~5厘米。不饲喂青贮玉米、苜蓿干草。此阶段牛外貌的显著特点是身体呈长方形，阴囊、胸垂、下腹部脂肪呈浑圆态势发展。

（3）后期（23~28月龄）

此期主要促进脂肪沉积。推荐日粮：粗蛋白质11%~13%，可消化能3.3~3.5兆卡/千克，钙0.3%，磷0.27%。精饲料采食量占体重的1.3%~1.5%，粗饲料以黄色干秸秆（麦秸、玉米秸、稻草、采种后的干牧草等）为主，日采食量在1.5~2千克/头，长度3~5厘米。为了保证肉品风味、脂肪颜色和肉色，后期精饲料原料中应含25%以上的麦类、8%以上的大豆粕或炒制大豆，棉籽饼（粕）不超过3%，不使用菜籽饼（粕）。此阶段牛体呈现出被毛光亮、胸垂、下腹部脂肪浑圆饱满的状态。

四、育肥期管理

（一）小围栏散养

牛在不拴系、无固定床位的牛舍中自由活动。根据实际情况每栏可设定为70~80平方米，饲养6~8头牛，每头牛占有6~8平方米的活动空间。牛舍地面用水泥抹成凹槽形状以防滑，深度1厘米，间距3~5厘米;床面铺垫锯末或稻草等廉价农作物垫料，厚度10厘米，形成软床，躺卧舒适，垫料根据污染程度1个月左右更换1次。也可根据当地条件采用干沙土地面。

（二）自由饮水

牛舍内安装自动饮水器或设置水槽，让牛自由饮水。饮水设备一般安装在料槽的对面，存栏6~10头的栏舍可安装2套，距离地面高度为0.7米左右。冬季寒冷地区要防止饮水器结冰，注意增设防寒保温设施，有条件的牛场可安装电加热管，冬天气温低时给水加温，保证流水畅通。

（三）自由采食

育肥牛日饲喂2~3次，分早、中、晚3次或早、晚2次投料，每次喂料量以每头牛都能充分得到采食，而到下次投料时料槽内有少量剩料为宜。因此，要求饲养人员平时仔细观察育肥牛采食情况，并根据具体采食情况来确定下一次饲料投入量。精饲料与粗饲料可以分别饲喂，一般先喂粗饲料，后喂精饲料；有条件的也可以采用全混合日粮（TMR）饲养技术，使用专门的全混合日粮（TMR）加工机械或人工掺拌方法，将精、粗饲料进行充分混合，配制成精、粗比例稳定和营养浓度一致的全价饲料进行喂饲。

（四）刷拭、按摩牛体

坚持每天刷拭牛体1次。刷拭方法是饲养员先站在左侧用毛刷由颈部开始，从前向后，从上到下依次刷拭，中、后躯刷完后再刷头部、四肢和尾部，然后再刷右侧。每次3~5分钟。刷下的牛毛应及时收集起来，以免被牛舔食后影响牛的消化。有条件的可在相邻两圈牛舍隔栏中间位置安装自动万向按摩装置，高度为1.4米，可根据牛只喜好随时自动按摩，省工、省时、省力。

五、适时出栏

用于高档红肉生产的肉牛一般育肥10~12个月、体重在500千克以上时出栏。用于高档雪花牛肉生产的肉牛一般肥育25个月以上、体重在700千克以上时出栏（图3-22）。高档肉牛出栏时间的判断方法主要有两种。

一是从肉牛采食量来判断。育肥牛采食量开始下降，达到正常采食量的10%~20%，增重停滞不前。

二是从肉牛体型外貌来判断。通过观察和触摸肉牛的膘情进行判断，体膘丰满，看不到外凼骨头。背部平宽而厚实，尾根两侧可以看到明显的脂肪凸起；臀部丰满平坦，圆而突出；前胸丰满，圆而大；阴囊周边脂肪沉积明显；躯体体积大，体态臃肿；走动迟缓，四肢高度张开；触摸牛背部、腰部时感到厚实，柔软有弹性，尾根两侧柔软，充满脂肪。

高档雪花肉牛屠宰后胴体表面覆盖的脂肪颜色洁白，胴体表脂覆盖率80%以上，胴体外形无严重缺损，脂肪坚挺，前6~7肋间切开，眼肌中脂肪沉积均匀（图3-23）

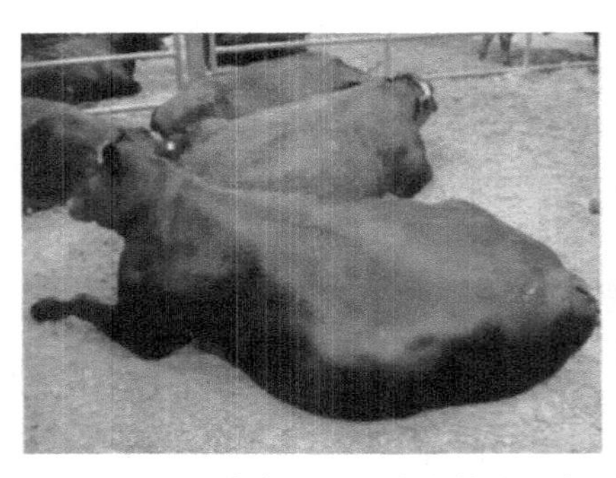

图3-22　生产高档雪花牛肉的育肥牛

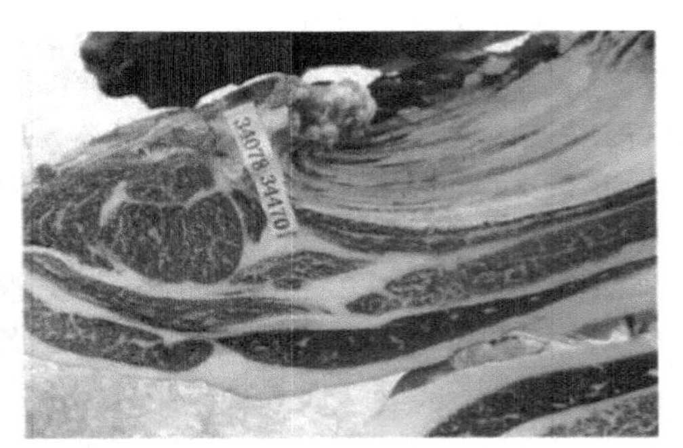

图3-23　眼肌中脂肪沉积均匀

六、高档肉牛生产的特点

高档肉牛生产要注重育肥牛的选择，应根据生产需要选择适宜的品种、月龄和体重的育肥牛，公牛育肥应适时进行去势处理。

采取高营养直线强度育肥，精饲料占日粮干物质的60%以上，育肥后期应达到80%左右，育肥期10个月以上，出栏体重达到500千克以上，为了保证肉品风味以及脂肪颜色，后期精饲料原料中应含25%以上的麦类。

要加强日常饲养管理，采取小围栏散养、自由采食、自由饮水、通风降温、刷拭按摩等技术措施，营造舒适的饲养环境，提高动物福利，有利于肉牛生长和脂肪沉积，提高牛肉品质。

七、成效

高档肉牛生产集中体现了畜禽良种化、养殖设施化、生产规范化、防疫制度化等标准化生产要求，优化集成了多项技术，大大提高了肉牛养殖科学化、集约化、标准化水平。

据测算，购买1头6~7月龄的安秦杂犊牛，平均体重210千克左右，价格为6 000~8 000元，经过20个月左右的育肥，出栏体重700千克以上，屠宰率62%，净肉率56%以上，售价约为4万元，每头肉牛可获利1万元以上。

第五节　肉牛场建设与设计

一、建设布局

肉牛场建设必须符合《中华人民共和国畜牧法》、动物防疫条件许可及区域内土地使用和农业发展布局规划。选址要根据牛场规模和当地气候，对地形、地势、水源、土壤和周围环境等因素进行综合考虑。同时，要按照经济、实用、方便原则，对牛舍建造、饲料运输及水、电、暖等进行合理设计与建设。

（一）功能区划分

存栏规模300头以上的肉牛场，应明确划分管理区、生活区、生产区、隔离区及粪污区。300头以下的肉牛场可划分为管理生活区和生产区。肉牛养殖小区由于其分户饲养的特殊性，一般应做到管理区与生产区分开，并设置统一的饲料供应区和粪污处理区。

1. 管理区

管理区是肉牛场工作人员办公和对外联系的主要场所，包括办公、接待、会议等建筑，应尽量靠近牛场的主大门，并与生产区严格分开，保证50米以上距离。

2. 生活区

生活区是肉牛场工作人员生活的场所。从管理方便和防疫方面考虑，最好单独设置生活区，距离生产区100米以上，如果条件不具备也可与管理区合并。

3. 生产区

生产区是肉牛场生产核心区，主要包括牛舍、人工授精室、兽医室、干草棚、饲料库、饲料加工车间、机械设备库、青贮窖（池）和水电供应等必备的设施。入口处设置人员消毒室、更衣室和车辆消毒池。

生产区内建筑应根据功能和需要等合理布局。牛舍位于生产区的中央，牛舍间距不小于10米。饲草料加工贮存设施应位于牛舍附近上风向或侧风向一侧，原料库应靠近饲料加工车间，成品库、青贮窖（池）和草棚应靠近牛舍，便于饲喂。大型规模牛场应设置饲草料加工贮存区，以利于防疫和防火。

4. 隔离及粪污处理区

隔离及粪污处理区是购入牛观察、患病牛隔离治疗、粪污存放和病死牛等废弃物处理的场所。应距离生产区100米以上，包括装（卸）牛台、新购牛观察舍、病牛隔离治疗舍、兽医诊疗室、粪污处理场（沼气池）、焚烧炉等。观察舍应位于该区的上风向，靠近生产区。病牛隔离牛舍应远离其他牛舍。大型牛场最好使用实体墙进行隔离，并设置单独的通道。兽医诊疗室位于隔离舍附近。粪污处理场位于观察舍和隔离舍的下风向。焚烧炉应处于隔离区的最下风向。

（二）布局

牛场布局要根据主风向、地形、地势等因素确定。

1. 主风向

管理区和生活区分开的，一般平行布局，位于夏季主风向的上风处。如果不能平行布局，生活区应位于管理区的下风处。

生产区应位于管理区、生活区的下风处，隔离及粪污处理区应位于牛场的最下风处。我国大部分地区夏季的主风向为东南风，但在山区和丘陵地区，应按照夏季主风向确定。

2. 地形地势

管理区和生活区应位于牛场地势较高的地方，生产区所处地势应略低于管理区和生活区，隔离及粪污处理区应位于地势最低处。不能同时满足要求时，应优先考虑按照地势布局，特别是在山坡地带。

二、建设类型

我国地域辽阔，地区差异较大，不能用固定、统一的模式建造牛舍。应根据当地气候、环境及饲养条件，遵循经济实用、科学合理、符合卫生要求的原则，综合考虑通风、采光、保温以及生产操作等因素，设计建造不同用途与类型的牛舍。

（一）牛舍类型

根据用途不同，分为种公牛、繁殖母牛、犊牛、育成牛、育肥牛及隔离观察等牛舍。

根据舍内分布方式不同，分为单列式、双列式和多列式牛舍。规模较小的牛场宜采用单列式牛舍，通风、保暖等性能较好。大型规模养殖场宜采用双列式牛舍，此种牛舍又分为对头式和对尾式，常见的是对头式。

根据开放形式不同，分为开放式牛舍、半开放式牛舍和封闭式牛舍。西部和北部等天气寒冷地区，牛舍建筑要充分考虑冬季保温，宜采用半开放式或封闭式牛舍。中东部地区应兼顾保温和防暑，宜采用半开放式牛舍。南方地区夏季时间长，气候炎热、潮湿，要防暑、防潮，宜采用开放式牛舍。

（二）牛舍朝向

牛舍朝向主要根据保暖和采光需要确定。

双列式或多列式牛舍：我国北方和西北地区冬季寒冷，多采用半开放式、封闭式牛舍，应长轴南北向，南端偏东角度不超过15°，南侧开门，有利于采光和防寒。南方气候温暖，多采用开放式牛舍，长轴应东西向，朝南偏东角度不超过15°。

单列式牛舍：全部采用坐北朝南、长轴东西向。

三、建造要求

（一）地基

地基必须坚实牢固，设计应遵守《建筑地基基础设计规范》（GB 50007—2011），尽量利用天然地基以降低建造成本。砖混结构的牛舍，应用石块或砖砌墙基并高出地面，墙基地下部分深80~100厘米，东北等严寒地区最好超过冬季冻土层深度，墙基与周边土壤间做防水处理。轻钢结构的牛舍，支撑钢梁基座应用钢筋混凝土浇筑，深度根据牛舍跨度和屋顶重量确定，最少不低于1.5米，非承重的墙基地下部分深50厘米。

（二）墙壁

墙壁要求坚固耐用，厚度根据保温需要确定。冬季不是很冷的地区，一般墙厚24厘米。东北和西北等严寒地区，可适当增加墙的厚度。

（三）屋顶

屋顶要求夏季隔热、冬季保温，通风散热较好。屋顶样式有单坡式、双坡式、平顶式、钟楼式、半钟楼式等，常用的有钟楼式、双坡式和单坡式。钟楼式比较适合我国南方跨度大的牛舍，通风换气效果好，但结构复杂、造价高。双坡式适用于我国所有地区和各种规模肉牛场，结构简单、造价较低。单坡式牛舍多用于小型肉牛场或暖棚牛舍。

屋顶高度和坡度根据牛舍类型确定。一般双列式牛舍屋顶上缘距地面3.5~4.5米，屋顶下缘距地面2.5~3.5米；单列式牛舍屋顶上缘距地面2.8~3.5米，下缘距地面2.0~2.8米。

（四）跨度

跨度根据内部构造、是否使用全混合日粮饲喂机械等确定。单列式牛舍内部宽7~10米，双列式牛舍内部宽12~15米，四列式牛舍内部宽17~23米。

（五）门窗

封闭式和半开放式牛舍应在一端或两端设置大门，大型双列式牛舍应设置多个侧门，使用向外开门或推拉门。双列式和多列式牛舍大门宽 2.5~3.5 米，高 2.5~3 米；侧门宽 1.5 米，高 2 米；单列式门宽 1.5~2 米，高 2 米。如果使用全混合日粮饲喂车，需根据饲喂车的类型确定大门的宽和高。

封闭式牛舍应有窗户，大小和数量根据当地气候、牛舍类型确定。寒冷地区南窗数量要多、面积要大，北窗则相反。南窗高 1~1.5 米，宽 1.5~2 米；北窗高 0.8~1 米，宽 1~1.2 米；窗台距地面 1~1.3 米。炎热地区两边窗户大小和数量一致，窗高 1~1.5 米，宽 1.5~2 米，窗台距地面 1~1.3 米。半开放式牛舍可设窗户，参考炎热地区窗户设计，也可用帆布、棉帘等材质的卷帘代替，天热时卷起加强通风，天冷时放下保暖。

（六）牛床

牛床是牛采食和休息的主要场所，因建筑材料不同可分为混凝土牛床、石质牛床、沥青牛床、砖牛床、木质牛床和土质牛床，不同种类的牛床各有优缺点。

混凝土牛床和石质牛床导热性好，坚固耐用，易清扫、消毒，但硬度高，舒适度差，冬季保温性差，投资大。砖砌牛床造价低，但易损坏，不便于清扫。建造混凝土、石质和砖砌牛床，先要铲平夯实地基，铺 20~25 厘米厚的三合土后，上面再铺 10~15 厘米厚的混凝土、石材或立砖（横竖皆可，但横砖使用寿命短）。

沥青牛床保温性好并有弹性，不渗水，易清洗、消毒，是较理想的牛床，但遇水后较滑，修建时可掺入煤渣或粗砂用于防滑。沥青牛床最底层为夯实的素土或 10 厘米厚的三合土，中间为 10 厘米厚的混凝土，最上层为 2~3 厘米厚的沥青。

木质牛床保暖性好，有弹性，易清扫，但造价高，易腐烂。漏缝地板式清粪的牛舍多采用木质牛床。木质牛床厚度根据木板材质确定，一般厚 10 厘米左右，铺于硬地面上。

土质牛床能就地取材，造价低，有弹性，舒适性、保暖性和透水性好，但不易清扫和消毒。建造方法是将地基铲平、夯实，铺一层 15 厘米左右厚的砂石或碎砖块后，再铺 15~25 厘米厚的三合土，夯实。

牛床应有 1.5°~2°的坡度，近槽端高，远槽端低。

（七）饲槽和水槽

饲槽和水槽设在靠近通道的地方，有固定式和活动式两种。无饮水设施的，固定食槽兼做水槽，饲喂后饮水。人工饲喂牛舍饲槽上部内宽60厘米，底部内宽35～40厘米，槽内侧（靠牛床侧）高40厘米，外侧（靠通道侧）高60厘米，食槽底部距地面高20～30厘米。为了便于清扫，饲槽底部呈弧形，一端留排水孔，并保持1°～1.5°的坡度。单独设置的水槽宽40～60厘米、深40厘米，底部距地面高30～40厘米，水槽沿高度不超过70厘米，1个水槽要满足10～30头牛的饮水需要。

有自由饮水设施的牛场，应采用地面食槽，便于机械饲喂与清扫。食槽内侧（靠牛床侧）高20～30厘米，外侧（靠饲喂通道）与通道地面持平，底部低于通道地面5～10厘米，呈1/4弧形，饲槽底部比牛床高15～20厘米。

（八）饲喂通道

牛舍内应设专门的饲喂通道和牛粪外运通道。人工饲喂的单列式和对尾双列式牛舍饲喂通道宽2.0～2.5米，清粪的中间通道宽1.3～1.5米，对头双列或多列式牛舍饲喂通道宽2.5～3.0米。机械饲喂通道宽度为4米。

（九）通风孔

半开放式和封闭式牛舍应设置通风孔。通风孔一般设置于屋脊或屋顶两侧。数量和大小应根据牛舍的大小、类型及通风和保温要求确定，最好设有活门，可以在雨天或牛舍温度过低时关闭。

在牛舍屋顶安装固定式换气扇（通风机）进行换气，可有效缓解冬季通风与保温的矛盾。

（十）粪尿沟

人工清粪的牛舍内需有粪尿沟。粪尿沟宜采用明沟，表面光滑、不透水、易清洁，且不妨碍牛活动。粪尿沟宽28～30厘米，深10～15厘米。沟底向出粪口有1°～1.5°的坡度。粪尿沟应通过暗沟通到舍外污水池。

（十一）特殊牛舍的要求

产房专门用于饲养进入临产状态的妊娠母牛，要求宽敞明亮，冬暖夏凉，环境安静，方便接产和助产操作。每头牛牛床宽1.5米、长2米以上。

隔离牛舍应便于消毒和处理污物，最好使用实体墙与其他牛舍隔离，距离50米以上，设置单独进出的通道。

四、配套设施

（一）运动场

采用拴系式饲养的育肥牛场一般不设置运动场，但繁殖母牛、散养犊牛、育肥高档肉牛需设置运动场，每头牛运动场设计面积为：成年母牛20～

25 平方米、育成牛 10~15 平方米、犊牛 5~10 平方米、种公牛 30 平方米以上。地面以三合土或沙土为宜，周围设围墙或围栏。运动场内应配置饮水槽、补饲槽和遮阳棚，饮水槽和补饲槽可采用移动式水泥槽，放置于围栏边。

（二）围栏

围栏要结实耐用，牛舍内一般用钢管，运动场可用钢管、水泥、电围栏等。围栏高度、间隙和钢管直径等要根据牛的大小和类型确定。牛舍内靠饲槽侧围栏高 1.5 米以上，运动场围栏高 1.8 米，电围栏高 1.5 米以上。围栏间隙一般成年大型牛 30~35 厘米、育成牛和中小型牛 25~30 厘米、犊牛 20~25 厘米。

（三）消毒设施

消毒池深 10~15 厘米、长 1.5~2 米、宽略小于大门宽度，坚固、平整，耐酸碱，不渗漏，并配备手动或自动喷淋装置，对车辆进行整体消毒（消毒液为 0.5%过氧乙酸溶液）。消毒池可用 2%~4%氢氧化钠溶液或生石灰，使用 10~15 天更换 1 次，下雨后必须立即更换或进行补充。

消毒室应设更衣间，有专用的通道通向牛舍。所有人员进入生产区必须更衣，紫外线照射 5 分钟以上，手部用 0.1%新洁尔灭溶液或 0.3%过氧乙酸溶液清洗消毒，从专用通道进入。

（四）饲料加工、贮存设施

1. 饲料库及加工车间

它与普通饲料厂的建筑一致，防鼠、防鸟、防潮、不漏水，满足生产需要即可。大小和类型根据牛场养殖规模、所需加工饲料的种类及生产需要确定。

2. 青贮设施

青贮池分为地上式、半地上式和地下式 3 种，常用地上式和半地上式（地下部分不超过 1 米）。青贮池大小根据养殖规模、贮藏饲料数量确定，底部和四周用砖或石头砌壁，用水泥抹平，保证不透气、不透水，底部应留有排水孔。

（五）堆粪场和污水池

为了避免污染环境，规模肉牛场必须配备堆粪场和污水池。堆粪场地面要坚硬不渗水，能贮存 1 个月以上的粪量。污水池距牛舍 10 米以上，容积以能贮存 1 个月的粪尿为准。

第四章　奶牛高效健康养殖关键技术

第一节　奶牛繁育技术

一、奶牛的主要品种

乳用牛品种是经过长期精心选育和改良，最适于生产牛奶的专门化品种。世界上较著名的乳用牛品种颇多，但至今仍没有一个品种的生产性能超过荷斯坦牛，该品种具有广泛的适应性和风土驯化能力，深受人们的欢迎，成为世界各国发展奶牛的首选对象。在很多国家（如美国、加拿大、日本、以色列等），荷斯坦牛的饲养比例均占奶牛饲养总量的90%以上，而其他一些品种（如娟姗牛、更赛牛、爱尔夏牛等）所占比例越来越小。我国除草原地区外，在大中城市郊区及农区城镇奶牛业，同样有单一发展荷斯坦牛的趋势。

（一）荷斯坦牛

荷斯坦牛（Holstein）原产于荷兰北部的北荷兰省和西弗里生省，也称荷斯坦-弗里生牛，为世界著名的主要乳用牛品种。因其毛色为黑白相间、界限分明的花片，故又称为黑白花牛。

该品种早在15世纪就以产奶量高而闻名于世，其形成与原产地的自然环境和社会经济条件密切相关。荷兰地势低洼，土壤肥沃，气候温和，雨量充沛。牧草生长茂盛，草地面积大，且沟渠纵横贯穿，形成了天然的放牧栏界，是奶牛放牧的天然宝地。同时，历史上荷兰曾是欧洲一个重要的海陆交通枢纽，干酪和奶油以及牛只随着发达的海陆交通输往世界各地。由于荷斯坦牛及其乳制品出口量大，极大地促进了该品种的选育及品质的提高。

荷斯坦牛风土驯化能力强，世界大多数国家均能饲养。被各国引入后，又经长期选育或同本国牛杂交而育成适应当地环境条件、各具特点的荷斯坦牛，有的被冠以本国名称，如美国荷斯坦牛、日本荷斯坦牛、中国荷斯坦牛等，有的仍以原产地命名。

1. 外貌特征

（1）乳用型荷斯坦牛

具有典型的乳用型牛外貌特征。成年母牛体型侧望、前望、上望均呈明显的楔形结构，后躯较前躯发达。体格高大，结构匀称，皮薄骨细，皮下脂肪少。乳房庞大，且前伸后延好，乳静脉粗大而多弯曲。头狭长清秀，背腰平直，尻方正，四肢端正。被毛细短，毛色呈黑白斑块，界限分明，额部有白星，腹下、四肢下部及尾帚为白色。

乳用型荷斯坦成年公牛体重900~1 200千克，平均体高为145厘米，体长190厘米，胸围226厘米，管围23厘米；成年母牛依次为650~750千克，135cm，170厘米，195厘米，19厘米。犊牛初生重平均为40~50千克，约为母牛体重的7%。

（2）兼用型荷斯坦牛

兼用型荷斯坦牛体格略小于乳用型，体躯低矮宽深，侧望略呈矩形，皮肤柔软而稍厚；鬐甲宽厚，胸宽且深，背腰宽平，尻部方正，四肢短而开张；乳房发育均称，附着好，多呈方圆形。毛色与乳用型相同，但花片更加整齐美观。

兼用型荷斯坦成年公牛体重900~1 100千克，成年母牛体重550~700千克，犊牛初生重平均为35~45千克。全身肌肉较乳用型丰满。母牛平均体高120厘米，体长150厘米，胸围平均为197厘米。

2. 生产性能

（1）乳用型荷斯坦牛

产奶量为各奶牛品种之首。美国2000年登记的荷斯坦牛平均年产奶量为9 777千克，乳脂率为3.66%，乳蛋白率为3.23%。1997年，美国一荷斯坦牛个体最高年泌乳量达30 833千克，创造了一个泌乳期个体产奶量的世界纪录。创终生产奶量最高纪录的是美国加利福尼亚州的一头奶牛，在泌乳的4 796天内共产奶189 000千克，平均乳脂率为3.14%。

（2）兼用型荷斯坦牛

平均产奶量较乳用型低，年产奶量一般为4 500~6 000千克，乳脂率为3.9%~4.0%，高产个体可达10 000千克以上。

兼用型荷斯坦牛的肉用性能较好。经育肥的公牛，500日龄平均活重为556千克，屠宰率为62.8%，眼肌面积为60平方厘米。该类型牛在肉用方面的一个显著特点是育肥期日增重高，小公牛平均日增重可达1 195克。随着奶牛业的发展，奶公犊育肥生产将有很大的潜力。淘汰的成年母牛经100~

150 天育肥后屠宰，其平均日增重为 900~1 100 克，表现出较高的增重强度。

荷斯坦牛生产性能高，遗传性稳定，性情较温顺，易于管理，外界的刺激对其产奶量影响较小。适应性强，尤其抗寒，但不耐热，夏季高温时产奶量明显下降。乳脂率较低，对饲草料条件要求较高，适宜于我国饲草料条件好的城市郊区和农区饲养。乳用型荷斯坦牛成熟较晚，一般在 16~20 月龄开始配种，6~8.5 岁产奶量达到高峰。但兼用型荷斯坦牛比较早熟，在 14~18 月龄即可开始配种。

荷斯坦牛引入我国进行黄牛改良已有几十年的历史，杂种一代的年产奶量为 2 000~2 500 千克，二代为 2 700~3 200 千克，三代以上接近兼用型荷斯坦牛的产奶量，达到 4 000 千克以上。杂种牛既耐粗饲，又可使役。四代杂种牛经过横交固定、自群繁育已育成中国荷斯坦牛。

（二）中国荷斯坦牛

中国荷斯坦牛是利用从不同国家引入的纯种荷斯坦牛经过纯繁、纯种牛与我国当地黄牛杂交，并用纯种荷斯坦牛级进杂交，高代杂种相互横交固定，后代自群繁育，经长期选育（历经 100 多年）而培育成的我国唯一的奶牛品种。1987 年在农牧渔业部和中国奶牛协会的主持下，通过了品种鉴定验收。中国荷斯坦牛原称中国黑白花牛，为了与国际接轨，1992 年农业部批准更名为中国荷斯坦牛（ChinaHolstein）。目前在全国各地均有分布，且已有了国家标准，分南方型和北方型两种。

1. 外貌特征

目前，中国荷斯坦牛多为乳用型，华南地区有少数个体稍偏兼用型。体质细致结实，结构匀称，毛色为黑白相间，花片分明。乳房附着良好，质地柔软，乳静脉明显，乳头大小、分布适中，具有典型的品种特征。和国外荷斯坦牛相比，中国荷斯坦牛的外貌体格不甚一致、乳用特征欠明显、尖斜尻较多、肢势有些不正。但随着培育条件的改善和选择的加强，在逐渐缩小或趋向一致。

2. 生产性能

据我国 21 925 头品种登记牛的统计，中国荷斯坦牛 305 天各胎次平均产奶量为 6 359 千克，平均乳脂率为 3.56%，其中第一泌乳期产奶量为 5 693 千克，平均乳脂率为 3.57%，第三泌乳期产奶量为 6 919 千克，平均乳脂率为 3.57%。在京、沪、津、东北三省、内蒙古、新疆、山西等地的大中城市附近及重点育种场，其全群年平均产奶量达 7 000 千克以上，个别高产牛群平均产奶量已超过 8 000 千克，超过 10 000 千克的奶牛个体不断涌现。

总体上，北方地区产奶量较高，南方地区由于气候炎热而相对较低。

3. 杂交改良效果

中国荷斯坦牛同我国本地黄牛杂交，效果一般表现良好，其后代乳用体型得到改善，体格增大，产奶性能亦大幅度提高。

针对中国荷斯坦牛还存在外貌体格不甚一致、乳用特征欠明显、尖斜尻较多、产奶量较低等缺点，今后选育的方向是：加强适应性的选育，特别是耐热、抗病能力的选育，重视牛的外貌结构和体质，提高优良牛在牛群中的比例，稳定优良的遗传特性。对牛生产性能的选择，仍以提高产奶量为主，并具有一定的肉用性能，注意提高乳脂率。

（三）娟姗牛

娟姗牛（Jersey）属小型乳用品种，原产于英吉利海峡的娟姗岛。娟姗岛气候温和，年平均气温 10℃左右，湿度大。奶牛终年以放牧为主。由于娟姗岛自然环境条件适于养奶牛，加之当地农民的精心选育和良好的饲养条件，从而育成了性情温顺、体型轻小、乳脂率较高的乳用品种，现分布于世界各地。

1. 外貌特征

娟姗牛体格小，清秀，轮廓清晰，具有典型的乳用型牛外貌特征。头小而轻，眼大而明亮，额部稍凹陷。角中等长，呈琥珀色，而角尖呈黑色。胸深而宽，背腰平直，后躯发育好，四肢较细，关节明显。乳房容积大，发育匀称，形状美观，乳静脉粗大而弯曲，乳头略小。皮薄，骨骼细，被毛细短而有光泽，毛色为深浅不同的褐色，以浅褐色最多。鼻镜及舌为黑色，嘴、眼周围有浅色毛环，尾帚为黑色。

成年活重，公牛平均为 650~750 千克，母牛为 340~450 千克；成年母牛体高为 120~122 厘米，体长 130~140 厘米，胸深 64~65 厘米，管围 15~17 厘米。犊牛初生重为 23~27 千克。

2. 生产性能

娟姗牛的最大特点是单位体重产奶量高，乳汁浓厚，脂肪球大，易于分离，风味好，适于制作黄油，其鲜奶及乳制品备受欢迎。平均产奶量为 3 000~4 000 千克，含脂率为 5%~7%，为世界乳牛品种中乳脂产量最高者。

3. 杂交改良效果

娟姗牛成熟较早，初次配种年龄为 15~18 月龄。耐热和乳脂率高为其特点。世界上不少国家引入后，除进行纯种繁育外，用该品种同乳脂率低的品种进行杂交，改良当地奶牛的含脂率，取得了良好的效果。我国有少量引入，用于改善牛群的乳脂率和耐热性能。

二、奶牛的选种与选配

（一）选种

选种就是选择种牛，是指运用各种科学方法，选出较好的符合要求的奶牛个体留作种用，增加其繁殖量，以尽快改进牛群品质。奶牛场选用种公牛的好坏直接关系着牛场母牛的产奶能力及生产效益。目前国内饲养的种公牛主要有4个来源：一是从国外直接进口青年公牛或胚胎在国内培养的种公牛；二是引进国外优秀验证种公牛的冷冻精液，再选择国内的优秀种母牛进行交配，选育种公牛；三是利用国内后裔测定成绩优秀的种公牛选配优秀种母牛，选育种公牛；四是直接进口国外验证优秀种公牛。我国选择种公牛的方法有2种，即根据后裔测定结果选择验证公牛和通过系谱选择青年公牛。

1. 验证公牛的选择

针对牛群需要改良的缺陷，选择改良效果突出的优秀种公牛，在选择种公牛时要认真阅读、分析种公牛的资料。

（1）系谱的选择

应查阅公牛的三代系谱，重点了解公牛的血统来源、生产性能和鉴定成绩等。系谱的选择是为了避免近交，因为近交会使隐性有害基因纯合，使有害性状（繁殖力减退、死胎、畸形多、适应性差、体质差、生长慢和生产力降低）表现出来。

（2）预测传递力（PTA值）

PTA值是选择公牛的主要指标，包括产奶量预测传递力（PTAM）、乳脂量预测传递力（PTAF）、乳脂率预测传递力（PTAF%）、乳蛋白量预测传递力（PTAP）、乳蛋白率预测传递力（PTAP%）和体型整体评分预测传递力（PTAT）。TPI（总性能指数）是将上述生产性状的PTA值根据相对经济重要性加权计算出的一个综合育种指数，公牛的选择通常按TPI值的大小排序。

（3）公牛女儿的体型性状

通过公牛女儿体型性状后测柱形图了解公牛女儿的各部位性状，从而选择公牛的优秀性状，避免公母牛的缺陷重合。通常，99%的标准化的传递力（STA）数值在-3和+3之间。如果一头公牛某个性状的STA值等于零，说明该公牛的该性状处于群体的平均水平。但STA的极端取值只表明公牛性状与群体均值差异很大，并不表明性状一定理想或不理想，两者之间没有此类确切关系。对某些性状如悬韧带，以极端正值为好，极端负值为差；另外一些性状如后肢侧望，则以适中的 STA 值为理想，极端正值和负值都不好。

2. 青年公牛的选择

一是认真分析公牛的系谱，首先要了解其父亲和外祖父的改良效果，计算系谱指数。系谱指数=1/2 父亲育种值+1/4 外祖父育种值（父亲育种值的可靠性应达到 85%以上）。

二是查看公牛母亲的表现，包括头胎 305 天产奶量、乳脂肪率、乳蛋白率等性状。

3. 进口验证公牛冻精使用

目前，随着奶牛业的快速发展，奶牛场可以选择的进口冻精也越来越多。其中主要是从美国、加拿大、德国和法国进口的验证公牛冻精。进口冻精 100%是经过后裔测定的，选择强度高，遗传水平高。产奶量较高的奶牛场可以适当地选用进口冻精，以加快奶牛群遗传改良进展。

（二）选配

1. 分析牛群情况确定改良目标

在制订选配方案前，首先对在群牛的血统、以往使用过的公牛、胎次产奶量、乳脂率、乳蛋白率和体型外貌的主要优缺点等进行分析。确定本场最近几年的改良选育目标。目前，我国大部分奶牛场的改良目标以产奶量、乳脂率和乳蛋白率为主，兼顾乳房结构、肢蹄和体躯结构等性状。

2. 选配的原则

避免近亲交配，近亲交配容易使后代生长迟缓，生产性能降低，体型外貌差，从而降低养殖经济效益。选择改良性状时，若母牛存在的缺陷较多，应先选择急需改良的重点，加大公牛改良效果的选择差，加快改良速度，使其主要缺陷尽快得到改良。在改良过程中，不能用一个性状的极端去改良性状的另一个极端缺陷，应选择该性状最佳状态改良效果来改良所存在的缺陷。严格禁止使用与母牛具有共同缺陷的公牛进行改良，防止缺陷的加剧。

3. 选配的方式

（1）群体选配

确定整个奶牛场牛群生产性能和体型外貌方面普遍存在的需要改良提高的性状，选择种公牛进行改良。

（2）个体选配

根据每一头牛需要改良的性状，选择改良效果好的相应种公中进行改良。

4. 选配的方法

（1）同质选配

选择与在群牛具有同样优点、改良效果突出的种公牛进行交配，以达到进一步巩固和提高其优点的目的。

（2）异质选配

针对奶牛存在的某些缺陷性状，选择对这些缺陷性状改良效果好的种公牛交配，达到改良缺陷的目的。

5. 应注意的问题

要认真做好奶牛技术资料的记录和管理工作，包括奶牛系谱（要求三代记录完整）、繁殖记录（包含配种、妊检、产犊详细记录）、奶牛生产性能记录（包含每月、每胎次、305天泌乳记录和乳脂率、乳蛋白率、体细胞数记录）、奶牛体型外貌线性评分记录等。

制订群体选配计划时，应注意青年公牛和验证公牛的使用比例，奶牛场制订选配计划时建议青年公牛占30%~40%，验证种公牛占60%~70%。

三、奶牛人工授精技术

（一）授精前的准备

1. 冻精的选择

输配冻精的选择即优秀种质资源的选择，要充分考虑种公牛的系谱和奶牛的育种方向，进行科学的选种选配。

（1）冷冻精液选择使用要素

牧场改良方向：根据不同的牛群结构和选育方向，如以提高单产、改良体型、强健肢蹄和改善乳房结构等不同方向，来选择相应特点突出的种公牛。

血统的选择：根据奶牛的血缘关系，仔细查阅种公牛的系谱，选择适合的种公牛，防止近交，近交系数一般控制在6.25%以下，即三代以内无直接血缘关系。同时，要避免难产率高、有肢蹄病等遗传缺陷的种公牛。

育种指数的选择：根据农业部公布的奶牛良补种公牛的入选是依据中国奶牛性能指数（CPT）或总性能系谱指数（TPIM）来选择的。中国奶牛性能指数（CPI）是通过后裔测定成绩计算出的育种值，且生产性状育种值可靠性大于50%，体型性状育种值可靠性大于40%。总性能系谱指数（TPIM）是根据系谱，以父母成绩值计算出的理论育种值。对于有一定规模、生产管理水平较高的奶牛场，建议主要选择后裔测定成绩优秀的种公牛。

(2) 冷冻精液品质鉴定

精液质量检测的主要项目包括外观、密度、活力、畸形率等。用于输配的冷冻精液应符合《牛冷冻精液》(GB 4143—2008)的规定。即解冻后精子活力≥35%，直线前进运动精子数≥800万个，精子畸形率≤18%，每剂量细菌菌落数≤800个。

(3) 冷冻精液的保存、运输与取用

冷冻精液多用液氮保存，冷冻精液的保存与运输应有专人负责。液氮罐在使用之前，必须检查有无破损和缺件，内部有无异物，是否干燥等。然后注入液氮观察24小时，确定安全后方可使用。液氮罐应置于阴凉、干燥、通风的室内，使用和运输时避免震动、碰撞。经常检查液氮罐，保持冷冻精液在液氮液面以下。冻精提取时，在液氮罐外停留不超过5秒。取放冻精时，不要把提筒提到罐口外，只能提到液氮罐颈基部。若15秒仍未结束转存，则应把提筒放回，经液氮浸泡后再继续提取。

2. 受配母牛选择

(1) 健康无疾病

无口蹄疫、结核病、布氏杆菌病等传染性疾病，繁殖功能正常。

(2) 达到体成熟

一般荷斯坦牛的体成熟年龄为15~18月龄，其体重达到360千克以上，才能开始配种，过早、过晚都不宜。

3. 场地设施与器械人员要求

人工授精操作，要有精液贮存室、精液检查室，配备操作台、显微镜、电炉、消毒锅、输精枪、输精枪外套、镊子、温度计、一次性手套等基本设备和设施。人工授精人员应取得家畜繁殖员职业资格证书方可操作。

(二) 奶牛发情鉴定

奶牛的发情期较短，外部表现比较明显，奶牛的发情鉴定最常用的方法是外部观察法和直肠检查法。在规模化牛场，还结合设备辅助检查。

1. 外部观察法

即根据母牛的外部表现来判断其发情的程度，为奶牛发情鉴定运用的主要方法。

2. 阴道检查法

用开膣器打开母牛阴道，借助特定光源，观察阴道黏膜的色泽、黏液性状以及子宫颈口开张的情况，判断母牛发情程度。目前，该方法在生产中已经较少采用。

3. 直肠检查法

即用手通过直肠检查触摸两侧卵巢上的卵泡发育情况来确定母牛是否发情，并根据卵泡是否突出于卵巢表面及其大小、弹性、波动性和是否排卵来确定配种或输精的时机。该法是目前奶牛发情鉴定比较准确而常用的方法。

4. 设备辅助检查

主要包括计步器检查和 B 超检查等方法。此外，奶牛产奶量的减少也是发情的重要征兆，也可作为辅助检查的指标。

（三）输精技术

1. 输精时间

母牛排卵以后，若卵子及时遇到活力旺盛的精子，可保证较高的受胎率。一般母牛发情结束 5~15 小时后排卵，卵子保持受精能力的时间为排卵后 6~12 小时。精子在母牛子宫内的运行速度很快，最快十几分钟内就能够到达输卵管的受精位置，精子在母牛生殖道内保持受精能力的时间为 24~48 小时。因此，最佳的输精时间应在母牛发情中后期，也就是在发情后 10~20 小时，或者排卵前 10~20 小时。此时母牛多静立不动，接受爬跨，外阴部肿胀开始消失，子宫颈稍有收缩，黏膜由潮红变为粉红色或带有紫褐色，阴户流出透明、弹性强的黏液。卵泡突出于卵巢表面，体积不再增大，富有弹性，波动明显。

在生产中，为了提高受胎率，如果 1 个发情期输精 1 次，一般在母牛拒绝爬跨后 6~8 小时内输精。如果 1 个发情期输精 2 次，可在母牛接受爬跨后 8~12 小时第一次输精，间隔 8~12 小时第二次输精。还要掌握“老配早，少配晚，不老不少配中间”的原则。

2. 输精部位

正常情况下，将精液输到子宫颈内口的子宫体基部即可。如果技术熟练，也可以输至排卵侧的子宫角内。输精不要太深，否则容易损伤子宫内膜甚至造成子宫穿孔，影响受胎。

3. 输精前的准备

（1）母牛固定

将接受输精的母牛固定在六柱栏内，尾巴固定于一侧，用 0.1%新洁尔灭溶液清洗和消毒外阴部。

（2）器械准备

将金属输精枪用 75%酒精或放入高温干燥箱内消毒。临输精前，输精枪先用蒸馏水冲洗 2~3 次，再用 2.9%柠檬酸钠溶液冲洗后装入一次性套管中备用。

（3）人员准备

输精员要身着工作服，剪短指甲，佩戴一次性直肠检查薄膜手套。

4. 输精

（1）冷冻精液解冻

将细管冷冻精液从液氮中取出后，将细管封口端朝上、棉塞端朝下，置于 37~39℃的水中，静置 10~15 秒即可。

（2）活力检查

冷冻精液解冻后，精子活力不低于 0.35。

（3）装枪

将输精枪推杆向后退 10 厘米左右，插入塑料细管，有棉塞的一端插入输精枪推杆上，深约 0.5 厘米，将另一端聚乙烯醇封口剪去。套上钢套外层的塑料套，固定细管用的游子应随细管轻轻推至塑料套管的顶端，试推推杆检查精液是否能从细管内渗出，准备工作完成后即可进行输精。

（4）输精操作

术者左手臂上涂擦润滑剂后，左手呈楔形插入母牛直肠，排除宿粪，清洗外阴部，然后确定子宫、卵巢、子宫颈的位置。为了保护输精枪在插入阴道前不被污染，可先使左手四指留在肛门后，向下压拉肛门后缘，同时用左手拇指压在阴唇上并向上提拉，使阴门张开，右手趁势将输精枪插入阴道。

左手再进入直肠，摸到子宫颈后，左手掌心朝向右侧握住子宫颈，无名指握在子宫颈外口周围。右手持装有精液的输精枪，通过右手和左手的协调配合，将输精枪插入子宫颈外口。然后，通过转换输精枪的方向向前探插，同时用左手将子宫颈前段稍做抬高，并向输精枪上套。输精枪通过子宫颈管内的硬皱襞时，会有明显受阻的感觉，当输精枪一旦越过子宫颈皱襞（一般为 3~4 个），立即感到畅通无阻，即抵达子宫体处。当输精枪处于宫颈管内时，手指是感觉不到的，但输精枪一进入子宫体，术者即可很清楚地感觉到输精枪的前段。确认输精枪进入子宫体时，应向后抽退一点，勿使子宫壁堵塞输精枪尖端出口处，然后缓慢地将精液注入，再轻轻地抽出输精枪。

（5）输精操作时的注意事项

输精操作时，若母牛努责剧烈，可采用喂给饲草、捏腰、按摩阴蒂等方法使之缓解。若母牛直肠呈罐状时，可用手臂在直肠中前后抽动以促使松弛。操作时动作要谨慎，防止输精枪前端损伤子宫颈和子宫体。子宫颈深部、子宫体、子宫角等不同部位输精的受胎率没有显著差别，但是输精部位过深容易引起子宫感染或损伤，一般采用子宫颈深部或子宫体输精是比较安全有效的。

（四）妊娠诊断

1. 外部观察法

妊娠后，奶牛一般表现为：周期发情停止；食欲增加，毛色润泽；性情变温顺，行为谨慎安稳；5~6 个月后，腹围增大，且腹壁向右侧突出；乳房胀大；8 个月以后，可以看到胎动；妊娠后期，有些母牛后肢及腹下出现水肿现象，临产前，外阴部肿胀、潮红、松弛，尾根两侧明显塌陷。

2. 直肠检查法

妊娠各阶段直肠检查时子宫的变化情况如下。

（1）配种后 30 天

可进行直肠检查。此时，子宫角无变化或变化不明显，卵巢有无黄体是主要的判断依据。排卵侧卵巢体积增大至核桃或鸡蛋大，呈不规则形，质地较硬，有肉样感，有明显的黄体突出于卵巢表面。另侧卵巢无变化，子宫角柔软或稍肥厚，触摸时无收缩反应，可判定为妊娠。

（2）配种后 40~50 天

母牛妊娠后 2 个月内，胚胎在子宫内处于游离状态，以子宫黏膜分泌的子宫乳为营养而继续发育。由于胎盘尚未形成，胚胎与母体联系不紧密，当子宫条件突变时，很易造成隐性流产。因此，即使第一次检查已经确定妊娠了，也有必要再检查一次。第二次检查，除卵巢有黄体存在外，子宫角的形态变化则是判定的主要依据，如果两侧子宫角失去了对称，一侧变得短粗，柔软如水袋，触诊无收缩反应，可判定为妊娠。接近 4 个月时，子宫中动脉已有妊娠脉象出现。

（3）配种后 60 天左右

此时孕角比空角约粗 2 倍，孕角有波动，角间沟稍平坦，可以摸到全部子宫。

（4）配种后 90 天

主要根据胎儿的发育和子宫的变化做出判断。空角比平时增大 1 倍，子宫开始沉入腹腔。触诊子宫角，如有一个婴儿头大的液囊，则为妊娠症状。偶尔可以摸到胎儿。此时，要注意区别妊娠子宫和充盈的膀胱。

（5）妊娠 120 天

子宫全部沉入腹腔，一般只能摸到子宫的背侧及该处的子叶，形如蚕豆或小黄豆，可以摸到胎儿。

（6）直到分娩

子宫越见膨大，子叶大如胡桃、鸡蛋。子宫动脉粗如拇指。随着胎儿的逐渐长大，可以摸到其头部、臀部、尾巴和四肢的一部分。

第二节　奶牛饲料与饲养管理技术

一、苜蓿加工利用技术

（一）苜蓿干草加工调制技术

苜蓿干草调制的基本程序为：鲜草刈割、干燥、捡拾打捆、堆贮、二次压缩打捆。调制苜蓿干草的关键是减少调制时间，减少干燥过程中的营养损失，减少不利天气的制约。在苜蓿干草调制过程中，影响苜蓿干草品质的最重要因素是苜蓿刈割时期、干燥方法及贮藏条件和技术。优质的干草含水量应在 14%~17%，具有较深的绿色，保留大量叶、嫩枝和花蕾，并具有特殊的芳香气味。

1. 适时收割

在现蕾期至初花期（开花率 20%以下）收割为宜。选择晴朗天气，土壤表层比较干燥时刈割。留茬高度在 5~6 厘米，割茬整齐，利于苜蓿再生。为了加快茎秆水分蒸发，并便于收集，常采用搂草机进行作业。大型收割机械带有压扁设备，可将苜蓿茎秆压裂，加快茎秆中水分蒸发速度，缩短晾晒时间，减少营养损失。刈割频率为春季至夏季间隔 30~40 天，盛夏季至秋季间隔 40~50 天。

2. 干燥

常见的干燥方法有自然干燥、人工干燥和物理化学法干燥。

（1）地面自然干燥法

此法是苜蓿干草调制常采用的方法，简便易行，成本低，但干燥时间较长，受气候及环境影响大。苜蓿在收割干燥的过程中，损失比例为 15%~30%。一般年降水量在 200~300 毫米的地区，可采用此法干燥。具体方法是：苜蓿草收割后，在田间铺成 10~15 厘米厚的长条晾晒 4~5 小时，使之凋萎。当含水量降至 40%左右时，可利用晚间或早晨的时间进行一次翻晒，以减少苜蓿叶片的脱落，同时将两行草垄并成一行，以保证打捆机打捆速度或改为小堆晒制，再干燥 1. 5~2 天，就可调制成干草。

（2）人工干燥法

自然条件下晒制的苜蓿干草营养物质损失大，人工干燥可迅速干燥。人工干燥有风力干燥和高温快速干燥，使苜蓿水分快速蒸发至安全水分。通常采用高温快速烘干机，其烘干温度可达500~1 000℃，苜蓿干燥时间仅需3~5分钟，但成本较高。采用高温烘干后的干草，其中的杂草种子、虫卵及有害杂菌被杀死，有利于长期保存。

（3）干燥剂干燥法

将一些碱金属盐溶液喷洒到苜蓿上，经过一定化学反应使草茎表皮角质层破坏，加快草株体内水分散失，此法不仅减少可干燥中叶片的损失，而且可提高干草营养物质消化率。常用干燥剂有氯化钾、碳酸钾、碳酸钠和碳酸氢钠等。澳大利亚在苜蓿压扁收割前对苜蓿喷洒2%碳酸钾溶液，可缩短干燥时间1~2天，降低产量总损失量13%~22%，明显改善饲草品质。美国用碳酸钠、丙酸钠等配成混合溶液喷洒，在刈割压扁时使用2.8%碳酸钾混合溶液直接喷洒苜蓿，对加快干燥速度效果最好。

3. 打捆

苜蓿一般在田间晾晒2天后，含水量降至20%左右时，可在早晚空气湿度较大时，用方捆捡拾打捆机在田间直接作业打成低密度长方形草捆，以便运输和堆放。国内外也有人调制高水分苜蓿干草，含水量29%打捆比14%打捆亩产草量高107千克，粗蛋白质高12.7千克；含水量29%打捆比18%打捆粗蛋白质明显提高，中性洗涤纤维（NDF）、酸性洗涤纤维（ADF）极显著低于后者，但灰分影响不大。美国制作高水分的草捆常添加丙酸，可防止霉变，保存营养。

4. 草捆贮存

草捆打好后，应尽快将其运输到仓库或贮草场堆垛贮存。堆垛时草捆之间要留有通风间隙，以便草捆能迅速散发水分。底层草捆不能与地面直接接触，以免水浸。在贮草场上堆垛时垛顶要用塑料布或防雨设施封严。

5. 二次压缩打捆

草捆在仓库里或贮草场上贮存20~30天后，其含水量降至12%~14%时即可进行二次压缩打捆，两捆压缩为一捆，其密度可达350千克/立方米左右。高密度打捆后，草捆体积减小了一半，更便于贮存和降低运输成本。

6. 苜蓿干草饲喂

应根据奶牛各阶段的营养需要饲喂适量的苜蓿干草。断奶后的犊牛和育成牛每天可饲喂2~3千克苜蓿干草，泌乳期应根据产奶量饲喂4~9千克。

7. 苜蓿干草饲喂奶牛的效果

国内外科学研究表明，在奶牛日粮中加入适量苜蓿干草可以提高产奶量，改善乳成分和奶牛体质，提高经济效益。美国奶牛高产、健康、利用年限长、牛奶品质优，经验在于常年饲喂优质苜蓿干草。新疆呼图壁种牛场2000年创造了平均年产奶量9 503.3千克的全国纪录，主要经验是常年供应奶牛苜蓿干草和玉米青贮。奶牛日粮中粗蛋白质的60%可由苜蓿提供，奶牛混合精饲料的40%~50%可用苜蓿草粉代替。高产奶牛苜蓿日喂量达到9千克（苜蓿干草4~5千克+草粉4~5千克）或苜蓿青贮7~9千克，每头日产奶量可增加4~6千克，每头年单产可提高1 200~1 800千克，投入产出比可达到1：3。

（二）苜蓿青贮调制技术

1. 苜蓿半干青贮

苜蓿半干青贮分为苜蓿窖（池）青贮、草捆青贮、拉伸膜裹包青贮、袋式灌装青贮。调制的基本程序为：原料适时收获、晾晒、切碎、贮存。

（1）苜蓿窖（池）青贮制作

原料收获晾晒：在现蕾期至初花期（开花率20%以下）刈割，天气晴好情况下一般晾晒12~24小时，在含水量降至45%~55%时即可制作。含水量可从感官上判断，叶片发蔫、微卷即可。在天气晴好的情况下，通常为早晨刈割下午制作，或下午刈割第二天早晨制作。

铡短：将原料用铡草机切短，长度一般为2~5厘米。

贮存：将铡短的原料装入青贮窖（池），每装填30~50厘米厚，即摊平、压实，均匀铺撒添加剂（饲料酶、有机酸、乳酸菌等），直至原料高出窖（池）沿30~40厘米后，铺上一层塑料薄膜，再覆土20~30厘米厚密封。封顶2~3天后要随时观察，若发现原料下沉，应在下陷处填土，防止雨水和空气进入。

（2）苜蓿包膜青贮制作

原料收获、铡切要求与窖（池）青贮相同。将切短的原料填装入专用饲草打捆机中进行打捆，每捆重量为50~60千克。如果需要使用添加剂，应在打捆前将添加剂与切碎的苜蓿混合均匀后进行打捆。打捆结束后，从打捆机中取出草捆，平稳放到包膜机上，然后启动包膜机专用拉伸膜进行包裹，设定包膜机的包膜圈数，以22~25圈为宜，保证包膜2层以上。包膜完成后，将制作完成的包膜草捆堆放在鼠害少、避光、牲畜触不到的地方，堆放不应超过3层。

（3）袋式灌装苜蓿青贮制作

袋式灌装贮藏是国外兴起的一种不同于塔贮和窖贮的牧草保存方法。袋式灌装青贮采用袋式灌装机将切碎的苜蓿高密度地装入塑料拉伸膜制成的专用青贮袋中。当苜蓿含水量为60%~65%时，一个33米长的青贮袋可灌装90吨青贮料。袋式灌装青贮可节省投资，贮存损失小，贮存地点灵活。其最大优点是密闭性能强，原料密度大，灌装之后很快进入厌氧状态，对保存青贮料营养物质和提高综合效益均发挥着重要作用。

2. 添加剂苜蓿青贮

如表4-1所示。

表4-1　苜蓿青贮调制添加剂的使用方法

名称	用量	使用方法
乳酸菌	每吨苜蓿需2.5克乳酸菌活菌	将2.5克乳酸菌溶于200毫升10%白糖溶液中配制成复活菌液，再用8~10千克的水稀释后，均匀喷洒在原料上
有机酸	每吨苜蓿加2~4千克有机酸	直接喷洒在原料上
饲料酶	每吨苜蓿加0.1千克青贮专用饲料酶	用麸皮、玉米面等混合后，再与原料均匀混合

3. 苜蓿混合青贮

苜蓿中可溶性碳水化合物含量低、蛋白质含量高、缓冲能力强，通过青贮发酵不易形成低pH值状态，梭菌活动旺盛，对蛋白质有强分解作用。梭菌将氨基酸通过脱氨或脱羧作用形成氨，对糖类有强分解作用的梭菌降解乳酸生成具有腐臭味的丁酸、二氧化碳和水。可见适宜水平的可溶性糖是克服高缓冲度，确保青贮发酵品质，获得优质青贮的前提条件。为了满足乳酸菌的繁殖需要和创造均衡的养分条件，青贮时通常添加一些富含糖类的物质，包括一些糖分含量高的禾本科牧草、饲料作物，如制成苜蓿、玉米秸秆、红三叶、鸭茅等混合青贮。此外，也可将甜菜渣、糖蜜、米糖、酒糟等副产品混入原料中，进行混合青贮。混合比例应根据牧草种类、物候期、营养期和营养成分情况来确定。苜蓿在与玉米、高粱等禾谷类作物秸秆混合青贮时，比例一般为1：2或1：3，其中添加糖蜜效果更好。

4. 苜蓿青贮的饲喂

苜蓿青贮密封发酵45天后即可使用。取用时，从窖（袋）的一端沿横截面开启。从上到下切取，按照每天需要量随用随取，取后立即遮严取料面，防止暴晒。青贮苜蓿应与其他饲草搭配混合饲喂，也可与配合饲料混合饲喂。一般泌乳牛日饲喂量 10~15 千克。

包膜青贮捆裹过程中所需的丝网等材料成本较高，但调制利用综合效益高、青贮品质好，推广应用前景广阔。添加剂技术是将来进行青贮的发展方向，因其生产成本低，环境污染小，同时其青贮品质不受收获季节、生育期及贮存温度的影响，值得在生产中推广应用。

（三）苜蓿草颗粒加工技术

苜蓿草颗粒指将适时收获、干燥、粉碎成一定细度的紫花苜蓿，经水蒸气调制后，用颗粒机压制而成的饲料产品。

1. 紫花苜蓿草粉加工

将调制好的优质紫花苜蓿干草用 2 毫米筛目的饲料粉碎机加工成草粉后，定量分装、运输堆放在干燥的地方备用。

2. 紫花苜蓿草颗粒加工

（1）草颗粒加工设备

加工草颗粒的设备主要是颗粒机或颗粒机组。小规模生产中通常只用颗粒机单机进行制粒。规模化、商业化的草颗粒生产中更多使用由颗粒机与各种配套设备组成的机组。颗粒直径范围为 6~8 毫米，长度可调节。可压的草粉细度为 1 毫米以内。颗粒采用自然冷却。

（2）草颗粒加工流程

配方设计：按奶牛的营养要求，配制含不同营养成分的草颗粒。

原料混合：按照草颗粒配方设计要求，各种配料按单位产量比例与少量草粉预混合，再加入全部草粉混匀。原料在混合前要准确称量，量小的配料必须经过预混合。

草颗粒成型：混合均匀的原料进入草颗粒成型机挤压成型，成型颗粒进入散热冷却装置，冷却后的草颗粒含水量不超过 13%。

草颗粒分装、贮藏：草颗粒成品在出口定量包装，封口后送入仓库贮藏。

（3）草颗粒产品的包装、运输、贮存

草颗粒产品用不透水塑料编织袋包装。产品在运输过程中应防雨、防潮、防火、防污染。产品贮存时，不得直接着地，下面最好垫一层木架子，要求堆放整齐，每间隔 3 米要留通风道。堆放不宜过高，距棚顶距离不小于 50 厘米。露天存放要有防雨设施，晴朗天气要揭开防雨布晾晒。

(4) 草颗粒的饲喂方式

苜蓿草颗粒有2种饲喂方式：一是作为奶牛精饲料的一部分；二是替代低蛋白质或低质量饲草。

苜蓿制成颗粒饲料，是用物理法对植物的细胞壁和纤维素结构、木质素结构进行破坏，使植物的紧密纤维素结构变得松散，瘤胃微生物易于侵入，有利于微生物的生存和繁衍，以此提高微生物的分解作用。农作物秸秆或粗制牧草和新鲜优质牧草结合，在营养学上达到了互补，提高了两者的营养价值。粗饲料颗粒化后，密度比原样增加5倍以上，体积减小，方便贮存和运输。欧美国家用于牛的饲料50%以上是颗粒饲料。

二、全混合日粮（TMR）饲养技术

（一）全混合日粮（TMR）搅拌车的选择

奶牛场选配TMR搅拌车时，应综合考虑牛场TMR加工方式、搅拌车机型及容积。

1. TMR搅拌车应用模式

(1) 固定式

TMR搅拌车位置固定，原料投入搅拌车进行加工，生产完成后再由不同的运载工具运入牛舍进行饲喂。这种方式对牛场道路、牛舍建筑要求相对较低，机械投入相对较少，适合牛舍、道路限制而无法直接投喂的小型牛场和养殖小区。

(2) 移动式

使用移动式TMR搅拌车直接加工和投放日粮。目前，移动式TMR搅拌车主要有牵引式、自走式和卡车式3种。这种方式对牛场建筑要求高，设备投入大，维护费用高，但自动化程度高，节省劳动力，适合于大型规模牛场和散栏式饲养的牛场。

2. TMR搅拌车机型

根据搅拌箱的形式有立式和卧式两类。

(1) 立式TMR搅拌车

立式搅拌机内部是1~3根垂直布置的立式螺旋钻搅龙，只能垂直搅拌，揉搓功能较弱，可切割小型草捆（每捆重量小于500千克），或大草捆（每捆重量大于500千克），不需要对长草进行预切割，机箱内不易产生剩料，行走时要求的转弯半径小。

(2) 卧式TMR搅拌车

卧式搅拌机内部是1~4根平行布置的水平搅龙，既有水平搅拌，又有垂直搅拌。具有较强的揉搓功能，适用于切割小型草捆，但需要对长草进行预切割，机箱内剩料难清理，行走时要求的转弯半径大。

3. TMR 搅拌车的容积

TMR 搅拌机通常标有最大容积和有效混合容积，前者表示最多可以容纳的饲料体积，后者表示达到最佳混合效果所能添加的饲料体积，有效混合容积约等于最大容积的 80%。TMR 日粮水分控制在 50%左右时，加工的日粮容重为 275~320 千克/立方米。

4. 选型原则

500 头奶牛以下的小牧场，首先考虑选择卧式搅拌车，因为立式搅拌车需要另外配备装载机或取料机，小型牧场受条件限制，常不具备这些附属设备，而卧式设备在装料环节比较方便，可用人工填装干草和精饲料。固定式 TMR 搅拌车也应首选卧式，半地下的卧式 TMR 填装物料非常方便，立式固定式 TMR 搅拌车在装料和日常保养方面没有优势。16 立方米以上的大立方 TMR 搅拌车因需要扭力较大，对搅龙同心度和切割角度的要求较高，卧式 TMR 搅拌车很难达到设计要求，应首选立式搅拌机。

（二）TMR 常用原料

粗饲料原料：主要有青绿饲草、干草、青贮饲料、根茎类饲料、糟渣类饲料、秸秆等。

精饲料原料：主要有谷物饲料、饼粕类饲料、豆类及棉籽饲料、糠麸类饲料、干糟渣、动物性饲料等。

添加剂饲料：主要有矿物质饲料、维生素饲料、非蛋白氮饲料、饲用微生物饲料、酶制剂和其他饲料添加剂等。

（三）TMR 的制作

TMR 的制作一般分为 3 个步骤。

1. 原料进行预处理

如大型草捆应提前打开，鲜苜蓿草铡短，去除发霉变质饲料，冲洗干净块根、块茎类饲料等。

2. 添加原料

添加饲料原料时应先干后湿、先长后短、先轻后重。卧式搅拌车的原料添加顺序是：精饲料、干草、辅助饲料、青贮饲料、湿糟类等，立式搅拌车应先添加干草。

3. 搅拌

搅拌是获取理想 TMR 的关键环节，搅拌时间与 TMR 的均匀性和饲料颗粒长度直接相关，应边投边搅拌。一般情况下，加入最后一种原料后应继续搅拌 3~8 分钟，总的混合时间掌握在 20~30 分钟。

（四）发料

采用固定式模式的牧场，TMR 生产完成后由专门的车辆运入牛舍进行饲喂。采用移动式模式的，使用移动式 TMR 搅拌车直接将日粮投放到牛舍。

（五）TMR 的质量评价

感官评价：各饲料原料混合均匀，无可见草团、干料面，不结块、不发热、无异味，水分在 45%~50%。

宾州筛也叫草料分析筛，主要用于 TMR 饲草料的检测，是用来估计日粮组分粒度大小的专用筛。由 3 层筛子和 1 个底盘组成，使用步骤是：奶牛未采食前从日粮中随机取样，放在上部的筛子上，然后水平摇动 2 分钟，直到只有长的颗粒留在上面的筛子上，再也没有颗粒通过筛子为止。分别对筛出的 4 层饲料称重，计算它们在日粮中所占的比例。各阶段牛 TMR 日粮粒度推荐值详如表 4-2 所示。

表 4-2 美国宾夕法尼亚大学对 TMR 日粮的粒度推荐值

饲料种类	一层（%）	二层（%）	三层（%）	四层（%）
泌乳牛 TMR	15~18	20~25	40~45	15~20
后备牛 TMR	40~50	18~20	25~28	4~9
干奶牛 TMR	50~55	15~30	20~25	4~7

（六）TMR 的饲喂管理

1. 奶牛合理分群

奶牛的合理分群是采用 TMR 饲养技术的前提和基础，牧场须结合实际情况进行分群。存栏成年奶牛 150 头的场，可分成干奶牛、泌乳牛 2 个群；存栏成年奶牛 150~300 头的，可分成干奶牛、高产牛、低产牛 3 个群；存栏 300~500 头的，可分成干奶牛、高产牛、中产牛、低产牛四个群；存栏 500 头以上的，可根据泌乳阶段分为早、中、后期和干奶前期、后期牛群，有条件的可把头胎牛和经产牛分开饲养。后备牛群应按照群体个体基本一致的要求进行分群，随着后备牛月龄的增加，群体数量也随着增加。当要进行 TMR 组别变化时，尽可能在同一时间转群，转群时奶牛食欲会有波动，晚上转群可减轻应激反应。分群不能过于频繁，否则容易造成应激反应。

2. 干物质采食量（DMI）预测

干物质采食量的预测是根据美国 NRC 奶牛的营养需要做推算，也可根据其他公式计算理论值，同时结合奶牛不同年龄、胎次、产奶量、泌乳期、乳脂率、乳蛋白率、体重进行预测。对处在泌乳早期的奶牛，不管产量高低，都应该以提高干物质采食量为主。预测泌乳牛 DMI 的常用公式如下。

公式一：$DMI=0.025W+0.1Y$（适用于大型奶牛场泌乳中后期牛）。式中 W 是活重，Y 是日产奶量。

公式二：$DMI=8+M/5+Y/1\ 000$（适用于大型奶牛场成年和青年母牛）。式中 M 是日产奶量，Y 是年产奶量。

3. 营养浓度的检测

定期送检饲料至检测机构检测饲料营养成分，随时更新饲料数据库的营养成分，并对日粮营养水平进行评估，保证 TMR 配方的营养平衡。

（七）注意事项

1. 要经常检测

分析饲料原料营养成分的变化，注意各种原料的水分变化。同时，奶牛日粮需要一定量的 NDF（高产奶牛日粮中，至少含有 NDF28%～35%）来维持瘤胃发酵，保证奶牛的健康和乳脂率的稳定。

2. 要控制精、粗饲料比

日粮中粗饲料比例不能过低，要求不低于日粮中总干物质的 40%。

3. 要勤观察、勤记录

每天观察奶牛的采食量、剩料量；每头奶牛应保证 50～70 厘米的采食空间，每天空槽时间不能超过 2 小时；及时清理剩料，剩量控制在 3%～5%，保证日粮新鲜。

三、全株玉米青贮技术

全株玉米青贮与普通秸秆青贮方法基本相同，最重要的是把握好收割时机，过早收割秸秆与果穗营养不充实，且水分过大；过晚收割则果穗坚硬，青贮后影响饲喂效果，适宜的收割期在乳熟后期至蜡熟前期，即整株含水量在 65%～70%，籽实含水分 45%～60%（是生食或煮食的适宜期），此时花须开始蔫、苞叶开始黄、掐动不出水、颗粒乳黄线处于 1/2 时，约比正常收获期提前 10～15 天。其次是秸秆切短的长度一般为 1～2 厘米，有利于压实。第三是在青贮前窖（池）底铺上一层 10～15 厘米的软草，以吸收压实时渗出的汁液。

（一）全株玉米青贮技术要点

1. 青贮场地和容器、方法

（1）青贮场地

应选在地势高燥，排水容易，地下水位低，取用方便的地方。

（2）青贮容器

青贮容器种类很多，有青贮塔、青贮壕、青贮窖（有长窖、圆窖）、水泥池（地下、半地下和地上）、青贮袋以及青贮窖袋等，养殖场（户）要根据当地气候条件、养殖数量、青贮数量、原料供应数量等实际情况选择不同的青贮容器。

（3）青贮方法

根据使用的设备不同，可分为窖贮、堆贮和袋贮等方法。

窖贮法：这是目前国内最常用的方法。分地下式、半地下式和地上式。青贮窖最好用砖石等砌好，表面再用水泥抹光。地下式青贮，青贮窖全部位于地下，深度根据地下水位的高低决定。半地下式青贮，青贮窖的一部分位于地下，一部分在地上，在较浅的地下式的基础上，再在地上用砖、石等垒砌1~2米高的壁，表面用水泥抹光。地上式青贮，青贮窖全部位于地上，在平地基础上再用砖、石等垒砌3~4米高的壁，表面用水泥抹光。为减少青贮时窖内空气存留，提高青贮饲料质量，无论地下式、半地下式或地上式青贮窖，其四周及窖底边角均应呈圆弧形，同时应当注意具有排水能力。在生产实际中，地下式和半地下式青贮窖会有很多问题，如取料、排水困难等，因此新建青贮窖建议以地上式为宜。

堆贮法：此法经济、简便易行，只要有平坦的水泥地面或其他平整坚硬的地面即可。制作时，在地面铺上农用塑料薄膜，将切短的青贮饲料堆上，并逐层踩实，再在上面盖上塑料薄膜，用泥土压实即可。

袋贮法：利用青贮塑料袋青贮适合于养殖规模较小或青贮原料较少的农户，农村千家万户都可采用。此法经济、简便易行，用户只需把青贮原料铡短，装入事先做好的青贮塑料袋中即可。青贮袋的大小要依据牲畜多少和青贮原料多少决定，一般为直径1~1.5米，长1.5~2米，塑料薄膜厚度不小于8~10丝。

2. 全株玉米的刈割与切短

（1）刈割时间

把握好青贮玉米的刈割时间是控制好青贮质量的前提。对于玉米青贮的收割时机一般依据玉米籽粒的成熟状况来判断，在玉米籽粒的乳线处于籽粒的1/3～3/4时最为理想。当然，对于植株的成熟情况根据品种和气候因素的不同也可适当掌握，收割时青贮干物质含量在30%～35%比较利于青贮饲料的发酵，并可最大限度减少青贮养分的流失。

玉米青贮收获过早，籽粒发育不好，淀粉含量低，能量低，营养损失严重。同时，原料含水量过高，降低了糖的浓度，会使青贮易酸败，表现为发臭、发黏，奶牛不愿采食或采食量减少。玉米青贮收获过晚，虽然淀粉含量高但纤维化程度高，消化率差，装窖时不易压实，保留大量空气，造成霉菌、腐败菌等的繁殖，使青贮霉烂变质，导致发酵的质量差。

全株玉米青贮在玉米籽实蜡熟期，整株下部有4～5个叶变成棕色时刈割最佳。实践证明，青贮玉米的干物质含量在30%～35%时，青贮效果最为理想。

（2）刈割高度

玉米青贮刈割高度通常在15厘米以上为好。有的连根刨起，带有泥土，这就会严重影响青贮饲料的质量；由于玉米秸靠近根部的部分含木质素较高，质量很差。有资料显示，高茬刈割比低茬刈割中性洗涤纤维含量降低8.7%，粗蛋白质含量提高2.3%，淀粉含量可提高6.7%，产奶可净提高2.7%。

（3）切割长度

适宜的切割长度有利于提高青贮的质量。有效纤维能刺激奶牛咀嚼，咀嚼刺激唾液分泌，唾液中含有的缓冲物能保持瘤胃较高的pH值，而较高的瘤胃pH值能提高纤维消化和维持正常的乳脂。如果铡得太短会导致刺激奶牛咀嚼的有效纤维含量减少，容易发生瘤胃酸中毒。铡得太长，则会影响青贮窖的压实密度，导致青贮变质。适宜的长度应当控制在1.5～2厘米，其中，全株青贮玉米干物质小于22%～26%时切割长度以2.1厘米为宜，干物质在26%～32%时切割长度以1.7厘米为宜，干物质大于32%时切割长度以1.1厘米为宜。

3. 玉米青贮的调制

青贮发酵是一个难以控制的过程，发酵可使饲料的养分保存量降低。全株玉米青贮投入大，制作时可添加青贮添加剂以改善青贮过程，提高青贮质量，如微生物接种剂和酶制剂等。

（1）微生物接种剂

青贮发酵很大程度上取决于控制发酵过程的微生物种类。纯乳酸发酵在理论上可保存100%的干物质与99%的能量。所以向青贮添加微生物接种剂加速乳酸发酵而达到控制发酵，进而生产出优质青贮。常用的青贮接种剂包括植物乳杆菌、嗜酸乳杆菌、戊糖片球菌、嗜乳酸小球菌、粪大肠杆菌、乳酸片球菌、布氏乳杆菌、短乳杆菌和发酵乳杆菌等。市售的青贮接种剂多为混合菌剂，选用时一定要注意其混合菌群结构以及活性，根据自身的需要选择信誉度高或经养殖场户充分认可的菌剂。

（2）酶添加剂

包括单一酶复合物、多种酶复合物以及酶复合物与产乳酸菌的混合物。纤维分解酶是最常用的酶制剂，这种酶可以消化部分植物细胞壁产生可溶性糖，产乳酸菌将这些糖发酵从而迅速降低青贮的pH值，增加乳酸浓度，促进青贮发酵，减少干物质的损失。同时，植物细胞壁的部分降解有助于提高消化速度和消化率。

4. 装窖、压实和密封

此处主要针对广大养殖场、养殖户应用较多的窖贮法进行详细介绍。

（1）装窖时间

玉米青贮一旦开始，就要集中人力、物力，刈割、运输、切碎、装窖、压实、密封要连续进行。同时，在窖壁四周可铺填塑料薄膜，加强密封。快速装窖和封顶，可以缩短青贮过程中有氧发酵的时间，装窖要均匀、压实，可以提高青贮饲料的质量。

（2）压实与密封

压实与严密封窖，防止漏水透气是调制优良青贮饲料的一个重要环节。采用渐进式楔形青贮，每装填20~30厘米用重型机械进行压实。在青贮原料装满后，还需继续装至原料高出窖的边沿60厘米左右，然后用塑料薄膜封盖，再用泥土或轮胎压实，泥土厚度为30~40厘米，使窖顶隆起。这样会使青贮原料中空气减少，提高青贮饲料质量。

（3）青贮窖的维护

青贮窖密封后，为防止雨水渗入窖内，距窖四周约1米处应挖沟排水。随着青贮的成熟及土层压力，窖内青贮饲料会慢慢下沉，土层上会出现裂缝，出现漏气，如遇雨天，雨水会从缝隙渗入，使青贮饲料腐败。因此，要随时观察青贮窖，发现裂缝或下沉，要及时填土。

5. 青贮饲料品质的感观检测

（1）颜色

优良的青贮料颜色呈青绿色或黄绿色，有光泽，近于原色。中等品质的青贮饲料颜色呈黄褐色或暗褐色。劣等品质青贮饲料呈黑色、褐色或墨绿色。

（2）气味

优良青贮饲料具有芳香酸味，中等品质青贮饲料香味淡或有刺鼻酸味，劣等青贮饲料为霉味和刺鼻的腐臭味。

（3）质地与结构

优良青贮饲料柔软，易分离，湿润，紧密，茎、叶、花保持原状。中等品质青贮饲料柔软，水分多，茎、叶、花部分保持原状。劣等青贮饲料呈黏块、污泥状，无结构（表4–3）。

表4–3　全株青贮玉米感官评定标准

品质等级	颜色	气味	结构
优良	青绿色或黄绿色，有光泽，近于原色	芳香酒酸味，给人以舒适感	湿润、紧密，茎叶保持原状，容易分离
中等	黄褐色或暗褐色	有刺鼻酸味，香味淡	落叶部分保持原状，柔软，水分稍多
低劣	黑色、褐色或墨绿色	有特殊刺鼻腐臭味或霉味	腐烂，污泥状，黏滑或干燥或黏结成块，无结构

（二）全株青贮玉米的利用

玉米全株青贮时，封窖后35~45天即发酵成熟。全株青贮玉米的糖分、粗蛋白质和维生素含量丰富，是很好的奶牛粗饲料。但它的粗纤维和矿物质含量不足，尤其是缺少粗纤维类的干物质，酸度高易发酵。在使用时应当充分利用其优点，避免其自身不足给养殖户带来危害，而干草能够补充它的不足。建议奶牛养殖户在饲喂全株青贮玉米时适当地添加一些干草，这样既能充分发挥全株青贮玉米的效益，又可避免因其自身的不足而可能给奶牛带来的危害，饲养出健康高产的奶牛来。

1. 全株玉米青贮使用时的注意事项

（1）严防渗漏

封窖1周后要经常检查，发现裂缝及时封好，严防雨水渗入和鼠害。

（2）不宜单喂

玉米全株青贮饲料虽然提高了单位能量的含量，但缺乏牲畜必需的赖氨酸、色氨酸，铜、铁、B族维生素含量也不足，故应配合大豆饼粕类饲料或氨基酸添加剂等，以补充其所缺营养。另外，在饲喂时最好搭配部分干草，以减轻酸性对胃肠道的刺激。妊娠后期的母畜应尽量少喂或不喂。例如，一头体重600千克、产奶量30千克以上的奶牛，日粮中每日应添加不少于3~5千克的干草，有条件的地方可再添加2千克的豆科干草。饲喂量10~13千克，可在保持奶牛健康体况的前提下，最大地发挥出奶牛的产奶潜能。

（3）逐层取用

取用全株青贮玉米时，尽量减少青贮饲料与空气的接触，逐层取用，取后立即封严。

2. 全株玉米青贮饲料对奶牛的作用

全株玉米青贮对奶牛尤其是高产奶牛的健康和生产水平，具有十分重要的作用。

（1）提高奶牛生产水平

全株玉米青贮饲料营养丰富、气味芳香、消化率较高。用全株玉米青贮饲料饲喂奶牛，每头奶牛一年可增产鲜奶500千克以上，并节省1/5的精饲料。

（2）提供奶牛优质稳定的饲料来源

全株玉米青贮饲料耐贮藏不易损坏，可以长期保持新鲜状态，是奶牛在冬春季节的良好多汁饲料。种植2~3亩青贮玉米即可解决一头高产奶牛全年的青粗饲料供应，从根本上解决枯草季节饲草供应不足和饲草质量不高的问题，为奶牛的稳产高产提供物质保障。

第三节　奶牛生产管理技术

一、犊牛培育关键技术

（一）犊牛培育的目标

评价犊牛培育好坏的标准不止一条，达到以下条件才能算犊牛的饲养管理成功。

1. 犊牛的死亡率控制在5%以下

犊牛出生时免疫系统不完全，只有依靠初乳获得被动免疫。4~6周后自身免疫系统才逐渐建立。犊牛很容易患各种疾病，如腹泻、肺炎等。饲喂不当、牛舍不卫生、管理不足会使犊牛患病率增加，死亡率升高。通常2月龄内犊牛的发病率和死亡率都高，随着年龄的增长死亡率逐渐降低。死亡率低于5%说明犊牛的饲养管理得当，可以增加盈利，加速牛群的遗传改良。死亡率高，难以保证有足够的后备牛更新泌乳母牛，或者出售的小牛数量将减少。

2. 犊牛的生长发育、体尺体重均达标

奶牛理想的饲养目标是母牛9~11月龄时体重达到成年母牛体重的40%，进入青春期，14~16月龄体重达成年体重的60%时配种，22~24月龄产头胎，产后体重达成年体重的80%~85%，或者分娩前几天妊娠母牛的体重为成年体重的85%~90%。如果饲养的荷斯坦牛成年体重为600千克，则进入青春期时的体重应为240千克，配种时的体重为360千克，头胎产后体重为480~510千克。

犊牛（6月龄以内的小牛）饲喂不足，增重小，即使后期采取补偿措施也不能完全弥补生长不足，对后备牛的生长、发育、性成熟、生殖力和泌乳能力都不利。

犊牛饲喂过量和生长过快可能会对未来产奶量产生不利影响，同时增加优质精、粗饲料的投入，可能会带来饲养成本的增加。哺乳期犊牛饲喂全奶并补饲精饲料，通常犊牛的日增重可达250~400克。断奶后的犊牛日增重应保持在600~900克之间，过低或者过高均可能造成不利影响。

（二）犊牛培育的关键技术措施

1. 建设舒适、合理的犊牛舍

（1）哺乳犊牛舍

哺乳犊牛应当单独关养，防止犊牛相互吸吮、舔舐。在避免穿堂风的前提下保证空气的流动，以减少呼吸道疾病的发生。创造干燥、清洁的舒适环境。建议采用下述几种较好的犊牛舍形式。

犊牛岛：犊牛岛由箱式牛舍和围栏组成。箱式牛舍三面封闭，并加装可关闭的通风孔或窗，一面开放，犊牛可自由进出由围栏构成的独立式运动场。箱式牛舍内铺设垫料或者放置木板。犊牛岛可搬动更换位置，便于彻底消毒。箱式牛舍宽100~120厘米，长220~240厘米，高120~140厘米，围栏面积不低于2.2平方米。犊牛岛应放置在干燥、排水良好的地方，相距一定距离，确保相邻犊牛不能相互舔舐。在炎热夏季，犊牛岛可放置在树下或遮阳处，或者搭建遮阳棚。

隔离式犊牛舍：可以是单列，也可双列。若是单列可以依托一面墙建设，紧接墙面做一单斜坡屋顶，屋顶投影宽度为2.5米，并设接水槽。斜坡屋顶下建设隔离式犊牛栏。首先用砖或者其他材料隔成宽120厘米、高140

厘米、长 240 厘米的隔离牛栏，紧接外侧设置钢筋围栏，围栏面积不低于 2.2 平方米，相邻两个牛栏的围栏是独立的，并相隔 20 厘米以上。双列式隔离犊牛舍牛栏结构与单列式相同，只需增加一条 3~4 米宽的饲喂走道。隔离式牛舍的建设要特别注意风向，必要时可以增加挡风设施，以避免穿堂风的形成。最好分区管理，每个小区采取全进全出，并在进犊牛前有一段闲置时间，进牛前要彻底消毒。

（2）断奶犊牛舍

犊牛断奶后相互吸吮、舔舐的习惯逐渐减少，可以分组饲养。将单独饲养了一段时间的犊牛圈养在一起会引起应激反应，它们不仅要相互学习适应，还必须掌握竞争饮水和采食的能力。因此，断奶后的犊牛舍与哺乳犊牛舍基本相似，只不过是将 4~6 头体型大小接近的犊牛饲养在一起。

断奶犊牛舍每头犊牛至少要有 1.5~2.2 平方米的活动空间，每个牛栏的面积为 6~12 平方米。牛栏可以排式排列布局在具有屋顶的牛舍内，可以是单列式，也可是双列式，牛舍可根据当地气候特点为开放式、半开放式或者封闭式，总的要求是通风良好，又不形成穿堂风。牛栏地面不应该是通常的具有一定坡度的水泥地面，应该在其上铺设干净、干燥的垫料，如细沙、稻草等。

2. 及时饲喂足量的初乳

初乳就是母牛分娩后第一天挤出的浓稠、奶油状、黄色的牛奶，随后 4 天挤出的牛奶逐渐接近正常奶，称为过渡奶。初乳含有丰富的免疫球蛋白，是 4~6 周龄内犊牛获得抵抗疾病能力的主要途径。

初乳中的抗体可以通过肠壁完整吸收到血液中，进而消灭进入血液中的微生物和其他抗原，如毒素等。犊牛刚出生时，对抗体的吸收率可达 20%（6%~45%），几个小时后，对抗体的吸收率急剧下降，而小肠的消化能力增强。24 小时后犊牛不再具有吸收抗体的能力，称为小肠关闭。如果犊牛出生后 12 小时之内没有饲喂初乳就很难获得足够的抗体抵抗微生物的感染。因此，犊牛出生后一恢复正常呼吸（一般 1 小时内）就可立即饲喂初乳，出生后 6~9 小时再次饲喂初乳。

每次饲喂初乳量为犊牛出生重的 4%~5%，如初生重 40 千克的犊牛每次饲喂 2 千克。出生后 24 小时内必须饲喂 3~4 次初乳，出生后 1 小时内饲喂第一次，出生后 6~9 小时饲喂第二次。若饲喂初乳延迟，或者每次饲喂量不足，应适当增加饲喂次数。

初乳应加热到 39℃才能饲喂，可以采用水浴锅来解冻、加热初乳。使用带奶嘴的奶瓶饲喂初乳容易控制饲喂量，也容易调教犊牛。每次饲喂后奶瓶和所有用具都必须彻底清洗干净，并尽可能实行定期消毒，以最大限度地减少细菌的生长和病原菌的传播。

3. 哺乳犊牛的饲喂技术

（1）哺乳犊牛需单栏饲喂，避免相互吸吮、舔舐

哺乳犊牛吃奶后喜欢相互吸吮、舔舐，这不仅会造成腹泻等疾病的传播，还会造成乳头、脐带的发炎，舔舐被毛进入消化道后还会造成瓣胃堵塞，严重影响犊牛的采食和生长发育。

（2）饲喂定量牛奶

犊牛出生第一天饲喂初乳，然后饲喂过渡奶。接下来几周应当饲喂全奶或者营养价值高的代乳品。这个阶段以饲喂液态食物为主，以保证犊牛健康生长，使犊牛获得足够的骨骼发育。

断奶之前，每天的喂奶量为出生体重的8%~10%。可以采用奶瓶或者奶桶给犊牛饲喂牛奶。奶瓶饲喂时，用奶嘴头朝上饲喂更趋于自然，可以有效减慢吮奶速度，进而减少腹泻的发生。采用奶瓶饲喂总的饲喂效果要比用奶桶饲喂好。

（3）尽可能及早饲喂精饲料补充料

出生4~7天就可开始诱导犊牛采食精饲料。诱导犊牛采食精饲料的方法有：将精饲料与糖蜜、糖浆、牛奶等口感好食物混合饲喂；喂完牛奶后直接抓起一把精饲料放在桶中或者在手上让犊牛舔舐，或者将精饲料黏附在奶嘴或者直接塞入嘴中促使犊牛采食；保持精饲料的新鲜度；少量多次添加精饲料，并让犊牛随时可以得到清洁的饮水。

随着精饲料采食的增加，瘤胃体积也随之增加，精饲料补充料的采食量也随之增加。通常2周龄内每头每天的采食量仅有50克左右，到3周龄可接近100克，4周龄接近200克，6周龄可超过400克，8周龄可达1千克左右。

4. 断奶犊牛的饲养管理

当犊牛每天能够采食达体重1%的精饲料补充料时，可考虑给犊牛断奶。犊牛断奶后应该仍然沿用哺乳期使用的犊牛精饲料补充料，一直到4月龄左右，以尽可能降低断奶应激，并保证犊牛生长速度。4月龄后犊牛精饲料可以更换为含16%粗蛋白质的补充料。更换饲料要有1周的过渡期。犊牛精饲料补充料中应该考虑使用优质蛋白质饲料，特别是降解率较低的蛋白质饲料，不应该在犊牛料中添加尿素。

犊牛断奶后应该补饲优质粗饲料，如全株玉米青贮、优质干草等，以提

高整个日粮的采食量，促进消化系统、体型的发育，为未来充分产奶奠定基础。

二、后备牛培育技术

（一）育成牛的饲养管理

这一时期，育成牛的瘤胃功能已非常完善，生长发育快，抗病能力强，是奶牛体型发育和繁育能力形成的关键时期。在营养构成上，粗饲料以优质牧草为好，断奶至6月龄日粮一般按1.8~2.2千克优质干草、1.4~1.8千克混合精饲料进行配制，此阶段的日增重要求达760克左右。7~14月龄育成牛的瘤胃功能已相当完善，可让育成牛自由采食优质粗饲料如牧草、干草、青贮饲料等，但玉米青贮由于含有较高能量，要限量饲喂，以防过量采食导致肥胖。精饲料一般根据粗饲料的质量进行酌情补充，若为优质粗饲料，精饲料的喂量仅需0.5~1.5千克即可，如果粗饲料质量一般，精饲料的喂量则需1.5~2.5千克，并根据粗饲料质量确定精饲料的蛋白质和能量含量，使育成牛的平均日增重达700~800克。

（二）青年牛的配种和饲养管理

14~16月龄体重达360~380千克时进行配种。育成牛配种后一般仍使用配种前日粮进行饲养。当育成牛妊娠至分娩前3个月，由于胚胎的迅速发育以及育成牛自身的生长，需要额外增加0.5~1千克的精饲料。如果在这一阶段营养不足，将影响育成牛的体格以及胚胎的发育，但营养过于丰富，将导致过肥，引起难产、产后综合征等。

（三）分娩前的饲养管理

由于胚胎的迅速发育，这一阶段必须保持足够的营养，精饲料每日喂给3~4千克，并逐渐增加精饲料喂量，以适应产后高精饲料的日粮，但食盐和矿物质的喂量应控制，以防乳房水肿。同时，玉米青贮和苜蓿也要限量饲喂。

三、成年母牛饲养关键技术

（一）围产期饲养管理

1. 围产前期（产前3周）的饲养管理

产犊前奶牛食欲会降低，最后一周采食量有时会低于正常量35%（干物质采食量减少3~4千克），而此时由于胎儿的生长和乳腺的发育，营养需要迅速增加。

（1）营养

应提高日粮营养水平，以保证奶中的营养需要。日粮粗蛋白质含量一般较干奶前期提高25%，并从分娩前2周开始，逐渐增加精饲料喂量至母牛体重的1%，以便调整微生物区系，适应产后高精饲料的日粮。同时，供给适量的优质饲草，以增进奶牛的食欲。

（2）管理

在产前3周，要求将妊娠牛转移至一个清洁、干燥的环境饲养，以防乳房炎等疾病的发生，此阶段可以用泌乳牛的日粮进行饲养，精饲料每日喂给3~4千克，并逐渐增加精饲料喂量，但食盐和矿物质的喂量应控制，以防乳房水肿，并注意在产前2周降低日粮含钙量，以防产后瘫痪。

2. 围产后期（产后2周）的饲养管理

奶牛生产后，食欲尚未恢复正常，消化功能脆弱，乳房水肿，繁殖器官正在恢复，乳腺及循环系统的功能还不正常。

（1）营养

初产奶牛日粮的营养水平应该介于干奶后期和高产奶牛日粮之间，维持一定数量的粗纤维，避免高淀粉导致奶牛停止采食；饲喂2~3千克高质量的长牧草以保证正常的瘤胃功能；提高日粮的营养浓度以补偿低采食量造成的营养缺乏；日粮中添加缓冲剂以调节瘤胃pH值；饲喂12克尼克酸以预防酮病。

（2）管理

由于奶牛分娩后体力消耗过大，分娩后应使其安静休息，并饮喂温热麸皮盐钙汤10~20千克（麸皮500~1 000克，食盐50~100克，碳酸钙50克，水10~20千克），以利于其恢复体力和胎衣排出。

应防止产褥疾病，加强外阴部消毒；环境要保持清洁、干燥；加强对胎衣、恶露排出的观察。暑季注意防暑降温，灭蚊、蝇，冬季要保温、换气。

（二）产奶牛的饲养管理

1. 产奶牛一般饲喂技术

（1）日粮组成应力求多样化

由于反刍动物的消化生理特点，奶牛日粮原料应该尽量多样化，以满足能量蛋白降解速度平衡、氨基酸平衡、限制性营养因子的均衡供应。一般而言，奶牛的日粮应由4~5种以上的谷物类、豆类或其副产品组成混合精饲料（内含矿物质、微量元素等添加剂）；青、粗饲料应由青绿饲料、青贮饲料、根茎瓜果类和干草等组成。奶牛每天可采食优质干草3~4千克，中等品质干草2.5~3千克。

（2）精、粗饲料要合理搭配

精饲料的饲喂，日产奶量不足20千克的，每生产2千克牛奶，饲喂0.5千克精饲料；产奶量为21~30千克的，每产1.5千克牛奶，喂给0.5千克精饲料；产奶量超过30千克的，每产1千克牛奶，给予0.5千克精饲料。但应注意的是，精饲料最大喂量不要超过15千克。

（3）利用有限优质粗饲料饲喂高产奶牛

奶牛饲喂优质苜蓿干草及20%精饲料的产奶性能，较饲喂品质差的苜蓿和70%精饲料的高。也就是说，对于高产奶牛，饲喂低质的粗饲料，虽然加大精饲料喂量，能提高日粮能量水平，但产奶性能达不到饲喂优质粗饲料的效果，而且精饲料过量使用，易出现反刍减少、唾液分泌减少、瘤胃酸中毒、乳脂率下降、蹄叶炎、产奶量下降等问题。

2. 产奶牛阶段饲养法

产奶牛根据其不同生理状况可分为泌乳盛期、泌乳中期和泌乳后期3个阶段。

（1）泌乳盛期

一般指分娩后2~3周至100天。

提高产奶量的措施：饲喂优质干草；对高产牛要添加过瘤胃脂肪；增加非降解蛋白（UIP）喂量；添加缓冲剂，保持瘤胃内环境平衡；增加精饲料量，但精、粗饲料比不超过60：40。

缓解能量负平衡的措施：母牛分娩后，产奶量迅速增加。产奶高峰通常出现在产后4~8周，而最大干物质采食量通常出现在产后10~14周。在泌乳初期，能量的供给不能满足产奶的营养需要，导致出现能量负平衡，造成营养不足、消瘦、产奶量下降，无法达到泌乳高峰；代谢功能发生障碍，导致酮病和脂肪肝。

缓解措施是增加精饲料进食量，使精、粗饲料比达到60：40；饲喂高能饲料（蒸汽压片玉米、全棉籽等）；添加脂肪。饲喂蒸汽压片谷物可以提高泌乳母牛的产奶量、乳蛋白率和产奶的饲料转化效率，但略降低乳脂率。添加的脂肪最好是包被处理的脂肪，如果没有包被处理则减少用量同时提高钙、镁的含量。脂肪添加量一般为3%~4%，注意脂肪的饱和度，以长链脂肪酸为佳。

泌乳前期应注意，如果奶牛泌乳高峰不高，则需注意日粮蛋白质的含量和氨基酸平衡；如果泌乳高峰维持短，则注意日粮能量；泌乳高峰后，头胎牛每天产量下降0.2%，经产牛则下降0.3%，即10天下降2%和3%；乳蛋白与乳脂肪比应在0.85～0.88，此值偏高，往往是乳脂肪太低的问题，主要是要解决粗饲料问题，ADF必须保持19%～21%才能保证乳脂含量；此值偏低，往往是乳蛋白太低造成的，添加脂肪会降低蛋白质含量，但主要的影响因素是能量的摄入不足和过瘤胃蛋白质中氨基酸的组成问题。

（2）泌乳中期

泌乳101～200天。

泌乳量进入相对平稳期，月均下降6%～10%、高产牛不超过7%，干物质采食量进入高峰期，体重开始恢复，日增重100～200克，卵巢功能活跃，能正常发情与受孕。

此期是DMI最大时期，能量为正平衡，没有减重，奶量渐降，以“料跟着奶走”，混合精饲料可渐减，延至第五至第六个泌乳月时，精、粗饲料比为（45～50）∶（50～55）。

（3）泌乳后期

201天至干奶前。

妊娠后期是饲料转化为体重效率的最高阶段，要考虑体组织修补、胎儿生长、妊娠沉积等营养需要。日增重应达0.5～0.7千克，体况评分应为3～3.5分，头胎母牛日增重应达1 000克以上。

这一时期产奶量明显下降，可视食欲、体膘调整需要，精、粗饲料比降至40∶60以下。

停奶前应再次进行妊娠检查，注意保胎。

此阶段可进行免疫、修蹄和驱虫等工作，对产奶量影响较小。

（三）干奶期奶牛的饲养管理

1. 干奶期的意义

乳腺组织周期性休整，瘤、网胃功能恢复，体况恢复。

2. 干奶时间的长短

最短不少于40天，否则不利于瘤胃和乳腺的修复；最长不宜超过70天，否则奶牛过于肥胖，导致难产和产后营养代谢病，影响产奶量。

3. 干奶的方法

（1）逐渐干奶法

用1～2周的时间将泌乳活动停止。具体做法是：在预定停奶前1～2周开始停止乳房按摩，改变挤奶次数和挤奶时间，由每天3次挤奶改为2次，而后每天1次或隔日1次；改变日粮结构，停喂糟料、多汁饲料及块根饲料，减少精饲料，增加干草喂量，控制饮水量，以抑制乳腺组织分泌活动，当产奶量降至4~5千克时，1次挤净即可。

（2）快速干奶法

在预定干奶之日，不论当时产奶量多少，认真热敷按摩乳房，将奶挤净。挤完奶后即刻用酒精消毒奶头，而后向每个乳区注入一支含长效抗生素的干奶药膏，最后再用3%次氯酸钠溶液或其他消毒液消毒乳头。

无论采取何种干奶方法，乳头经封口后不再触动乳房。在干奶后的7~10天内，每日2次观察乳房的变化情况。乳房最初可能继续充胀，但5~7天后，乳房内积奶逐渐被吸收，10~14天后，乳房收缩松软。若停奶后乳房出现过分充胀、红肿、发硬或滴奶等现象，应重新挤净处理后再行干奶。

4. 干奶期的饲养

（1）目标

保证胎儿生长发育良好，保证最佳的体况，控制和避免消化代谢疾病。

（2）饲养时应注意的问题

日粮保持适宜的纤维含量，限制能量过多摄入，避免过食蛋白质，满足矿物质和维生素的需要。

（3）干奶第一个月的饲养

粗饲料自由采食（青贮饲料控制在DMI的40%以内），不喂冰冻饲料。精饲料3~4千克，如果膘情超过8成，可减量饲喂以调整体况。水自由饮用，要清洁，冬天水温在12~19℃较好。适当运动，每天2~3小时。刷拭牛体，牛舍保持清洁干燥。

（4）干奶第二个月的饲养

粗饲料自由采食，喂给优质、适口性好的牧草，控制青贮饲料喂量。精饲料3~4千克/天。保证维生素和微量元素的供给，控制钾、钠等阳离子的摄入，有效预防产后胎衣不下、产后瘫痪，减少乳房炎的发生。高钾含量的牧草不能饲喂给干奶牛，如豆科牧草。

（5）干奶期的管理

使用乳头密封剂封闭乳头，阻碍细菌的侵入。从干奶当天开始，每天药浴乳头，持续10天时间；适当运动，防止滑倒；牛舍清洁干燥，有垫料或厚的新沙土，最好单栏饲养；分群饲养，产前15天进入产房，产前3天进入分娩间；干奶期的膘情应控制在3.5分左右。

四、奶牛信息化管理技术

目前，奶牛信息管理系统在国内外奶牛养殖业中已经得到一定程度的应用，特别是在规模化牧场大量应用，取得了较好的效果，为牧场管理者提高管理水平、实行规范化操作发挥了重要作用。国外目前在奶牛生产中已有很多成熟的计算机产品，并在世界范围内广泛使用，其中应用广泛的有：德国WestFalia公司开发的奶牛群及挤奶间计算机管理系统Dairyplan21系统，以色列KibbutzA1ikim公司研制的A1iFarm系统，英国FullFood公司开发的自动牛群管理系统Crystal系统，Delaval公司开发的Alpro牛群自动管理系统，新西兰MASSEY大学临床兽医学院研制的DairyMAN管理系统。国内奶牛自动化信息系统的研究和应用起步较晚，关键技术大多引自国外。随着近年来奶牛规模化养殖的发展，智能化信息管理的需求越来越大，我国奶牛信息化管理系统的研究水平进步很快，智能化设备生产能力和应用能力显著提升。特别是国内自主研发的“奶牛多牧场云计算管理系统”，在数据智能分析和控制等方面达到了世界领先水平，在软件个性化定制、可操作性、整合性、服务的持续和稳健方面做出了自己的特色。

（一）牛群基本信息管理

牛群信息管理的主要内容有：牛只基本信息登记、系谱档案登记、生长测定登记、体形评定（线性评定）、体况评分、牛群结构、牛群周转、犊牛分析、疾病信息等。通过这些信息的记录和分析，利用智能化管理软件可以形成完整的动态牛只档案库和牛群结构分析。

（二）奶牛个体信息及电子识别管理系统

利用计算机专用软件将奶牛编号、品种、来源等系谱档案资料和繁殖信息、疾病信息、防疫信息等录入计算机智能化系统进行汇总，建立一套完整的电子档案，应用电子耳标、电子感应项圈及自动识别系统，实时监控奶牛群体活动状态，及时、准确采集奶牛个体各类生产数据，实现奶牛个体的自动识别，信息的自动采集，提高识别效率和准确度。

（三）繁殖管理

繁殖信息主要包括：发情配种登记、妊娠检查登记、干奶登记、产犊登记、流产登记、配种计划、空怀牛汇总等，通过以上信息可以实现奶牛繁育周期规律和生产流程的自动控制与评定。

（四）发情监测系统

奶牛发情监测系统有2种模式，一种是由电子项圈识别门和电脑终端组成，牛只每次通过识别门时，识别门上的感应器将牛号及电子识别项圈上记录的活动量等信息自动传输到电脑终端数据库。另一种是由固定在牛腿上的计步器和固定在挤奶位上的感应器、传输系统组成，每次挤奶时计步器与感应器自动发生感应，从而实现牛号的自动识别。同时，计步器上记录的牛的活动量信息自动传输到电脑数据库。

系统通过对奶牛日常活动规律，如走动、爬跨、躺卧、站立等行为数据分析，建立奶牛活动量与发情关系的预测模型。同时，结合奶牛发情期间基础体温变化规律，准确判断发情时期，确定最佳受孕时机。通过监测已受精牛体温变化规律，建立妊娠牛自动检测系统。建立发情牛和妊娠牛自动分群系统，使发情监测不依赖人工观察，提高妊娠率和繁殖率。

（五）产奶管理

1. 个体日产奶记录

按个体记录当班当次产奶数量。

2. 奶牛月生产记录

如果从技术上按个体分班次记录每头奶牛每次挤奶的数量有难度，则可以按每头每日或者每个牛舍每天的产奶情况进行数据记录。

3. 鲜奶质量检测记录

对于参与 DH1 测定的奶牛，需要记录原奶品质检测的原始数据；管理系统数字化表达不同等级的鲜奶质量标准，作为判断原奶质量等级的依据。

4. 报表记录

通过报表工具统计处理、报表输出按个体处理的日、月或指定时间内的产奶量，牛群产奶明细报表；通过报表工具统计处理、报表输出按牛舍处理的日、月产奶数据；牛群胎次产量分布，以胎次为分类依据，统计不同胎次处在不同产奶水平（按 305 天）计算的产量分布。

5. 牛群生产图表分析

动态统计一段时间内牛群产奶量的变化、成年母牛头天数、成年母牛日均产、泌乳牛头天数、泌乳牛日均产等重要的生产性能指标并进行图形化输出，使管理者对生产情况一目了然。

（六）饲养管理

饲养管理信息主要包括：饲草、饲料数量质量报告，营养需要，配方制作，配方优化，日粮分析，原料合成，配方输出，饲喂方式等。全面的饲养管理信息为实施精细化饲养管理提供了技术保证。现代规模化牛场运用红外探测、RFID、电子称重等技术实时监测奶牛采食量、饮水量状况，根据不同阶段、不同生理期奶牛营养需求，全混合日粮饲喂车定量饲喂，精饲料补饲机精确补饲，使奶牛营养更均衡、更精细，实现了对奶牛的精准饲喂。在 TMR 饲喂技术的基础上，将适量精饲料补充到奶牛全价日粮（基础料）上，使补充日粮连同全价日粮（基础料）得到同时采食。

全价日粮（基础料）按照牛舍中TMR饲喂的最低配比进行配制，稳定奶牛瘤胃pH值，增加日粮适口性；补充的精饲料量依据奶牛个体的体重、泌乳期、产奶量、最大产奶量、体况、胎次等生理信息进行计算得出。该技术可以不将奶牛进行分群，避免了频繁分群带来的应激和产奶量的波动，同时实现了按照奶牛个体进行按需饲喂，充分发挥奶牛个体的产奶潜能，进一步提高奶牛产奶量。

（七）卫生保健管理

卫生保健管理内容包括：疾病登记、检疫登记、免疫登记、免疫计划管理、乳房保健登记、修蹄护蹄登记、消毒登记、疾病分析、检疫分析、免疫分析、综合登记等。

（八）奶牛专家信息系统

奶牛专家信息系统主要内容有：牧场生产报告（牛群变动、产奶日报、产奶月报、牛群周转月报）、牛群周转分析（月报、年报）、牛群饲喂成本分析（月报、年报）、产奶综合分析（牛群产奶计划、生产和销售分析），为牧场管理提供决策支持。

（九）奶牛牧场云计算管理系统

随着云计算、互联网技术的不断发展，建立信息化的奶业技术服务、科技创新、成果转化的系统，打造全方位综合服务平台，提高奶牛场的生产效率，提升管理质量，这些都对信息化的运用提出了更高的要求。建立云计算数据中心，这不仅有利于数据统计和行业监管，而且可以便捷地开展营养研究、联合育种等一些专业领域的数据开发利用。

奶牛牧场云计算管理系统为现代奶业发展提供了一个信息化平台，促进了奶业产业水平的大提升：一是通过物联网实现牧场内部数据精确、全面、即时地采集与预警，并与各种硬件进行数据传输，为操作人员提供及时准确的信息支撑；二是通过云计算进行多牧场深层次数据挖掘分析，并根据不同管理需要生成报表、预警及智能分析结果，为管理者快速决策做参考；三是通过各类型移动客户端的应用，实现智能化生产现场管理与随时随地获取数据。

五、机械化挤奶技术

（一）机械化挤奶的原理

机械化挤奶是利用抽真空的原理，使乳头内的压力高于乳头外的压力，迫使乳汁流向低压区。挤奶设备一般由真空泵（含电动机）、真空罐及真空调节阀、真空管道和挤奶系统等组成，每一个挤奶系统又由集奶桶、集乳器、脉动器、金属和橡皮导管（其中，一条为真空管，另一条为输乳管）、乳杯组成。机械化挤奶一般都与直冷式贮奶罐组合使用，以便通过冷排直接把刚挤出的牛奶快速冷却到 4℃ 以下，充分保证牛奶质量和生产的全封闭状态。

奶牛场规模不同，机械化挤奶设备也不同。机械化挤奶分为桶式和管道式 2 种，主要形式有移动式挤奶装置（桶式）、定位挤奶和挤奶厅式，牛场可根据规模、资金、场地等条件选择适宜的设备，但目前国内普遍采用的是挤奶厅式挤奶。

（二）挤奶厅设备类型

1. 鱼骨式挤奶台

因挤奶台排列形状犹如鱼骨而得名，牛体与挤奶沟成 30°的夹角，这样可以使奶牛的乳房部位更接近挤奶员，观察奶牛乳房面积大，有利于挤奶操作，减少走动距离，提高劳动效率。一般情况下，每个挤奶周期（进牛、擦洗乳房、套杯开始挤奶、结束到下批牛进来）的时间为 8~10 分钟。一般适用于中等规模养殖场。

2. 并列式挤奶台

奶牛挤奶栏排列与牛舍的牛床类似，牛体与挤奶沟垂直，每头牛所占的挤奶坑道长度最小。悬挂式后护栏设计使牛的乳房离挤奶坑道很近，挤奶员视觉、操作无障碍，方便快捷，安全舒适，工作效率高。一般情况下，每个挤奶周期的时间为 5~8 分钟。

3. 转盘式挤奶台

利用可转动的环形挤奶台进行挤奶流水作业。奶牛可连续进入挤奶厅，挤奶员在入口处清洗、消毒乳房、套奶杯，不必来回走动，操作方便，每转一圈 5~8 分钟，转到出口处已挤完奶，工作效率高。在大规模奶牛场使用普遍。

（三）挤奶操作程序

1. 挤奶前的准备

挤奶前挤奶人员穿好工作服，准备好挤奶用品如奶桶、毛巾，并调好洗擦乳房水的温度，检查乳头消毒液、药浴液，备好治疗乳房炎的药物，检查挤奶管道是否完好清洁，奶罐状态是否正常，如刚收奶后，奶罐出口是开放的，需要及时清洗，挤奶前需检查并关闭出口阀门，将输送牛奶管道对准奶罐口。开动机器，并确定运转正常。

2. 规范的挤奶步骤

第一步，观察乳房。擦洗之前用眼睛快速扫视一下乳房，检查乳房是否正常，是否有红、肿、热、创伤等，如没有异常，当即进入第二步清洁乳房。

第二步，清洁乳房。清洁乳房用的温水，夏季控制在45~50℃，冬季控制在55℃。要做到一头牛一条毛巾。清洗的时候，把毛巾沾上热水，然后在乳区周围进行清洗，清洗完毕之后，再把毛巾拧干，对乳房进行按摩。

第三步，药浴乳头。药浴可减少乳头皮肤细菌数，降低50%的环境性乳房炎，降低新发生乳房炎的发病率，同时防止乳头表面的细菌污染牛奶。常用的药浴液有：0.5%~1%洗必泰溶液、3%次氯酸钠溶液、0.3%新洁尔灭溶液、0.2%过氧乙酸溶液、5%碘伏等。药浴液在乳头上停留的时间不应少于30秒，要求2/3乳头浸入药浴液，以保证消毒效果。

第四步，擦干乳头。防止药浴液污染牛奶，擦干最好选用一次性纸巾，也可选用干净的毛巾，以防乳房炎的交叉感染。

第五步，检查头把奶。挤奶前，每个乳区都要挤第一、第二把奶到专用检奶杯进行检查。牛奶呈乳白色匀质状态，说明乳房、牛奶正常，可马上挤奶。如发现牛奶出现絮状物或呈水样、带血等，说明牛奶异常，多是乳房炎的特征，要进行异常乳的处理。

第六步，开始挤奶。机械挤奶时开真空，套奶杯，挤奶开始。应在45秒钟内上好奶杯，使奶杯妥帖地套在乳头上，调准奶杯位置，使奶杯均匀分布在乳房底部，等下奶最慢乳区的牛奶挤完后，关闭集乳器的真空，马上移去奶杯。

第七步，药浴乳头。奶牛挤奶结束后，断真空，取奶杯，再次用专用药液消毒乳头，目的是防止细菌在两次挤奶间隙中对乳头造成侵害。

3. 场地卫生整理

当所有奶牛挤奶结束后，立即进入挤奶的第三个程序，即卫生整理工作。现代化的挤奶装置配套自动化清洗系统，操作时只需按要求启动开关，按时、按量投放清洗剂即可。中小型奶牛场挤奶厅地面、挤奶管道及其奶杯表面的清洗，最好使用高压水枪认真细致地冲刷。各种牛奶容器的清洗和消毒，于每次挤奶后进行，晾干后以备下次使用。

挤奶设备内部的日常清洗保养，包括预冲洗、碱洗或酸洗、清洗3个步骤。

第一步，预冲洗。挤完牛奶后，马上进行冲洗。预冲洗不用任何清洗剂，只用符合饮用水卫生标准的软性水冲洗。预冲洗水不能走循环，用水量以冲洗后水变清为止。预冲洗水温在 35~45℃之间最佳，水温太低会使牛奶中脂肪凝固，而太高会使蛋白质变性。

第二步，碱洗或酸洗。碱洗，主要用于洗掉牛奶乳脂残留；酸洗，主要用于洗掉牛奶中矿物质残留。生产中，设备清洗多采用碱洗、酸洗交替进行，以保证冲洗废液接近中性，这样可做肥料使用，而不致造成环境污染。碱洗时，开始温度 70℃以上，循环清洗 5~8 分钟，循环后水温不能低于 40℃；酸洗时，温度 35~45℃，循环清洗 5 分钟。在决定酸、碱洗液浓度时，要考虑水的 pH 值和水的硬度。

第三步，清洗。最后用符合饮用水标准的清水进行清洗，清洗循环时间 2~10 分钟，以清除可能残留的酸、碱液和微生物。

（四）挤奶的次数和间隔

奶牛分娩 5 天后即可用机器挤奶，每天的挤奶时间确定后，奶牛就建立了排乳的条件反射，因此必须严格遵守。挤奶的次数和间隔对奶牛的产奶量有较大影响，挤奶时间固定，挤奶间隔均等分配，都有利于获得最高产奶量。一般情况下，每天挤奶 2 次，最佳挤奶间隔是 12 小时±1 小时，间隔超过 13 小时会影响产奶量。高产奶牛每天可挤奶 3 次，最佳挤奶间隔是 8 小时±1 小时，一般每天挤奶 3 次产量可比挤奶 2 次提高 10%~20%。

（五）不能上机挤奶的奶牛

以下状态的奶牛禁止机器挤奶：分娩 5 天内的奶牛；分娩 5 天以上，但乳房水肿还没有消退的奶牛；病理状态的奶牛，如患有乳房炎，特别是传染性疾病的奶牛；抗生素治疗休药期内的奶牛；分泌异常乳（如含有血液、絮片、水样、体细胞计数超标）的奶牛。

第四节　奶牛生产综合配套技术

一、饲料与饲草质量控制技术

（一）饲料中不得随意添加法规许可外的添加物质

以谷物类为主的奶牛混合精饲料禁止使用动物源性饲料原料；蛋白质类、维生素类、矿物质类浓缩预混饲料严禁添加非法添加物，中草药添加也要严格控制。

1. 严把原料质量关

控制好生产精饲料的各种原料的质量，原料本身没有霉变，水分不高于 12%。

2. 干燥通风

贮存饲料的仓库要保持干燥，饲料下面最好安放 10 厘米以上的垫底，有条件的仓库垫底周围可放置一些生石灰等，上方及周围要有空隙，使空气能充分流通，仓库内还可安装排气风扇加强通风。

3. 密封贮存

将饲料用塑料袋密封贮存，利用微生物呼吸作用造成袋内缺氧，可以在一定程度上抑制霉菌的繁殖。

4. 定期检查仓库里的饲料

各种饲料与饲草都不宜贮存过久，特别是高热高湿地区更应加强周转，贮存较久的要定期检查含水量。

（二）通过添加防霉制剂防止饲料霉变

饲料用防霉剂能降低饲料中微生物的数量、控制微生物的代谢和生长、抑制霉菌毒素的产生，预防饲料贮存期营养成分的损失，防止饲料发霉变质并延长贮存时间。防霉剂主要成分包括季铵盐衍生物、卡松、表面活性剂、增效剂等。防霉剂有酚类（如苯酚）、氯酚类（如五氯酚）、有机汞盐（如油酸苯基汞）、有机铜盐（如 8-羟基喹啉铜）、有机锡盐（如氯化三乙或三丁基锡等）及无机盐硫酸铜、氯化汞、氟化钠等。

在秋冬等干燥和凉爽季节，饲料水分在 11%以下，一般不必使用防霉剂；而水分在 12%以上就应适量使用防霉剂，且饲料中水分较高以及高温高湿季节还应提高防霉剂的用量。

（三）草捆防霉技术

牧草刈割后不能直接打捆，要晾晒至适宜的水分含量时再打捆贮运。

对水分含量达标的草捆进行塑料膜密封贮运，既方便运输和贮存，又利于防霉保质，应广泛推广运用。对于较高水分的干草一般不宜打捆。必须打捆时，应采用一些技术措施如添加防霉剂等。苜蓿干草在较高水分（25%~28%）条件下打捆贮藏，添加 3%氧化钙和 0.4%陈皮的处理效果较佳，也可添加复合型天然防霉剂，如添加 1%氧化钙、0.3%陈皮、2%沸石粉。复合型天然防霉剂能够有效保存苜蓿干草的营养成分（干草捆的粗蛋白质含量达 17.09%，总可消化养分为 58.21%），防霉效果显著（霉菌数量为 5.74×10^3 个/克）。

（四）青贮饲料的防霉技术

青贮饲料的防霉主要是提高青贮饲料的质量，必要时加入防霉制剂。在制作青贮饲料时，注意以下要点。

一是适时收割秸秆，防止受霜冻。

二是秸秆水分不应太高，一般在60%~70%较好。

三是将秸秆切碎，长度在1~2厘米较好。

四是存放时充分压紧，每立方米存放700~800千克较好。

在取用青贮饲料后，最好尽快用塑料布将青贮饲料表面盖好压实。在制作青贮饲料时，添加丙酸、乙酸、山梨酸等添加剂，用于抑制二次发酵，抑制绝大多数霉菌的繁殖，但添加量不高于1%。

（五）饲料与饲草中污染物的控制

重金属污染在生鲜乳生产中日益受到重视，牛奶中的重金属污染主要是来源于饲草料中的汞、砷、铬、硝酸盐和亚硝酸盐的污染。世界上主要奶业发达国家对生鲜乳中重金属污染物的含量都有限制，我国对几种主要污染物的限量如表4-4所示。

表4-4　我国对无公害生鲜乳中污染物的限量规定

污染物	总汞	无机砷	铅	铬	硝酸盐	亚硝酸盐
单位（毫克/千克）	0.01	0.05	0.05	0.3	8.0	0.2

大部分生鲜奶中的污染物是通过采食饲料和饲草而来，而饲草、饲料中的污染物主要来源于土壤和农作物农药的残留、非法或超标使用各类添加剂。使用未受污染的饲草、饲料，按标准使用各类饲料添加剂，减少奶牛饲料添加剂特别是阿散酸、洛克沙胂等的使用，是降低生鲜奶中污染物的有效手段。

农药残留是生鲜乳污染的重要因素之一，农药残留指农药喷洒后留在作物表面及周围环境中的农药及有毒代谢物、降解转化产物和反应杂质的总称。牛奶中的农药残留是指植物、水和环境中农药残留在奶牛体内富集后向牛奶中转化的物质。全球各国对牛奶中农药残留限量有400多种，在400多种限量物中，杀虫剂和除草剂大约占总量的70%。所以，严格使用杀虫剂和除草剂是控制饲料特别是饲草中农药残留的重要措施。

二、饮用水质量控制技术

饮水是生鲜奶污染的又一重要环节。按照国家标准化奶牛养殖场建设标准，标准化奶牛场奶牛饮水质量应符合《无公害食品　畜禽饮用水水质》（NT 5027—2008）的要求，强制奶牛场奶牛饮水执行《生活饮用水卫生标准》（GB 5749—2006）的标准。

饮用水水质标准是为维持机体正常的生理功能，对饮用水中有害元素的限量、感官性状、细菌学指标以及制水过程中投加的物质含量等所做的规定。20世纪20年代美国首先提出饮用水标准，我国在1956年首次制定《饮用水水质标准》，后经多次修订，卫生委和国家标准化管理委员会2006年对原有标准再次进行修订，联合发布新的强制性国家《生活饮用水卫生标准》（GB 5749—2006），该标准规定自2012年7月1日起全面实施。

随着人们对生鲜奶质量要求的提高，奶牛场奶牛饮水采用《生活饮用水卫生标准》（GB 5749—2006）是大势所趋，也是保障生鲜奶质量的重要措施之一。

三、奶牛群体质量控制技术

（一）牛场综合管理

生鲜奶的质量受牛群健康状况、牛场环境卫生、工作人员健康状况等的影响。加强牛场综合管理，提高牛群整体健康水平，减少人畜交互感染，有利于提高生产水平，提高生鲜奶的质量。

第一，合理选择牛场建设地址、科学布局、合理安排牛位和建造牛床、提高饲喂水平，为牛群创造一个舒适的生活生产条件，提高奶牛福利，提高奶牛群体健康水平，增强抵御疾病的能力，既可以减少治疗疾病的药物残留，还可有效提高奶牛生产水平。

第二，提高饲养管理水平，降低各类代谢疾病的发生，降低奶牛乳房炎和隐性乳房炎的发病率，可使牛奶质量得到有效改善。

第三，加强牛场卫生综合治理，及时清除粪污，可减少场区空气中细菌及微生物的污染。加强牛场蚊、蝇、鼠的灭杀，能减少各种病菌的传播，减少病菌进入牛奶中。

第四，对牛场工作人员特别是挤奶操作人员和饲养人员，要定期进行体检，持有健康证的才能上岗。人员的体检除常规检查以外，还要专门检查布病和结核病。

第五，积极参与DHI，充分利用DHI测定的乳成分和体细胞数据加强牛场管理，监控牛奶质量，及时调整饲养管理技术措施。

（二）兽药残留控制

牛奶中的曾药残留是生鲜奶质量控制的又一重要环节。兽药残留指奶牛健康状况受到威胁后，使用兽药进行治疗，药物经泌乳进入鲜奶中的药物原型以及有毒的代谢物和药物杂质。

1. 生鲜乳中兽药残留的主要来源

不按规定使用兽药和饲料药物添加剂。

正常使用治疗用药（如治疗乳房炎使用抗生素）、疫苗注射（如口蹄疫）、驱虫用药（阿维菌素、伊维菌素）带来的生鲜奶药物残留。

没有严格遵守休药期规定。

非法使用违禁药物，如氯霉素、己烯雌酚、雌二醇、克伦特罗等。

兽药使用方法不当，如用药剂量、用药部位、给药途径错误；大剂量、作为饲料添加剂长期滥用等。

2. 药物残留控制的技术方案

按规定使用药物。

在药物的使用过程中禁止人药做兽医用药，在病牛治疗过程中不使用国家规定禁用药物。

对抗生素专柜存放登记管理，严格按规定用药。《农业部办公厅关于印发生鲜乳抗生素残留专项整治方案的通知》［农办医（2010）17 号］中的《奶牛常用抗生素产品清单》明确了各种抗生素的用法、用量和弃奶期，规定了主要抗生素清单的弃奶期为 3 日。弃奶期满后，还要对病牛生产的鲜奶进行药物残留检验，符合规定后方可用作为商品原料奶。

奶牛饲料中禁止使用含抗生素的添加剂。

（三）安全挤奶技术

安全挤奶技术就是控制挤奶过程中产生二次污染的规范性技术。全面推进机械化挤奶替代手工挤奶，是保障生鲜奶质量的重要环节。手工挤奶劳动强度高，操作技术难以规范，工作效率低下，清洁卫生难度大，是造成坏奶的直接原因之一。

我国目前使用的机械挤奶设备主要有 2 种类型，即移动式和固定式。移动式主要指手推挤奶车；固定式主要指有专用固定输奶管道、有固定挤奶牛位的设备（包括并列式、单列式、转盘式）。随着奶牛场向规模化、标准化发展，固定挤奶设备得到广泛运用。固定式挤奶主要有以下几个优点：一是工作效率高；二是便于清洁；三是便于牛场管理；四是封闭的牛奶流通环境，减少二次污染。使用机械挤奶主要有 2 个技术要领，一是设备的洁净，二是挤奶操作的规范。严格按照国家标准化奶牛场挤奶及设备管理与维护技术要点操作，控制挤奶过程中的二次污染。

1. 加强设施设备管理

奶牛场应有与奶牛存栏量相配套的挤奶机械；挤奶厅的布局应方便操作

和卫生管理；挤奶厅干净整洁无积粪，挤奶区、贮奶室墙面与地面做防水防滑处理；挤奶器内衬等橡胶件及时更新并做好记录，奶罐要保持经常性关闭；输奶管、计量罐、奶杯和其他管状物要保持清洁并加强维护。

2. 加强工作人员管理

建立完善的挤奶卫生操作制度，挤奶工人和管理人员的工作服保持干净，挤奶过程中挤奶工手和胳膊要保持干净。

3. 加强挤奶过程的管理

挤奶前后2次药浴，一头牛用一块毛巾（或一张纸巾）擦干乳房与乳头；将前三把奶挤到带有网状栅栏的容器中，观察牛奶的颜色和形态，对生产牛奶颜色和形态不合要求的奶牛、生产非正常生鲜奶（包括初乳、含抗生素乳等）的奶牛要下架单独挤奶并设单独贮奶容器。

4. 加强挤奶记录工作

按检修规程及时检修挤奶设备，检修情况要记录。

（四）生鲜奶质量管理技术

1. 严禁在鲜奶中非法使用添加物

在牛奶中使用添加物，主要目的是增加牛奶重量、提高蛋白质，或者是为了牛奶保鲜，如水、三聚氰胺等；保鲜如甲醛、过氧化氢、硫氰酸钠、纳他霉素、苯甲酸盐、二氧化氯等。

在生鲜奶中人为添加其他物质，严重影响质量安全，这种做法是严重违反国家相关法律法规的行为，要坚决取缔。根据国家对生鲜奶的相关规定，为控制生鲜奶质量，严禁在其中添加任何物质（包括水）。

2. 存贮与运输的污染控制

加强牛奶的存贮与运输管理，防止牛奶遭受二次污染是生鲜奶质量控制的又一重要环节。做好输奶管、贮奶桶、贮奶罐、运输罐的清洗，保持设施设备的洁净是存储与运输环节污染控制的关键。

通过移动式小型机械设备挤奶，要确保设备的洁净，在每次挤奶前和挤奶后都要彻底清洗，奶桶灌装到一定高度后要及时转运到贮奶罐，不在贮奶桶中长时间保存。

贮奶桶与贮奶罐都必须采用不锈钢材质，不得用塑料及其他材料。

固定式挤奶台旁边应设有机房、牛奶制冷间、热水供应系统等；输奶管存放要保持良好，无存水、洁净无污染。

贮奶室安装有贮奶罐和冷却设备，挤出的奶2小时内要冷却到4℃以下但不结冰，便于保存与运输。

贮奶罐应适当倾斜安放，保证输奶时罐内不留残奶，每次输奶完成都应及时清洗。

生鲜奶的运输要使用保温奶罐车或带制冷系统的专用冷藏运输车，运输车要经过严格的清洗消毒，运输车使用封闭的不锈钢运输罐，不得使用塑料或其他材质的运输罐装奶。夏季运输一般选择在早晚或夜间进行。

输奶管、贮奶桶、贮奶罐、运输罐必须经过多次清洗，先用清洗液清洗不低于 2 遍，然后换用热水彻底洗净，使用的热水要符合国家《生活饮用水卫生标准》要求。

四、DHI 应用技术

随着我国奶牛养殖规模化、科学化水平的不断提高，数字化、智能化管理是现代奶业发展的必然趋势。奶牛 DH1 技术的推广应用，可以帮助管理者获得系统准确的牛群信息，通过对信息的分析反馈，为奶牛场加强精细管理、遗传育种和后裔测定等工作提供科学依据。

（一）奶牛 DHI 测定的基本要求

DHI 测定的对象是泌乳牛产后 6 天至干奶期的全过程。参测牛场应积极配合开展工作，首先应提供准确的牛只信息，其次每月要把登记的泌乳牛奶采样送到测定站。

1. 奶牛场的选择

参加测定的牛场应严格选择，一般应具备下列条件。

有参测的积极性，能及时配合开展牛群调查和测定工作；一般要求奶牛场具备 200 头以上的生产规模；应采用挤奶厅机械挤奶，并安装有流量计，或带搅拌和计量功能的采样装置；应具备完好的牛只标识、系谱和繁殖记录，记录有牛只的出生日期、父号、母号、外祖父号、外祖母号、近期分娩日期和留犊情况（若留养的还需填写犊牛号、性别、出生重）等信息。

2. 基础数据收集

新参加测定的牛场，应整理参测奶牛的以下资料：

牛号、出生日期、父母号、本胎产犊日期、胎次、本胎次与配公牛号、留犊牛号（母犊）。基础数据应在第一次采样测定前，报送测定中心。

已进入 DHI 体系的牛场，应收集每月采样日的个体产奶量报表、采样单、牛群变化明细（包括头胎牛明细、经产牛明细、干奶牛明细、淘汰牛明细）。牛群信息需在测定前随样品同时送达测定中心。

3. 现场数据和样品采集

参测奶牛为产后 6 天至干奶前 6 天这一阶段的泌乳牛，每头泌乳牛每个月应测定 1 次，2 次测定的间隔时间为 30 天±3 天，对每头泌乳牛大约测定 10 次，因为奶牛基本上 1 年产 1 胎，连续泌乳 10 个月，最后 2 个月是干奶期。

（1）现场数据采集

采样日产奶量：根据流量计的读数，记录牛号和参测牛采样当天的产奶量。计量前应检查计量计进、出奶口的位置，倾斜度保持在±5°以内。

（2）奶样采集

每次测定需要对所有泌乳牛逐头取奶样，每头牛的采样量为 40 毫升，1 天 3 次挤奶。

一般按 4∶3∶3（早∶中∶晚）比例取样，2 次挤奶按早∶晚=6∶4 的比例取样。

（3）样品保存与运输

为防止奶样腐败变质，在每份样品中需加入专用防腐剂。在 15℃的条件下奶样保存 4 天，2~7℃冷藏条件下可保存 1 周。采样结束后，样品应尽快安全送达测定实验室，运输途中需尽量保持低温，不能过度摇晃。

（二）测定与报告

奶牛 DHI 测定的主要指标包括产奶量、乳脂率、乳蛋白率、体细胞数、乳糖率等，通过对上述指标及相关信息进行系统分析，就可形成一份详细的 DHI 测定报告。

1. 奶样接收

DHI 测定实验室在接受样品时，应检查采样单和各类资料表格是否齐全、样品有无损坏、采样单编号与样品是否一致。如有关资料不全、样品腐坏、打翻现象超过 10%的，DHI 测定实验室应通知牛场重新采样。

2. 测定内容

主要测定日产奶量、乳脂肪、乳蛋白质、乳糖、全乳固体、体细胞数和尿素氮。

3. 测定原理

实验室依据红外原理作乳成分分析（乳脂率、乳蛋白率及乳中尿素氮等）；体细胞数是将奶样细胞核染色后，通过电子自动计数器测定得到结果。

4. 测定设备

实验室应配备乳成分测试仪、体细胞计数仪、恒温水浴箱、冷藏室（保鲜柜）、流量计、采样瓶、样品架及奶样运输车等仪器设备。

5. DHI 分析报告

数据处理中心，根据奶样测定的结果及牛场提供的相关信息，制作奶牛

DHI 分析报告，并及时将报告反馈给牛场。从采样到测定报告反馈，整个过程需 3~7 天。

（三）测定结果的反馈

DHI 反馈内容主要包括分析报告、问题诊断和技术指导等方面。在报告中根据奶牛的生理特点和生物模型进行统计分析，可得到 20 多个信息指标，通过这些指标，可以帮助管理者准确掌握牛群当前的生产状况，了解牛场的管理水平，提供解决问题的具体措施。

1. DHI 报告的主要指标

DHI 报告是信息反馈的主要形式，奶牛饲养管理人员可以根据这些报告全面了解牛群的饲养管理状况。报告是对牛场饲养管理状况的量化，是科学管理的依据，这是管理者凭借经验无法得到的。根据报告量化的各种信息，管理者能够对牛群的实际情况做出客观、准确、科学的判断，发现问题，及时改进，提高效益。

目前，由中国奶牛数据分析软件可出具的报告有 30 种，牛场可根据需求选择不同报告。

2. DHI 报告解读

测定报告关键是从中发现问题，并能够快速、准确、高效地解决问题。数据分析人员可以根据测定报告所显示的信息，与正常范围数据进行比较分析，找出问题，针对牛场实际情况，做出相应的问题诊断。问题诊断是以文字形式反馈给牛场，管理者依据报告，不仅能以数字的形式直观地了解牛场的现状，还可以结合问题诊断提出解决实际问题的建议。

（1）泌乳天数的应用

校正产奶量：校正产奶量是将测定日产奶量按泌乳天数及乳脂率校正的数值，用于比较不同生理阶段牛群及个体之间产奶量高低的指标。牛只在泌乳高峰期及泌乳后期产奶量差距很大，即在不同的泌乳阶段，产奶量也不同。所以，校正奶量使处在不同泌乳阶段及不同乳脂率的泌乳牛，在同一标准下进行比较。

平均泌乳天数：如果牛群为全年均衡产犊，那么牛群平均的泌乳天数应该处于 150~170 天，这一指标可显示牛群繁殖性能及产犊间隔。牛场管理者可以根据该项指标来检测牛群繁殖状况，而后再查找影响繁殖的因素。如果测定报告获得的数据高于正常的平均泌乳天数，就表明牛群的繁殖状况存在问题，导致产犊间隔延长，将会影响下一胎次的正常泌乳。

依据测定报告分析泌乳天数、日产奶量、校正产奶量及繁殖状况，有利于制订繁殖配种计划。若近期内分娩的牛数比正常多，泌乳天数应该下降，牛群整体日产奶量、月产奶量水平应该上升；反之，日产奶量、月产奶量水平将会下降。

（2）乳脂率、乳蛋白率的应用

乳脂率（F%）和乳蛋白率（P%）是衡量牛奶质量和价格的两个重要指标，主要是受奶牛遗传和饲养管理两方面因素的影响，奶牛场可从饲料营养、选种选育两方面加以改变。乳脂率和乳蛋白率能反映奶牛营养状况，乳脂率低可能是瘤胃功能不佳，代谢紊乱，饲料组成或饲料大小、长短等有问题。

乳脂率和乳蛋白率之间的关系：乳蛋白比是指荷斯坦牛乳脂率与乳蛋白率的比值，正常情况下应为 1.12~1.30。这数据可用于检查个体牛只、不同饲喂组别和不同泌乳阶段牛只的状况。高产牛的脂蛋白比偏小，特别是处于泌乳 30~60 天的牛只，其原因可能是：干奶牛日粮差，产犊时膘情差，泌乳早期碳水化合物缺乏，饲料蛋白质含量低等。例如，3%的乳脂和 2.9%的蛋白比值仅为 1.03。高脂低蛋白会引起比值过高，可能是日粮中添加了脂肪，或日粮中蛋白和非降解蛋白不足。而低比值则相反，可能是日粮中含有太多的谷物精饲料，或者日粮中缺乏有效纤维素。

脂蛋白差：奶牛泌乳早期的乳脂率如果特别高，就意味着奶牛在快速利用体脂，则应检查奶牛是否发生酮病。如果是泌乳中后期，大部分的牛只乳脂率与乳蛋白率之差小于 0.4%，则可能发生了慢性瘤胃酸中毒。

解读 DHI 报告乳脂率、乳蛋白率的常用基准：乳脂率较低牛只的特征：牛只体重增加；过量采食精饲料；乳脂率测定值小于 2.8%；乳蛋白率高于乳脂率。

牛群中多数牛只乳脂率过低，主要原因是牛瘤胃功能异常，可采取的减缓措施如下：减少精饲料喂量，精饲料不要太细，增加饲喂次数；避免在泌乳早期喂饲太多的精饲料，精、粗饲料比例（42∶58），先饲喂 0.5~1 小时长度适中的优质干草，后饲喂精饲料；提高粗纤维水平，改变粗饲料的长短或大小，避免饲喂不正常的青草；日粮中添加缓冲液，补充蛋白质的缺乏，取消日粮中多余的油脂。

乳蛋白率过低可采取以下措施：避免过多使用脂肪或油类等能量饲喂；增加非降解蛋白质的供给，保证氨基酸摄入平衡。减少热应激，增加通风量；增加干物质饲喂量。

选种选育：目前，我国原料奶收购对乳脂率的要求有些差别，乳脂率也越来越显得重要。根据测定报告显示，牛只的乳脂率和乳蛋白率，可用于选择生产理想型乳脂率和乳蛋白率的奶牛。

牛奶会因乳蛋白率（P%）和乳脂率（F%）的不同而收益不一样。如果没有测定报告提供每头牛的信息，就无法知道哪些牛的贡献率高，哪些牛的效益低。有了测定报告就能很容易地发现牛场潜在的问题，并及时采取有效措施加以解决。

（3）体细胞数的应用

牛奶中的体细胞通常由巨噬细胞、淋巴细胞和多形核嗜中性粒细胞（PMN）等组成。正常情况下，牛奶中的体细胞数一般在20万~30万个/毫升，第一胎次奶牛的理想体细胞数在15万个/毫升以内，第二胎次奶牛的理想体细胞数在25万个/毫升以内，第三胎次奶牛的理想体细胞数在30万个/毫升以内。正常情况下，体细胞数在泌乳早期较低，而后渐上升。体细胞数与奶损失的关系如表4-5所示。影响体细胞数变化的主要因素有：病原微生物对乳腺组织的感染、应激、环境、气候、泌乳天数、遗传、胎次等，其中致病菌影响最大，也就是乳房炎。

乳房炎的控制：体细胞数能够反映牛奶产量、质量以及牛只的健康状况，也是奶牛场监测奶牛乳房健康状况的重要标志性指标之一。当乳房受到外伤或者发生疾病（如乳房炎等）时体细胞数就会迅速增加。监测牛奶中体细胞数的变化有助于及早发现乳房损伤或感染，预防、治疗乳房炎；及早治疗还可降低治疗费用，降低奶损失，减少牛只的淘汰。

表4-5 体细胞数与奶损失的关系

体细胞分	体细胞数 ×1 000	体细胞数中间值 ×1 000	第一胎奶损失 （千克）	第二胎奶损失 （千克）
1	18~34	25	0	0
2	35~68	50	0	0
3	69~136	100	90	180
4	137~273	200	180	360
5	274~546	400	270	540
6	547~1 092	800	360	720
7	1 093~2 185	1 600	450	900
8	2 186~4 271	3 200	540	1 080
9	>4 271	6 400	630	1 260

监测牛奶体细胞数，是判断乳房炎的有力手段，特别是能预示隐性乳房炎。奶牛一旦患有乳房炎，奶产量、质量都会有相应的变化。患乳房炎的奶牛其乳腺组织的泌乳能力下降，达不到遗传潜力的产奶峰值，并对干奶牛的治疗花费较大。如果能有效地控制乳房炎，就可达到高的产奶峰值，获得巨大的经济回报。通过阅读 DHI 测定报告，总结月度、季度、年度的体细胞数，分析变化趋势和牛场管理措施，制订乳房炎防治计划，降低体细胞数，最终达到提高产奶量的目的。

常用分析及解决办法：泌乳早期体细胞数偏高，预示干奶牛治疗、临产及产后环境等存在问题，改善后则体细胞数就会相应下降；泌乳中期体细胞数高，可能是乳头药浴无效、挤奶设备不配套、环境肮脏、饲喂时间不等等原因所致，这时应进行隐性乳房炎检测（CMT），以便及早治疗和预防：对于泌乳后期体细胞数高、胎龄大的牛只，则应及早利用干奶药物进行治疗。

采取措施后各胎次牛只的体细胞数如果都在下降，则说明治疗是正确的。如连续 2 次体细胞数都持续很高，说明奶牛有可能是患了隐性乳房炎(如葡萄球菌或链球菌等感染)；若因挤奶方法不当，导致隐性乳房炎相互传染，一般治愈时间较长；体细胞数忽高忽低，则多为环境性乳房炎，一般与牛舍、牛只体躯及挤奶员卫生问题有关，这种情况治愈时间较短，且容易治愈。

（4）尿素氮（MUN）应用

牛奶尿素氮的平均值大多数在 10~18 毫克/分升，在养牛成本中饲料约占 60%，而蛋白质饲料是饲料中最贵的一种。测定牛奶尿素氮能反映奶牛瘤胃中蛋白质代谢的有效性，根据尿素氮的高低改进饲料配方能提高饲料蛋白质利用效率，降低饲养成本。

牛奶尿素氮过高与繁殖率低下有很大的关系。据报道，夏季产犊母牛在产后第一次配种前 30 天的尿素氮大于 16 毫克/分升时，其不孕率是冬季产犊且尿素氮值低的母牛的 10 倍以上。

（5）高峰奶量、产奶高峰日的应用

高峰产奶量是指个体牛只在某一胎次中最高的日产奶量，高峰日是指产后泌乳量最高的泌乳天数。高峰日到来的早晚和高峰日产奶量的高低，都直接影响到本胎次的产奶量。

据统计，高峰奶量每提高 1 千克，胎次总产奶量就会提高 200~500 千克。正常情况下，高峰产奶量较高的牛只，305 天奶量也高。一般在产后 4~6 周达到产奶高峰，若每月测定 1 次，其峰值日应出现在第二个测定日，即应低于平均值70天；若大于70天，表明有潜在的奶损失。若提前到达高峰期，但持续性差，则是泌乳期营养水平差的提示信号，表明尽管这头牛有良好的体况膘情，但由于营养不足使其难以维持。

（6）泌乳持续力的应用

根据个体牛只测定日产奶量与前次测定日产奶量，可计算个体牛只的泌乳持续力，用于比较个体牛只的生产持续能力。泌乳持续力（%）= 测定日产奶量/上一次测定日产奶量×100。

泌乳持续能力随着胎次和泌乳阶段而变化，一般头胎牛产奶量下降的幅度比二胎以上的要小。影响泌乳持续力的两大因素是遗传和营养，泌乳持续力高，可能预示着前期的生产性能表现不充分，应补足前期的营养不良。泌乳持续力低，表明目前饲养配方可能没有满足奶牛产奶需要，或者乳房受感染、挤奶程序和挤奶设备等其他方面存在问题。

（7）测定日产奶量的应用

测定日产奶量，是精确衡量每头牛产奶能力的指标。通过计量每头牛的产奶量，区分高产牛与低产牛，进行分群饲养，即按照产奶量的高低给予不同的营养需要。这样不仅可以避免因饲养水平高于产奶需要而造成的浪费和可能导致的疾病，也可避免因饲养水平低于产奶需要而造成的低产，从而给牛场带来更大的经济效益。

测定日产奶量主要应用在以下几方面：反映牛只当月产奶量高低，可评价上一阶段的管理水平；按照产奶水平，结合胎次、泌乳阶段、膘情等进行分群合理管理，为配合经济日粮提供依据。测定日平均产奶量及产奶头数可用于衡量牛场盈利水平，可将305天预计产奶量与实际产奶量综合分析，用于本月及长期的预算。

（8）前次个体产奶量的应用

通过比较本月和上月产奶量的变化情况，可以检验饲养管理是否得到改进，饲料配方是否合理。如果管理有改进、配方合理，本月产奶量就会比上月产奶量增加，否则就会下降；若两次的产奶量波动较大，可从以下几方面查找原因：饲料配方过渡时，是否给予牛只足够的适应时间（应为1~2周），这可能会发生在干奶配方到产奶配方过渡或变更牛群的过程中。母牛产犊时膘情是否过肥，如果牛只过肥产后食欲时好时坏，会造成产奶量剧烈波动。是否长期饲喂高精饲料日粮，若长期饲喂会造成酸中毒及蹄病，产奶量会受到影响。是否有充足的槽位，如果槽位不充足，牛只之间相互争抢槽位，也会影响产奶量。

（9）泌乳曲线的应用

平均泌乳曲线的特点：高产奶牛的产奶峰值也高；一般奶牛的高峰出现在第二次采样时；产奶高峰过后，所有牛只的产奶量逐渐下降；产奶量下降平均0.07千克/天，每月下降6%~8%。头胎牛的持久力要好于经产牛。持久力（%）=（前次产奶量-本次产奶量）/前次产奶量×100×（30/两次测定间隔时间）-100。

（10）牛群遗传改良的应用

DHI测定数据是进行种公牛个体遗传评定的重要依据，只有准确可靠的性能记录才能保证不断选育出真正遗传素质高的优秀种公牛用于牛群遗传改良。对于奶牛场而言，可以根据奶牛个体（或群体）各经济性状的表现，本着保留优点、改进缺陷的原则，选择配种公牛，做好选配工作，从而提高育种工作的成效。例如，根据奶牛个体产奶量、乳脂率、乳蛋白率的高低，选用不同的种公牛进行配种。对那些乳脂率、乳蛋白率高，但产奶量低的母牛，可选用产奶性能好的种公牛配种，即乳脂率低的，可选用乳脂率高的种公牛；乳蛋白低的，选用乳蛋白高的种公牛等。如果不参照DH1测定准确而全面的生产性能记录，就不可能实现针对个体牛进行的科学选种选配。通过对个体牛的选种选配，能提高后代的质量，不断提高整个牛群的遗传水平。

3. 信息反馈

一般情况下，因为受到时间、空间以及技术力量的限制，即使测定报告反映了相关问题的解决方案，但牛场还是无法将改善措施落到实处。根据这种情况，WII测定中心要指定相关专家或专业技术人员，到牛场做技术指导。通过与管理人员交流，结合实地考察情况及分析报告，给牛场提出切合实际的指导性建议。

第五节　奶牛精细化养殖技术

一、奶牛的饲料营养量化管理

我国奶牛饲养管理粗放造成的损失巨大，全国年生奶损失估计可达1 000万吨，提升奶牛养殖场区测料配方能力是解决这一问题的关键之一。该项技术方案针对不同的养殖群体，重点推广使用奶牛日粮配方软件，为饲料配方提供应用技术。

在设计日粮配方时，规模化养殖场应综合考虑不同泌乳阶段奶牛的能量及蛋白质平衡、矿物质和维生素需要量。根据饲料中性洗涤纤维（NDF）、酸性洗涤纤维（ADF）估算公式及饲料消化能估算公式，以及奶牛泌乳净能、小肠可消化蛋白质估算方法，利用奶牛日粮配方软件，在精确测定原料成分的基础上，科学制定奶牛的营养配比。

二、奶牛场的数字化管理

泌乳牛群个体间营养需要和健康情况等存在差异，个体精细饲养和育种工作都需要经过采集牛只信息并进行适时分析实现，在这项技术中，数字化养殖系统起到了关键作用。其主要原理是：在泌乳牛足部绑定计步器，在挤奶位处安装用于自动接受牛只信息的接收器，当牛只进行挤奶时，接收器通过辨别牛号可以自动采集泌乳牛的运动量、体重、产奶量、乳汁电导率等信息，这些信息经过系统软件的在线分析，及时给出各项乳成分指标和体细胞数等数据，通过对数据和曲线进行分析，给牛场管理者提供乳品质量、牛只健康指数、乳房炎辅助诊断、发情诊断和自动补料等判断依据。

三、营养素过瘤胃包被新材料

由于能被瘤胃微生物代谢，奶牛饲料中部分水溶性维生素、氨基酸等添加物需要进行包被处理，但包被产品在具有良好过瘤胃保护效果的同时，在小肠中又需要很容易地被释放出来，所以包被物的选择非常重要。该技术充分考虑了瘤胃液酸度较低而皱胃液酸度高的生理环境，对多种单一和复合包被材料进行了筛选处理，确定丙烯酸树脂 VI 号与乙基纤维素按照 1：2 比例混合为最优组合，包被蛋氨酸的瘤胃保护率为 73.3%~76.69%，过瘤胃包被蛋氨酸的瘤胃后释放率为 93.33%~95%。目前，营养素包被技术工艺成熟，利用芯材制粒技术生产的氨基酸、烟酸、生物素、胆碱等已进入工厂化批量生产。

四、牛群的饲养管理效果评价

奶牛的饲养管理技术主要是针对个体而不是群体，当前奶牛养殖场区技术管理人员主要依靠经验而不是量化指标进行牛群的技术管理，因此建立牛群饲养管理效果评价技术指标体系是生产的迫切需求。该项技术提出了泌乳牛群饲养管理效果评价关键点和评价方法，为技术管理人员提供了全面、系统的评价手段。

1. 日粮营养水平评价

日粮营养水平应当能够满足奶牛的营养需要（参照 NRC、中国奶牛饲养标准等），并且不至于饲养过丰，导致奶牛肥胖；选用的饲料原料适合各阶段奶牛的消化生理特点。除注意日粮的营养水平外，还应注意日粮的能蛋比和蛋白质的构成（表4-6）。

表4-6 泌乳期奶牛各类蛋白质的适宜含量

项目	泌乳初期	泌乳中期	泌乳后期
日粮粗蛋白质（%，以干物质计）	17~18	16~17	15~16
可溶性蛋白质占粗蛋白质（%）	30~34	32~36	32~38
降解蛋质占粗蛋白质（%）	62~66	62~66	62~66
非降解蛋白质占粗蛋白质（%）	34~38	34~38	34~38

2. 采食量评价

配制合理的日粮能够刺激奶牛的食欲，从而保证其每天的干物质进食量。一般成年奶牛干物质采食量占体重的3%~3.5%，干奶牛为2%，高产奶牛的干物质采食量要比中产、低产奶牛多40%。通过采食量调整日粮配合的具体做法是：用一些估测奶牛干物质采食量的公式，如我国奶牛饲养标准（2000）对奶牛的干物质采食量进行估算，如果实际值远低于估测值则说明日粮的适口性偏低或营养浓度过高；如果实际值远高于估测值，则表明日粮的营养浓度偏低或饲料利用率偏低，可通过调整精饲料配方或粗饲料质量或精、粗饲料比来加以改进。

对于泌乳牛，产后7~10天，干物质采食量下降幅度在30%以内；产后干物质采食量增加的速度为初产牛每周1.4~1.8千克，经产牛2.3~2.8千克，产后8~10周达到最大干物质采食量。最大干物质采食量约为体重的4%，剩余的饲料量不超过总量的5%~10%。

3. 生长状况评价

对于生长牛，应能适时达到目标体重，且体况在理想的范围内（体况评分3~3.5）。

4. 反刍情况

运动场上不采食的牛约有50%正在反刍；每天可以采食饲草、饲料的时间不少于20小时；饲喂设施充足，饮水充足。

5. 生理指标

牛奶尿素氮含量在14~18毫克/分升（每月检查1次）；临产前尿液pH在5~6.5；临产前血液游离脂肪酸（NEFA）小于0.4毫摩/升。

6. 生产性能

用配合合理的日粮饲喂，泌乳奶牛的泌乳曲线正常、乳成分正常，乳蛋白率与乳脂率之比为 0. 8~1。

7. 粪便情况

成年奶牛 1 天排粪 12~18 次，排粪量为 20~35 千克/天，通过对牛粪形态特征变化的评定可以发现奶牛日粮消化率及瘤胃发酵的改变；通过粪便硬度、气味和颜色来判定肠道内变化情况，从而评定日粮的合理性。

8. 奶牛的体况评分

体况评分即评定母牛的膘情。奶牛体况评分的主要依据是臀部和尾根脂肪的多少，除了对这两个部位重点观察外，还应从侧面观察背腰的皮下脂肪情况。评定时让牛只自然站立，观察并触摸尾根、臀部、背腰等部位，判定皮下脂肪的多寡，进行评分。奶牛的体况评分一般为 5 分制，牛的肥度随分数升高而升高。

经常评定母牛的体况对于及时发现牛群可能出现的健康问题很重要，尤其是高产牛群，更应定期进行体况评分。体况良好的牛不仅产奶量高，而且不容易患代谢病、乳房炎和其他疾病。体况较瘦的牛抗病力较差，过肥的牛容易发生难产、脂肪肝综合征甚至死亡。体况较肥的育成牛受胎率低，乳房发育迟缓，影响终身产奶量。

育成牛应至少在 6 月龄、配种前和产犊前 2 个月各评定 1 次。6 月龄体况评定的目的是避免牛只生长过快或过慢，两种情况均影响乳腺的发育；配种前体况评定是为了使育成牛在配种时处于良好的体况，以提高初配的受胎率；产前 2 个月的评定是为了减少难产和产后代谢病的发生。泌乳牛可在产犊后 1 个月内、泌乳中期和泌乳末期各评定 1 次。如要检验干奶期饲养管理的效果，还应在产犊时进行体况评定。

合理的日粮应该保证奶牛在各个时期都能达到相应的体况评分值。参照国外的 5 分制评分标准体系，奶牛各时期适宜的体况评分如表 4-7 所示。

表 4-7　奶牛各时期适宜的体况评分

牛别	评定时间	体况评分
成乳牛	产犊	3~3. 75
	泌乳高峰期（产后 21~40 天）	2. 5~3
	泌乳中期（90~120 天）	2. 5~3
	泌乳后期（干奶前 60~100 天）	3~3. 75

（续表）

牛别	评定时间	体况评分
	干奶时	3.5~3.75
后备牛	6月龄	2~3
	第一次配种	2~3
	产犊	3~4

注：各关键时期体况评分过高或过低，都会严重影响奶牛的泌乳或繁殖性能，从而影响经济效益

六、粪污处理及综合利用技术

（一）处理原则和措施

牛场的粪污既是严重的污染源，又是可利用资源，应当合理选择和设计适合当地条件的粪污处理工艺，达到变废为宝、避免污染的目标。

1. 减量化收集原则

实行干清粪工艺，采取雨污分离、干湿分离等技术措施，保证固体粪便和雨水不进废水处理设施，从而削减污染总量、减轻后续处理压力。

2. 无害化处理原则

收集和处理场所无渗漏、不溢流，处理过程污染小，处理后的粪便及污水达到国家环境保护行业标准《畜禽养殖业污染防治技术规范》（HJA81—2001）的要求，粪便可以再利用，出水可以达标排放或灌溉。

3. 资源化利用原则

把粪便转化为生物有机肥，用于农田、果园等作肥料，节省化肥投入。粪污经过厌氧发酵转化为沼气，尾水尽量用于农作物和经济作物的灌溉，变废为宝。

4. 可靠性和简便性原则

要求处理技术先进、工艺成熟、质量可靠，在设计中不断汲取先进技术和经验，合理处理人工操作和自动控制的关系，提高系统运行管理水平。

5. 综合效益原则

兼顾环境效益、社会效益、经济效益，将治理污染与资源开发有机结合起来，使牛场粪污治理工程产出大于投入，提高处理工程的综合效益。

（二）粪污排放量及消纳面积的计算

根据测定，1头体重为500~600千克的奶牛，每天的排粪量为30~50千克，尿量为15~25千克，污水量为15~20升。1个标准的千头奶牛场（全群

1 000 头，其中成母牛 600 头），每天的排粪量约为 30 吨，尿和污水量约 25 立方米。据此推算，每月的粪、尿污分别为 900 吨、750 立方米，全年的分别为 10 800 吨和 9 000 立方米。其他规模的奶牛场可按此比例，并参考饲养管理方式（如水冲式清扫、喷雾降温等），进行适当调整和推算。

消纳面积一般根据氮素进行计算，主要取决于 2 个因素。一是粪污含氮量，新鲜牛粪、尿的含氮量分别为 4.37 千克/吨、8 千克/吨，1 个标准的千头奶牛场每天的氮素排放量约为 247 千克，全年的排放量约为 90 吨。另一个因素是作物的养分（氮素）需要量，种植蔬菜和谷物一般每亩需氮素 10 千克，若每年只种 1 茬，则千头奶牛场需耕地 9 000 亩进行粪污消纳，种 2 茬则需要 4 500 亩耕地；种植果树一般每亩每年需氮素 20 千克，千头奶牛场需 4 500 亩果园进行配套。

（三）粪污的收集与预处理技术

粪污的收集要遵循减量化、无害化原则，采取干清粪工艺，对粪污分别收集、分别处理。

1. 粪污收集

粪便采取干清粪工艺，即将干粪由人工或机械进行清扫和收集，然后运送至存放或处理地点。干清粪的优点是可以最大限度地收集粪便，有利于后续的加工和处理，产生的污水量较少，且降低了污水中的固形物，大大减轻了污水的处理压力。

污水采用沟渠或管道自流，进入污水池进行后续处理。所有收集通道都要进行防渗处理，防止污染地下水，沟渠还需加盖，做到雨污分离，减轻后续处理量。

粪便和污水的存放及处理地点，需建造遮雨棚，避免雨水进入。堆粪场及污水池的体积根据饲养量和处理工艺（贮存期）确定，当贮存期为 1 个月时，存栏 1 000 头的奶牛场，需要堆粪场 900 立方米、污水池 750 立方米，其中污水池还需加上高度为 0.9 米的预留体积（暂不考虑降雨）。

2. 粪便脱水

有些后续处理工艺要求粪便的含水量不能过高，因此需要进行脱水处理。粪便的脱水方法有自然干燥和高温快速干燥 2 种，前者是将粪便置于晒场，摊薄晾晒进行脱水，适用于降水少、空气干燥、地广人稀的地方采用；后者是用干燥机进行人工干燥，此法虽简便快捷，但耗能高、气味污染大、肥效一般，除非后续产品附加值高，否则一般不主张采用。

3. 固液分离

(1) 自然沉降法

建造沉淀池，采用重力分离原理进行固液分离，适用于污水中固形物较少者。沉淀池最好为辐流式，主流池与分流池呈扇形分布，各池之间装隔栅，便于提高分离效果。定期对沉降池进行清污，即可将固体部分分离出来。此法的投资和运行成本都很低，适用于粪污量较少的小型养牛场。缺点是分离出的固形物含水量高，需要与其他方法组合使用。

(2) 斜板筛法

购买或自行设计制作斜板筛分离机，粪污在斜板筛上往下流时，污水可通过筛孔漏下，进入管道，实现分离。适合与自然沉降法配套使用，也可用于水冲式清粪工艺的固液分离。斜板筛分离机设备成本低，结构简单，维修方便，而且是采用粪污自流，不需电力，运行费用很低。其缺点是固体中的含水量较高，筛板网眼大时分离效率低，筛孔易堵塞，需经常清洗。

(3) 挤压法

购买挤压式分离机，通过压榨作用进行粪污分离。非常适用于降低粪便的含水率。此法具有自动化水平高、处理量大，操作简单、易维护，分离效果好等优点；缺点是成本较高，运行过程需要电机带动，运行成本高。

(四) 粪便的处理与综合利用技术

粪便的处理遵循无害化、资源化的原则，根据本地及自身条件，选择合适的处理方法。

1. 直接还田

将未发酵的牛粪，直接施入空置的农田，湿度合适时进行耕耙，粪便在土壤中进行发酵、自然熟化。此法简便易行，消纳量大，但应用时需注意以下事项：一是施肥后需尽快翻耕，避免污染，或采用专门的施肥机械，将较稀的粪便或混合粪污直接施入土层中：二是每亩地施用量不超过 5 吨：三是施肥 2 个月后方可栽培作物。

2. 堆肥

即堆积发酵，有好氧堆肥和厌氧堆肥 2 种工艺。最常用的是好氧堆肥，是将粪和辅料按一定比例进行混合，调节好含水量，通过堆积发酵制成有机肥，其操作工艺如下：

(1) 加辅料

在牛粪中加入秸秆粉、草粉、米糠、玉米芯粉、花生壳粉等辅料，添加量为 1 吨牛粪加辅料 150 千克左右。为了提高发酵效率，缩短处理时间，也可以添加一些生物发酵菌剂。

（2）调节含水量

发酵混合物的含水量以40%～65%为好。含水量高时，应在混合前对粪便进行脱水处理；含水量低时，通过加水调节（可以是需处理的污水）。

（3）堆积发酵

混合均匀的发酵物进行堆积，进入好氧发酵过程。采用条垛堆积的，将混合物料在地面上堆成长条形条垛，高度一般为1米，长度根据情况自由调节，每周翻一次垛（多为人工操作）。采用槽式堆积的，混合物料置于发酵长槽中，深度一般为1.5米，翻堆采用搅拌机操作，宽度根据搅拌机规格确定。槽式堆积处理量大，省人力，相应的投资、运行和维护成本较高，适用于规模较大的牛场采用。与前两种方式不同的是静态通气堆积法，即在发酵槽的底面预制数条凹槽，铺设带孔管道，堆肥以后利用正压风机，定期将新鲜空气通过管道送入料堆内部。静态通气堆肥法处理量较大（堆体高度2米）、占用面积小，风机不需要连续运行，运行费用较低，适合大多数奶牛场采用，需注意的是每次堆肥前要清理管槽，并使通气管道的孔面朝向侧下方，以免堵塞。静态通气堆肥法的缺点是必须一次加满料，全进全出；而条垛堆积和槽式翻堆可以分段式连续加料，发酵完成后随时出料，运行管理更为方便和灵活。

（4）发酵时间

堆肥发酵的时间与堆积方式、外界气温密切相关。条垛堆积，冬季发酵时间为90天左右，夏季为75天；槽式翻堆和静态通气发酵时间比条垛堆积少15天。当堆心温度保持在40℃以下，不再发生升温，物料呈褐色或黑褐色、略有氨臭味、质地疏松时，即表明发酵完成。

（5）堆肥过程中的防臭处理

有2种方法可以采用，一是通过翻堆和通风，增加供氧量，并适当降低堆温；二是在堆体表面均匀撒一层过磷酸钙，减少氨气的挥发。堆肥完成后，粪肥可以直接用于农田、果园、菜园等施肥，也可以添加适当的其他物料，造粒干燥，制成有机肥产品。

3. 制作有机肥

牛粪在堆肥完成后，根据辅料的种类和添加量，估计发酵粪肥的养分含量（必要时可专门测定），再对照目标产品的养分含量，添加适当的无机肥料（氮、磷、钾）和微量元素（硼、铁、锰、硅），还可以添加一些高蛋白质物料（如菜粕、豆粕等），造粒、干燥、包装，制成有机-无机复混肥或生物有机复合肥，可广泛应用于农田、果园、菜园等种植业。

4. 生物链转化法

将牛粪经过一定处理后，添加适当辅料，通过食用菌、蚯蚓等进行生物链转化，达到牛粪的资源化利用和多产业共同发展的目标。

（1）种植食用菌

以生产双孢菇为例。工艺流程为：按双孢菇生产技术要求，设计生产方案和管理方案，建设架式大棚；准备牛粪、秸秆，备料上料；购买专用菌种，接种，覆盖；适时采收；采取控温方式，全年工厂化栽培。

（2）养殖蚯蚓

牛粪也可以用来养殖蚯蚓，蚯蚓可以养鱼、养鸡。这种生物链转化法简便，投资少。也可以建造塑料大棚，虽然投资大，但保温效果好，蚯蚓产量高。

（五）污水的处理及综合利用技术

牛场污水的处理有好氧法（氧化塘、人工湿地、絮凝沉淀）、厌氧法（沼气转化）及厌氧好氧结合法 3 种。

1. 氧化塘

氧化塘治污依靠藻类和菌类的生长繁殖，好氧性细菌消耗污水中的有机质，产生氨气、磷酸、钾和二氧化碳等物质，藻类则利用这些物质进行生长，释放氧气，供好氧细菌利用，从而形成一套共生系统，持续不断地净化水体。

氧化塘的建造材料应是钢筋混凝土结构，防渗漏。因占地面积较大，一般不建造顶棚，但池壁应高于地平面，周围设引流渠，防止雨水径流进入处理池。根据不同的操作工艺，氧化塘又可分为自然塘和人工塘 2 种。

（1）自然氧化塘

自然氧化塘又称为稳定塘，水深一般为 0.5~1 米，总容积应达到每天污水量的 100~200 倍。在平均气温较高的地方，菌、藻生长繁殖快，容积可小些，反之容积应大一些。以千头奶牛场为例，若设计水深为 1 米，则需 4~7 亩的塘面面积。

自然氧化塘设施简单、投资小、处理工艺简便可靠、运行费用很小，缺点是废水在塘内停留时间长，占地面积较大，且北方地区冬季长，塘水结冰，影响氧化效率，处理期大大延长。此法适合小规模牛场及南方一些土地可利用面积较大的牛场。

（2）人工氧化塘

人工氧化塘的重要单元是曝气池，池底装配管道和微孔曝气头，通过正压风机把新鲜空气鼓入池水中，增加水中含氧量，改善好氧细菌的生存环境，提高其生长繁殖速度，从而加快污水处理进程。曝气池的深度为4~6米，容积为每天污水量的4~5倍。人工氧化塘工艺中，曝气池只是提高了氧化效率，并不能完全使污水达到排放标准，所以后续还需配套一定面积的自然氧化塘进行处理。根据曝气方式、污泥运转方式的不同，人工氧化塘又有氧化沟、活性污泥、生物转盘、序批式活性污泥等工艺。

人工氧化塘占地面积小、处理效率较高，但投资和运行成本大，工艺较复杂，需要专业设计和施工，运行管理的要求也较高。

2. 人工湿地

又称为水生生物塘，是人工建造的类似于沼泽的工程化湿地系统，人工控制其运行。污水在湿地中按照一定的方向流动，经过湿地中的土壤、植物、微生物的多重作用，达到净化目标。

人工湿地由多个单元池组成，靠前的池子用混凝土建造，底部做防渗处理，靠后的可以是土池，但须建水泥池埂。水深根据污水流动方式确定，平流式的水浅（0. 3~0. 5 米），水在表面流动；潜流式的水深（1. 2~1. 6 米），水在下方流动。单元池最好修建为长方形，面积为 800~1 000 平方米，长、宽比例（3~4）：1(如 60 米×15 米)。若形状不规则，应尽量减少水流死角。人工湿地的总面积和单元数取决于养殖规模和污水量，按平均 3 个月的处理期计算，污水容量应为日污水产生量的 90 倍。

在运行的初期，湿地的底部需填基料（由土、沙、砾石等混合组成），便于种植挺水植物，可以选择的挺水植物有芦苇、茭白、水葱、菖蒲、香蒲、灯芯草等。待进水后，还可移植浮水植物（凤眼莲、浮萍、睡莲等）和沉水植物（伊乐藻、茨藻、金鱼藻、黑藻等），以形成立体生态网，提高净化效率。水葫芦和水花生的净化效果也很好。水生物种的选择首先应考虑适应性，其次是经济性和美观性，做到治理污染、经济美观和生态防护一体化。水生植物应定期收割或打捞，用于造纸、编织或沤制绿肥等。

人工湿地也可与氧化塘结合应用，一般位于体系的最末端，氧化处理后的尾水经过水生植物塘的过滤，即可达标排放。经过人工湿地处理后的污水，可以达标排放，也可以用作圈舍冲洗、农田灌溉、养鱼等多种用途，是较理想的污水处理方式，适合多数地区采用。但北方地区在寒冷季节时，池水结冰，大大影响处理效果，而且单元池的进、出水管应设置阀门，底部设放空阀，管道加装防冻措施。

3. 絮凝沉淀

在一些对污水处理要求较高的地区，若经氧化塘和水生生物塘处理后的尾水仍达不到排放要求，就需要进行絮凝沉淀处理。其原理是在水中添加絮凝剂（如石灰、硫酸亚铁、碱式氯化铝、聚合三氯化铁、聚丙烯酰胺等），与水中未处理完全的物质发生凝集反应，形成沉淀物，达到净化目的。

絮凝沉淀处理体系由加料与混合搅拌池、混凝反应池、沉淀池等单元组成。配制好的絮凝剂，按比例投放到混合搅拌池中进行充分搅拌，然后进入混凝反应池，形成絮凝体。混凝反应池要求流速不高于 15 厘米/秒，时间不少于 30 分钟。混凝反应后进入沉淀池进行最后的沉淀。

絮凝沉淀法占地面积小，处理效率高，但投资较大，运行费用高，而且应与其他方法结合，在其他体系的下游采用，以节约絮凝剂成本，提高混凝反应效果。

4. 沼气转化法

沼气工程是近年来推广较为广泛的粪污处理方法，其利用厌氧发酵技术，将粪污中的有机质转化为可燃烧的沼气，达到处理目标。一个完整的沼气工程由预处理、沼气发酵、贮存净化和利用、后处理等 4 个单元组成。

沼气工程可以将粪污转化为便于利用的沼气，也可以发电，但是其投资较大，设计、施工、运行、管理和维护等过程都需要专业人员的参与，沼气的使用也需要专业人员的培训和指导。另外，沼气的产量受温度的影响很大，且与使用季节相矛盾，夏季产量高，但需求少，冬季采暖对沼气的需求大，产量却很低。发酵后大量的沼液和沼渣同样需要再次处理和利用。经过沼气发酵后的沼液，也可以按照好氧处理方法，经过自然塘、人工氧化塘或人工湿地进行无害化处理，安全排放。沼渣可以和粪便一起，进行脱水、好氧堆积发酵、生产有机肥等处理。

除饮水外，挤奶厅是奶牛场用水量最大的地方，主要是地坪冲洗、奶牛乳房清洗、挤奶设备（管道）及奶罐清洗。因粪污量小、用水量大，挤奶厅的冲洗水经过过滤和沉淀处理后，可以用于牛床冲洗，可以实现水资源的循环利用，比传统的水冲式清粪工艺节约用水。缺点是冲洗牛舍后的污水需要再次处理。

第六节　奶牛主要疾病防治技术

一、犊牛腹泻的防治技术

（一）病因

引起犊牛腹泻的原因，常分为非感染因素和感染因素两类。但在临床上很难将二者严格区分。

1. 非感染因素

(1) 营养因素

围产期母牛日粮营养不平衡，犊牛出生后体质较弱，且初乳质量较差。

犊牛出生后初乳饲喂不及时或饲喂量不足，致使犊牛获取母源抗体不足，免疫力降低。

一次性饲喂过多牛奶，造成犊牛消化不良。

代乳粉稀释不当。

(2) 环境因素

饲养环境差，母牛乳房不干净，造成母乳不卫生或饲喂隐性乳房炎的母乳。

潮湿、寒冷、卫生不洁，造成致病菌感染。

饲养密度过大。

(3) 应激因素

气温骤变，使犊牛突然遭受低温或热应激。

饲喂奶温或饲喂成分突然发生改变。

长途运输或饲养环境突然改变。

2. 感染因素

引起腹泻的病原体有很多种，只有通过实验室检测才能正确诊断，引起腹泻的主要病原体有以下几种。

细菌：大肠杆菌、沙门氏菌、产气荚膜梭菌、弯曲杆菌。

病毒：轮状病毒、冠状病毒、黏膜病毒。

真菌：霉菌及其分泌的毒素。

肠道寄生虫：球虫、隐孢子虫。

(二) 腹泻的预防

奶牛群体的健康状况、免疫水平以及牛舍卫生条件都影响着犊牛出生后的健康状况。

1. 产犊前母牛的饲喂

母牛的健康状况密切影响着犊牛的健康。妊娠母牛，特别是妊娠后期母牛饲养管理的好坏，不仅直接影响胎儿的生长发育，同时也直接影响初乳的质量及初乳中免疫球蛋白的含量。因此，对妊娠母牛要合理供应饲料。饲料配比要适当，给予足够的蛋白质、矿物质和维生素饲料，勿饥饿或过饱，确保母牛有良好的营养水平，使其产后能分泌充足的乳汁，满足新生犊牛的生理需要。母牛乳房要保持清洁。要保证干草喂量，严格控制精饲料喂量，防止母牛过肥和产后酮病的发生。

干奶期日粮能量和蛋白质不平衡，缺乏硒、矿物质和维生素，犊牛出生后体质弱，且初乳质量差，容易造成犊牛腹泻。

2. 产房卫生

犊牛出生后，母体和分娩环境都会成为犊牛发生腹泻的诱因。为了预防腹泻，产房要宽敞、通风、干燥、阳光充足，消毒工作应经常进行；产圈、运动场要及时清扫，定期消毒，特别是对母牛产犊过程中的排出物和产后母牛排出的污物要及时清除；牛舍地面每日用清水冲洗，每隔 7～10 天用碱水冲洗食槽和地面；凡进入产房的牛，每日刷拭躯体 1～2 次，用消毒药对母牛后躯进行喷洒消毒。犊牛栏也必须保持清洁卫生，同时在犊牛栏内放置干燥的垫料。每头母牛应拥有 8～12 平方米的空间，同时能看到周围的动物。隔离的分娩区域能保护母牛不受周围动物的感染，从而确保整个生产过程不受干扰。

产房消毒应选用合适的消毒剂，如 40%过氧乙酸溶液（0.1%，0.4 升/平方米，保持 5 分钟），这种消毒剂在温度较低的条件也同样有效。

3. 初乳提供

灌服的初乳需来源于健康的母牛。初乳应保持 20℃左右的温度，过冷太浓，过热太稀，同时注意不要出现气泡。

为避免破坏免疫球蛋白，低温存贮的合格初乳需用温水缓慢解冻至 20～25℃才可灌服。初乳低温保存时应该一母一存（6 千克）。新鲜初乳其免疫球蛋白保持生物活性的时间随贮存温度的不同而相异，2℃为 2 日，4℃为 7 日，-20℃为1 年。

使用专门的初乳瓶直接将初乳灌入皱胃，应避免灌入肺中。

出生后半小时以内即刻强行灌服初乳，越早越快越好。

出生后 12 小时再强行灌服 2 千克。

12～18 小时，结束初乳灌服。此后即照常规饲喂普通乳或犊牛替代乳。

4. 母源免疫

对进行轮状病毒、冠状病毒和大肠杆菌免疫的母牛群体，初乳的保护作用与恰当的免疫时间和提供初乳的及时程度密切相关。

新生犊牛饲喂免疫母牛产后 7 天以内的初乳，可以在肠道黏膜形成对腹泻病原体的局部保护作用。初乳可以经过“巴氏消毒”（60℃，30 分钟），在杀灭部分病原体的同时还可以保护抗体不被破坏。

预防犊牛腹泻的免疫接种主要有2种方式：一是在母牛产前3~4周注射疫苗，使其产生免疫球蛋白，在犊牛出生后通过初乳使犊牛得到免疫；二是在犊牛出生后立即口服免疫球蛋白类药物。在感染压力高和卫生条件差的情况下，尽管进行了母源免疫，特定的病原体仍会引发腹泻。但这类腹泻相对发生时间较晚，而且多数呈散发，腹泻症状也相对容易控制。

（三）腹泻的治疗

治疗腹泻最重要的途径是补充流失的水分和电解质。此外，还要将犊牛的能量损失降到最低限度，保证胃肠功能的恢复。由腹泻引起的死亡与腹泻的病因没有太大的关系，除内毒素中毒外，死亡大都是由酸中毒引起的。只有确定腹泻是由细菌引起的，并且在发生犊牛体温升高并伴有全身症状时，才建议使用抗生素。

对于腹泻犊牛，不应停止饲喂牛奶，否则会造成犊牛营养缺乏。营养不良或者饥饿的动物恢复能力较弱，抗病能力差，恢复时间长，如果护理不好甚至会导致死亡。

1. 补充水分及电解质

对于犊牛腹泻，要尽早进行补液，每天需补充7~8升水。脱水5%以上即表现眼窝下陷、皮肤弹性下降、末梢温度降低等临床症状。根据脱水的程度确定补液的量，再加上每天需要75~100毫升/千克体重的维持量，计算方法如下：

补液量=体重×脱水程度+（75~100毫升/千克）×体重

腹泻发生后典型的血液指标为低pH值、低血钠、低血糖和高血钾，因此在补充水分的同时还需要补充电解质。补液方式主要有口服补液和静脉补液2种，如果犊牛脱水较轻，有吸吮反射，可以口服补液。目前有多种商业的口服补液盐，多是利用葡萄糖/钠转运系统，促进钠离子的吸收。口服补液的配方较多，如果没有现成的电解质液，可以简单配制。

配方一：葡萄糖20克，氯化钠3.5克，氯化钾1.5克，碳酸氢钠2.5克，水1 000毫升。

配方二：在1升5%的葡萄糖溶液中加入150毫摩碳酸氢钠。

配方三：高能量的口服补液盐葡萄糖的浓度可达375毫摩/升，钠离子浓度一般为100~130毫摩/升。即1升水加入盐和碳酸氢钠各15克，加入葡萄糖浓度为5%。每次配制补液的量为2~4升，每天2~3次，也可以用胃管进行灌服。

失去主动饮水的能力（吸吮反射）是表明犊牛体况严重不良的最重要指

标之一。单独通过饮水或灌服不能挽救，此时就需要输液治疗。一般用等渗溶液，参考处方：5%糖盐水 500 毫升，复方氯化钠溶液 300~500 毫升，5%碳酸氢钠溶液 200~300 毫升，轻症者每日 2 次，重疲者每日 3~4 次。

2. 纠正酸中毒

腹泻丢失大量的碳酸氢根离子，导致酸中毒，而酸中毒是造成犊牛精神沉郁的主要原因，也是导致犊牛死亡的直接原因。一般情况下，体重 45 千克的中度腹泻犊牛需要的碳酸氢根离子约为 400 毫摩/次，如果是酸中毒导致的昏迷，输液治疗 3~4 小时后症状可以明显减轻，如果没有好转，可能是发生了败血症或者细菌性脑膜炎。

3. 适量饲喂牛奶

补液的同时应该继续饲喂适量的牛奶，因为牛奶可以提供能量。另外，牛奶中含有犊牛生长发育所需要的营养因子，可以在奶中加入 5%~10%的初乳，初乳中含有相应的抗体，可以在肠道提供局部免疫。

4. 合理使用抗生素

不是所有的腹泻都需要抗生素治疗，如果在腹泻的同时有其他并发症，如体温升高、脐带炎和关节炎，应有选择地使用抗生素。其他的治疗方法还有口服活性炭、水杨酸铋、非甾体消炎药、微生物制剂、中草药制剂等。

5. 隐孢子虫和球虫的特殊治疗措施

犊牛出生当天可能被隐孢子虫感染，3 天后出现隐孢子虫感染引起的腹泻症状，此时犊牛排出卵囊，可感染其他动物，也可传播给人。如果是全群发病，应使用药物进行治疗，进行消毒。

对于球虫感染，在药物治疗（推荐使用地克珠利）的同时建议使用含有甲酚的消毒剂进行环境消毒。球虫感染经常发生在犊牛出生 3 周以后，断奶犊牛有感染球虫的情况，排出的卵囊没有感染性。只有当卵囊在外界环境发育成孢子后才具有感染性，且感染能力持续 3~4 天。一旦发现有球虫，特别是虫卵，应使用消毒剂对周围环境进行消毒。

（四）诊治要点

一是腹泻的犊牛会流失大量水分、电解质、血液缓冲剂和蛋白质。一旦发生脱水和代谢紊乱，动物体况会快速下降。

二是犊牛脱水的程度可以通过皮肤弹性和眼窝下陷的程度来判断。用手指捏住动物皮肤并提起，松开后，观察皮肤复原的速度，可以判断脱水的程度。如果皮肤维持皱褶时间较长，则表明脱水非常严重，必须要对犊牛采取静脉输液。

三是自主站立和主动饮水的能力也反映了犊牛的健康状况。拒绝饮水是一个明显的警示信号，因为电解质的流失和代谢的紊乱使中枢神经受到了影响，食欲和口渴中枢缺乏相应的刺激造成动物采食和饮水的主动性降低。

四是大多数新生犊牛腹泻主要是由母源病原体所致。如果在引进一批新的后备犊牛时发病，应停止引进，降低牛群密度，并将产前母牛转入清洁的牛舍。此外，应确保每头犊牛都能摄入足够的初乳。

五是补充口服补液盐给犊牛提供电解质，提供能量、蛋白质、缓冲剂、收敛剂、益生元和其他有益物质。

六是收敛剂会掩盖腹泻的发生，而机体仍在继续流失水分和电解质，只是都被收敛剂所吸收。此外，收敛剂易导致便秘的发生，造成动物自体中毒，严重时会导致死亡。

二、奶牛乳房炎的防治技术

(一) 临床表现和治疗

1. 病因

奶牛自身抵抗力、遗传因素、个体差异以及特定生理阶段的变化等均可诱发乳房炎。

引起乳房炎的病原菌可以分为两大类，一类是接触性传染性病原微生物，主要包括金黄色葡萄球菌、无乳链球菌、支原体等；另一类是环境性病原，通常不引起乳腺感染，但乳头及其接触的环境被病原污染后，病原进入乳池可引起乳腺感染，包括大肠杆菌、肺炎克雷伯氏菌、凝固酶阴性球菌、霉菌、酵母等。

2. 感染途径

(1) 外源性感染

饲养管理不当、环境脏乱、挤奶操作不规范、设备不能定期维护等，可导致乳房及乳头外伤、乳导管口开放，使病原菌侵入引起乳房炎。

(2) 内源性感染

细菌及其代谢产物已在体内存在，经血液循环转移后引起炎症，如子宫内膜炎、创伤性心包炎等。

3. 症状

(1) 按临床症状分类

急性型：乳房局部出现红、热、肿、痛，乳汁显著异常，产量减少，常伴有体温升高、食欲减退、精神沉郁等症状。

慢性型：全身症状不明显，仅出现乳房有肿块、乳汁中出现絮状物、产奶量下降等，常因急性型乳房炎治疗不完全转变而成。

隐性乳房炎：无全身症状及乳房局部变化，需要借助试剂、仪器检测，其体细胞数大大增加，产奶量有不同程度的下降。

（2）按病理特点分类

卡他性：乳导管及乳池卡他，最初挤出的乳汁含有絮状物或者凝块状物，随后挤出的乳汁正常，无眼观变化，乳腺无红、热、肿、痛等炎性反应，无全身症状；乳腺卡他，整个挤奶过程可见絮状物或凝块状物，产奶量急剧下降，部分病牛可出现全身症状，触诊乳头基部经常可触到弹性结节。

浆液性：乳汁稀薄，含絮状物，浆液渗出物及大量白细胞渗透到间质组织中，患区红、肿、热、痛，乳上淋巴结肿胀，产奶量下降，全身症状轻微。

纤维蛋白性：全身症状明显，患区红、肿、热、痛，坚实，产奶量急剧下降或者中止，仅能挤出数滴乳清或者混有纤维素渣的脓性渗出物，有时含有血液。

化脓性：乳汁呈脓样，触诊乳房内有黄豆大小的脓肿，有较重的全身症状和乳房症状。

出血性：乳汁呈水样，含有絮状物、糊状物和红色血液，一般为深部组织出血，可能由外部撞击、碰撞等导致局部受伤或者溶血性细菌感染引起。

4. 诊断

（1）现场检查

乳托盘检查：主要指在挤奶前将牛奶收集至有黑色衬底的乳盘或者杯子中，观察乳汁是否有凝块、絮状物及颜色变化，以此来粗略诊断乳房炎的发病状况。

乳房触诊：主要是通过触诊的方法感受乳房的质地、温度变化，判断是否有乳房炎及其严重程度。临床上主要用于急性乳房炎诊断及其乳房炎治疗后期肿胀消退护理效果的跟踪。

隐性乳房炎检查法：目前，常用的隐性乳房炎检查方法有加州乳房炎检测法（CMT）、兰州乳房炎检验法（LMT）等，其原理是用一种阴离子表面活性物质烷基或烃基硫酸盐，与等量乳汁摇匀混合后，破坏乳汁中的体细胞，释放其中的蛋白质与试剂结合产生沉淀或凝胶。细胞中聚合的 DNA 是 CMT 产生阳性反应的主要成分。乳中体细胞数越多，产生的凝胶就越多，凝集越紧密。根据结果一般分为：阴性（-）、可疑（±）、弱阳性（+）、阳性

(++)、强阳性（+++），不同配方制作的诊断液在使用中颜色会随着严重程度而变化，具体诊断标准见表 4-8。

表 4-8　隐性乳房炎检查判断标准

判定	符号	乳汁凝集反应	颜色反应
阴性	-	无凝集，回转摇动时流动流畅	黄色
可疑	±	有微量凝集，回转摇动时消失	黄色或者微绿色
弱阳性	+	少量凝胶物，回转摇动时散布于盘底	黄色或者微绿色
阳性	++	凝胶状，回转摇动时向心集中，不易散开	黄色、黄绿色或绿色
强阳性	+++	凝胶成团，黏稠，回转摇动几乎完全黏附于盘底	黄色、黄绿色或深绿色

（2）实验室检查

体细胞计数（Somatic Cell Counts，SCC）：即每毫升乳汁中的体细胞数量，以万个/毫升为单位，用于评估乳腺感染程度。体细胞主要由吞噬细胞、淋巴细胞、多形核嗜中性粒细胞、脱落的上皮细胞等组成，当乳腺受到感染后体细胞急剧增多，以多形核嗜中性粒细胞为主，主要是抵御外来病原微生物等有害物质入侵及损害。奶牛理想的体细胞数：头胎牛≤15 万个/毫升、二胎牛≤25 万个/毫升、三胎及三胎以上≤30 万个/毫升，奶罐样理想的群体体细胞数≤20 万个/毫升（表 4-9）。

表 4-9　隐性乳房炎检测与体细胞数值的关系

隐性乳房炎检查结果	体细胞数（万个/毫升）
-	0~20
±	15~50
+	40~100
++	80~500
+++	>500

细菌计数：采用标准平板计数评估奶牛群体或者个体细菌总数，属于定量检测，反映的是挤奶操作及管理情况。管理良好的牛群其奶罐样细菌数应控制在 5 000 个/毫升以内，当超过 10 000 个/毫升时，则需要认真评估乳腺健康。

病原微生物鉴定：主要用于触染性病原菌的筛选和隔离，属于定性检测，在控制乳房炎传染及公共安全卫生上有着重要意义。

（二）乳腺炎的危害

1. 影响乳汁品质

奶牛乳房炎是造成奶牛养殖业经济损失最大的疾病。当奶牛发生乳房炎时，牛奶中体细胞数升高，脂肪酶含量的上升导致牛奶变味，也会导致乳糖、酪蛋白、乳脂的下降以及氯化钠、乳清蛋白和 pH 的升高，缩短牛奶的保质期等一系列危害。

2. 降低生产性能

当牛感染乳房炎后，机体产生大量的白细胞用于消灭病原菌和修复损伤的组织，大量的白细胞聚集在一起，堵塞了部分乳腺管道，使其分泌的乳汁无法排出，从而导致泌乳细胞总量的减少，影响整个胎次甚至终生的产奶量。

3. 增加经营成本

治疗乳房炎需要抗生素，直接增加了治疗成本和劳动力成本等，同时又减少了优质牛奶带来的产量和奶价收入。另外，由于奶中含有大量的体细胞和抗生素，使鲜奶受到一定程度的污染，从而影响乳品质量。

（三）防治措施

1. 增强牛只体质

一是根据不同饲养阶段的奶牛营养需要制定并提供精准的日粮，尤其要侧重围产期饲养的顺利过渡，减少奶牛的代谢性疾病，提高机体抵抗力。

二是在奶牛干奶期根据自己牧场的特点选择具有针对性的奶牛乳房炎疫苗，并对所有新进入干奶期的奶牛进行驱虫，减少特定病原菌带来的群发风险。

三是选择具有优秀乳房遗传性能的公牛选配。

2. 环境控制

（1）垫料管理

选择无机垫料如黄沙，或者橡胶垫、木屑、沼渣等，但重点需要控制水分，及时更换新鲜垫料或者翻新晾干等，确保牛床干燥。每天清理牛床潮湿或被污染的垫料，及时添加干燥无污染的垫料，确保牛床厚度达 15 厘米以上。

（2）粪便清理

每天对牛舍内的牛粪及时清理，杜绝牛粪长时间过多堆积或者堆积至道路或挤奶通道上。喷淋降温或高湿时期适当增加牛舍的清粪次数。

（3）环境消毒

牛床后1/3处的牛粪和湿的垫料应及时清理，牛床上可以撒一层薄石灰。每月按计划彻底清除原有的垫料，并用pH值为12的3%氢氧化钠溶液（500毫升/平方米）浇透牛床、通道和颈架。每用2次氧化钠溶液后，使用1次过氧乙酸消毒液交替消毒。经产高产牛舍、新产牛舍、围产期牛舍可增加出棚消毒的频率。

（4）灭蚊、灭蝇

制定年度灭蚊、灭蝇制度，减少蚊、蝇叮咬传播概率。

3. 牛只管理

尽可能保持牛群封闭，减少牛只引进，避免未知病原的感染。

挤奶结束后应及时饲喂日粮，使奶牛保持站立30分钟以上，保证乳头导管完全闭合。减少牛只调动、机械故障、粗暴赶牛等任何打乱正常生产秩序的应激。

每月至少进行一次隐性乳腺炎和体细胞检测，高体细胞牛只应坚持隔离分群，做细菌鉴定，筛选和淘汰感染金黄色葡萄球菌和久治不愈的慢性乳房炎病牛。

高体细胞牛只应单独分群，可通过加强饲养管理提高其抵抗力，通过挤尽乳区中的乳汁、增加挤奶频率、每批消毒挤奶杯、挤奶员手及时消毒等方式降低体细胞数。

4. 治疗

（1）治疗原则

早发现早治疗、及时排出炎性物质、局部与全身用药相结合、选择敏感药物等。

（2）治疗方式

排毒：采取增加挤奶次数、人工注射促进乳汁排出的药物等方式，及时排出细菌内毒素和乳区内的炎性分泌物。

抗菌：选择敏感抗生素选择性治疗，可采取乳区注射、肌内注射、静脉注射等一种或者几种方式联合用药，抑制和杀灭病原微生物。

消炎：炎症早期及时使用消炎药物抑制炎症，如用氟尼辛葡甲胺、氢化可的松等静脉注射，也可使用鱼石脂与松节油混合物等外用药物外敷患病乳区缓解炎性症状。

解毒：伴有内毒素血症时可使用大剂量葡萄糖等缓解症状。

其他营养支持：乳房炎有全身症状是因为内毒素血症和炎症介质作用，

低钾、低钙是导致虚弱和躺卧的主要原因，故该类牛只应根据实际情况补充氯化钾、葡萄糖酸钙、碳酸氢钠等。

（3）干奶牛的治疗

干奶流程：首先找出需要干奶的牛只，繁殖人员提前确认妊娠状态；其次应准备好药品、器具等，将待干奶牛做好区分标记，与正常泌乳牛区分出来；再次，对待干奶的牛只进行隐性乳房炎检查，并记录乳区检查情况，对干奶前检查结果阴性的直接注射长效干奶药，结果为“++”以上的肌内注射左旋咪唑和长效普鲁卡因青霉素油剂或者其他敏感药物，检测出轻微临床乳房炎的，采用敏感抗生素 1 天 2 次乳区内注射与肌内注射，严重乳房炎需要静脉注射和乳区内注射敏感抗生素。但需要注意，乳区注射前应用酒精棉球对乳头端进行彻底清洁和消毒，先清理乳房远端的乳头，再清理近端的乳头，尤其注意乳头口处，注入干奶药时应动作轻柔，先近端再远端注入，严防操作中的触碰污染。对干奶乳区全部药浴后移入干奶牛舍。

干奶牛乳房炎的治疗：干奶后注意定期检查干奶牛乳房状况，勿经常触摸乳头，检查出的乳房炎干奶牛应选择敏感药物治疗，治愈后再次使用干奶药物注入乳区封乳。久治不愈无全身症状的牛只可直接使用干奶药物或者长效油剂抗生素封闭乳头，1 周后复查挤出残留乳汁及药物，再次注入干奶药物。

干奶期保健要点：干奶后的自动退化期、生乳期是干奶期乳房炎高发阶段，有条件的奶牛场可使用药浴液保护性药浴，每天 1 次。同时，应做好干奶期日粮过渡工作，控制体况，做好预防性驱虫、修蹄、乳房炎疫苗免疫等工作，确保干奶期环境的干净、干燥，牛群密度合适，减少牛只应激。

（4）档案管理

根据农业部发布的《畜禽标识与养殖档案管理办法》，建立奶牛个体病例档案，及时、正确记录治疗过程，可追溯，并有效完整保存。

三、子宫内膜炎的防治技术

（一）临床症状

子宫内膜炎按照病程分为急性和慢性两类，根据炎性渗出物的性质又分为卡他性和化脓性。有 80%~90%的奶牛在产后前 2 周会发生子宫腔的细菌感染。在接下来的几周里，会经历一个污染、清空、再污染的过程。在很多个体中，细菌感染将会随着子宫的复旧、恶露的排出和免疫防御机制的动员而逐渐好转。而未能好转的细菌感染将会影响子宫的正常功能，产后奶牛中有10%~20%患临床型子宫内膜炎是由于致病菌持续存在3周以上而引起的。临床型子宫内膜炎同时也与组织损伤、子宫复旧延迟、子宫功能紊乱、排卵周期紊乱有关。临床型子宫内膜炎的特点是子宫流脓，它可以从被感染的动物阴道处检测出来。临床型子宫内膜炎一旦发生将会引起不孕，即使在治愈后生育能力也会下降。在奶牛群体中，临床型子宫内膜炎可降低20%的妊娠率，延长30天的产犊间隔，超过3%的动物因为不孕而被淘汰。

（二）奶牛子宫内膜炎的发病机制

目前，奶牛子宫内膜炎的发病机制并不十分清楚。奶牛产后子宫颈口开放，生殖道内的长驻菌和环境菌会污染子宫。正常的奶牛在产后21天内会将上述微生物排出体外从而自净。某些奶牛因物理性损伤、难产、胎衣不下、营养代谢、生殖免疫等因素的影响而发生子宫内膜炎。

子宫内膜炎发生后，炎性细胞渗透到子宫内膜表面，导致表层上皮细胞脱落和坏死，子宫内膜充血，子宫内膜中的浆细胞、嗜中性粒细胞和淋巴细胞增加。炎性渗出物积聚在子宫，且70%~75%的感染扩散到输卵管。子宫内膜炎发展成脓性子宫炎时，子宫内积聚了相当数量的脓性分泌物，由于子宫颈口关闭，分泌物不能排出，导致子宫扩张等。

（三）奶牛子宫内膜炎的预防

奶牛子宫内膜炎的发生主要是由外界环境条件差、助产和人工授精过程中操作不当、自身代谢紊乱、营养供给缺乏或不平衡造成的。当奶牛所处环境中微生物大量繁殖，奶牛自身抵抗力降低时常常发生子宫内膜炎。一般认为本病由条件致病菌引起，因此重点搞好预防，做好环境卫生则尤为重要。子宫内膜炎的预防应注意以下几点。

1. 加强饲养管理，增强奶牛抗病能力

要按奶牛的不同生长阶段制定营养水平，尤其应重视干奶期和妊娠后期奶牛的日粮平衡，要注意钙、磷、锌、铜和维生素A、维生素D、维生素E等矿物质和维生素的供应。搞好环境卫生，产房应经常清扫和消毒，保持清洁、干燥的良好卫生条件。

2. 人工授精要严格遵守操作规程

人工授精要严格遵守兽医卫生规程，输精用的输精枪、外套管等物品要严格进行消毒，母牛外阴消毒应彻底，以避免诱发生殖器官感染。同时，人工授精时切忌频繁和粗暴地进行操作，防止对阴道及子宫颈黏膜的损伤。

3. 加强围产期奶牛的饲养管理与保健措施

围产期奶牛应注意营养的平衡与供应，防止胎衣不下、产后瘫痪等疾病的发生，临产前 2 周奶牛应转入产房单独饲养，并进行健康检查。产房、产床应清洁卫生，严格消毒。在奶牛临产时应对其后躯、外阴消毒，并做好接产的准备工作，助产操作应规范，防止产道损伤和感染的发生。产后奶牛应加强护理与保健，以尽快恢复体力，要注意观察奶牛的健康状况，产后奶牛可静脉注射葡萄糖和葡萄糖酸钙，肌内注射催产素防止胎衣不下的发生。在产后 24~48 小时，应向子宫内投药 1 次，以预防产后子宫感染的发生。如果产后 12 小时奶牛胎衣仍未脱离，即可确定为胎衣不下，此时应积极采取药物注入等措施进行治疗，产后 1 周内应注意母牛外阴及后躯的卫生，在产后 2 周临床正常牛可转出产房，在产后 1 月内应注意预防产后瘫痪、乳房炎、酮病等疾病的发生，尤其应密切重视奶牛胎衣及恶露的排出情况，若发现异常应尽早进行治疗。

4. 坚持早发现、早治疗的原则

奶牛子宫内膜炎多在产后 2 周内发生，且多为急性病例，如不及时治疗，则易造成炎症的扩散，从而引起子宫肌炎、子宫浆膜炎、子宫周围炎，或转化为慢性炎症。此外，随着子宫颈口的收缩等产后生殖器官及其功能的恢复，也会给炎症的治疗增加难度。因此，必须密切观察产后奶牛子宫的发展状况，对子宫内膜炎病牛力争做到早发现、早治疗，以避免错过理想的治疗时机。

第五章　现代肉羊生产管理技术体系

肉羊产业是兰州市农业经济的重要组成部分。近5年来，随着国家各项扶持政策的出台与实施，全市的肉羊产业发展增速明显，饲养量和产值收入连年增长，规模化、标准化程度显著提高，产业实力逐步增强，以县区为单位的产业区域已初步形成，是全市农业产值的重要来源和农村及农民脱贫致富的重要途径之一。据统计，截至2018年年底，兰州市全市肉羊存栏86.12万只，出栏45.68万只，羊肉产量8 542.16吨，饲养量131.8万只。其中，永登县、榆中县、皋兰县3个贫困县羊饲养量94.92万只。尤其是永登、榆中两县的肉羊存栏量和规模化养殖场数量就分别占到了全市的76.5%和75%。而2018年全市羊肉的年消费量约2.4万吨以上，且将呈逐年递增趋势，兰州市本地羊的供应量仅为30%，大量市售羊肉来自周边临夏、白银等地，优质羊肉消费市场广阔但供不应求。与此同时，肉羊年出栏率低，存栏量高，屠宰率低，生长速度慢，饲养周期长，消耗饲草料多，养羊效益低，羊肉品质差却成为目前制约兰州市肉羊产业发展的重要因素。为全面贯彻落实习近平总书记关于实施乡村振兴战略重要讲话及视察甘肃重要讲话和指示精神，立足兰州市肉羊产业发展新形势，结合产业精准扶贫工作，本单位会同甘肃省草食畜产业技术体系、兰州农业农村局、甘肃农业大学动物科技学院、兰州市草食畜产业兴旺组、兰州辖县区畜牧兽医推广单位及多家肉羊规模化养殖企业于2015年起开展实施了以兰州地区“百日羔羊肉”综合配套技术及肉羊中草药保健等综合配套技术为主的研究与示范推广项目，以肉羊高产、优质、安全生产为目标，培育示范点，带动产业发展，助推兰州市肉羊产业再上新台阶。

第一节　兰州地区工厂化肉羊养殖栏舍优化设计与实践

养殖栏舍是肉羊生长和活动的主要场所，其建造和舍内环境因子都可直接和间接的影响肉羊个体的繁殖、生长和育肥。设计不合理和环境控制措施不当，将会使肉羊生长缓慢，诱发各种疾病，增加饲养成本，更降低了肉产品的质量和品质。因此，生产中要按照肉羊的生理特点、生活习性和对环境条件的要求，结合本地自然地理和气候条件，合理布局、科学设计，为肉羊生产提供良好的环境条件。同时，肉羊产业内部的结构性矛盾和资源紧缺等问题日益突出，要求肉羊生产者必须转变生产方式，用工业化的生产理念谋划肉羊生产，用商业化的营销理念谋划羊肉营销，提高肉羊产业化经营水平。工厂化养羊是近代养羊科技发展形成的一种集约化肉羊生产体系，它体现了现代养羊科技与经营管理的较高水平，在一些国家如美国、英国、法国、澳大利亚、新西兰以及俄罗斯等被广泛采用。项目组依据典型大陆性半干旱气候的兰州地区夏季干燥、冬季寒冷的特点，结合工厂化的生产管理理念对肉羊养殖栏舍进行了优化设计。

一、设计理念

工厂化养羊采用现代化手段建造栏舍，为不同羊只创造良好的生活环境，满足肉羊对空间及温度、湿度、光照等环境因素的需要，采用机械化、自动化生产流程，按工厂化形式组织生产劳动，尽量减少生活环境对肉羊生产成绩的影响。

依据工厂化流水线生产将肉羊生产过程分为母羊生产和羔羊生产 2 个环节（图 5-1）。

母羊生产：配种（待配栏）→怀孕（妊娠栏）→产羔（分娩栏）→补饲（补饲栏）→配种（待配栏）

羔羊生产：分娩栏→补饲（补饲栏）→保育栏→育肥栏/育成栏

图 5-1　母羊及羔羊生产环节示意

（一）妊娠阶段

母羊妊娠后转入妊娠栏，妊娠母羊大群饲养，密度保持在 40~50 只/栏。

（二）分娩阶段

母羊产前 3~5 天进入产羔栏，实行单栏饲养管理，母羊产后 10~15 天转入补饲栏。

（三）补饲阶段

哺乳母羊与哺乳羔羊混群饲养，密度保持在每栏 20 只母羊和 40 只羔羊，羔羊断奶后转入保育栏，母羊转入待配栏。

（四）保育阶段

实施大群饲养，断奶羔羊保育期 1 个月，根据需要选留母羔转入育成栏，育肥羔羊转入育肥栏。

（五）育成阶段

实施大群饲养，育成羊需控制体重增长，培育体形外貌，使其达到选留标准。

（六）育肥阶段

实施大群饲养，根据生产需要，对出售羔羊进行育肥，肥羔体重达到25~30千克出栏，大羊体重达到45~50千克出栏。

二、总体设计

羊舍设计为单列式全封闭圈舍（图5-2），跨度8.5米，边墙高2.2米，屋顶高3.5米；舍内过道宽2米，羊栏宽6米；羊舍长度视场地情况而定，一般长度不超过60米。羊舍屋顶加设阳光板，前墙窗户1.2米×1.5米，后墙窗户0.5米×1米，运动场宽6~8米。

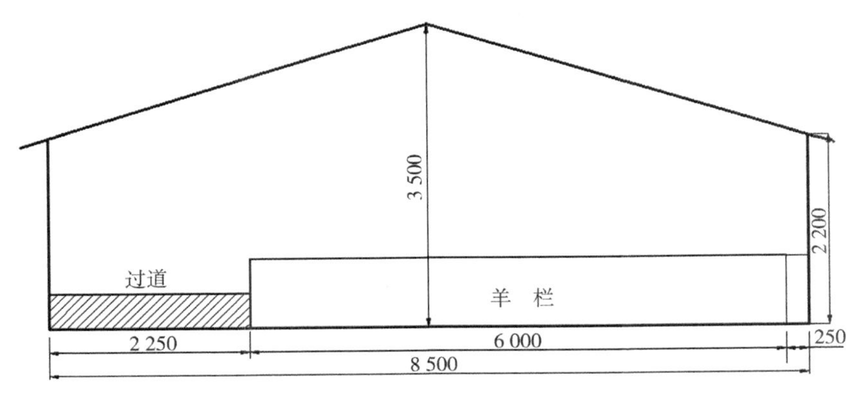

图5-2　羊舍总体设计（单位：毫米）

三、舍内设计

（一）妊娠舍

见图5-3。

1. 羊栏规格

长6米，宽6米，三面食槽，食槽间通道宽1.5米，食槽距地面0.3~0.4米，羊栏地面与过道高差0.3~0.4米。

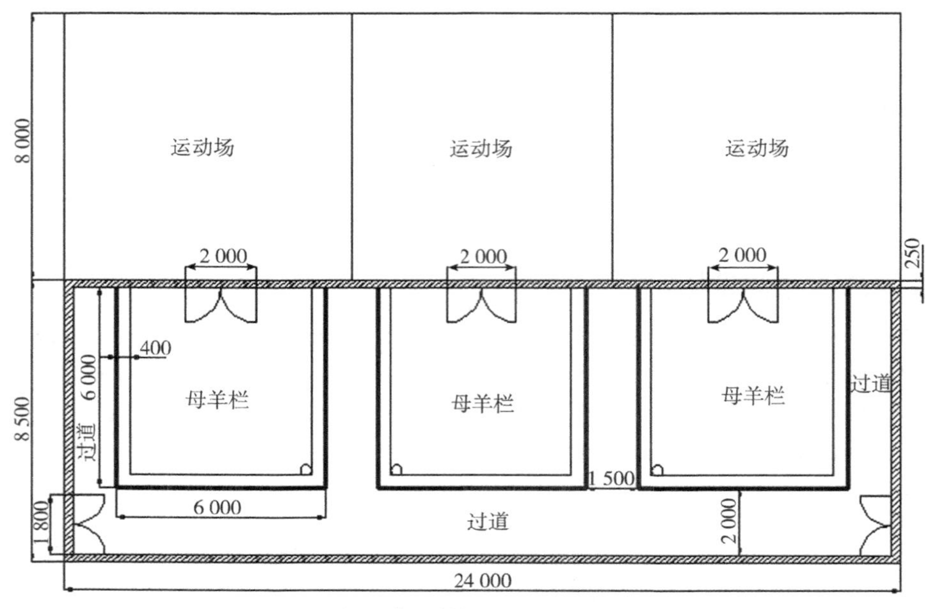

图 5-3　妊娠舍及羊栏设计（单位：毫米）

2. 饲养管理要点

母羊妊娠断奶后转入妊娠舍，根据品种和阶段给予不同营养的饲草料，母羊的妊娠期分为妊娠前期和妊娠后期（产前 2 个月）。一般情况下，每天早、晚各饲喂 1 次。妊娠前期，湖羊每天提供精饲料 0.25 千克、青贮饲料 1.5 千克、干苜蓿草 0.6 千克；小尾寒羊每天提供精饲料 0.3 千克、青贮饲料 2 千克、干苜蓿草 0.7 千克。妊娠后期，湖羊每天提供精饲料 0.35 千克、青贮饲料 1.5 千克、干苜蓿草 0.6 千克；小尾寒羊每天提供精饲料 0.4 千克、青贮饲料 2 千克、干苜蓿草 0.7 千克。每天早、晚将公羊投入其中对发情母羊进行配种，同时做好配种记录。

3. 栏舍优点

按照 1 米长食槽可容纳 4 只羊计算，可容纳 60 只羊，按照每只羊需要 0.7~1 平方米计算，可容纳 36~50 只成年羊。原来单面槽长 7.5 米只能容纳 30 只羊，采用新设计后圈舍面积利用率提高了 20%~60%，足够的槽位保证了羊只同时进食，由于采食不均衡导致的个体差异状况得到明显改善。

（二）产羔舍

见图 5-4。

1. 产羔栏规格

产羔栏按照单栏设计，湖羊羊栏尺寸为 1.2 米×1.8 米，小尾寒羊羊栏尺寸为 1.5 米×1.8 米，食槽间通道宽 1.5 米。羊栏地面与过道高差 0.3~0.4 米。

2. 饲养管理要点

母羊产前 3~5 天转入产羔栏，逐渐减少饲草料喂量，母羊分娩当天不喂料，产后 3 天逐渐增加饲草料喂量，直至达到最大饲喂量，在保证母羊泌乳需要的前提下尽快恢复母羊膘情。一般情况下，每天早、晚各饲喂 1 次，湖羊每天提供精饲料 0.4 千克、青贮饲料 1.5 千克、干苜蓿草 0.6 千克；小尾寒羊每天提供精饲料 0.5 千克、青贮饲料 2 千克、干苜蓿草 0.7 千克。母羊产后 10 天进行免疫注射后转入补饲栏。

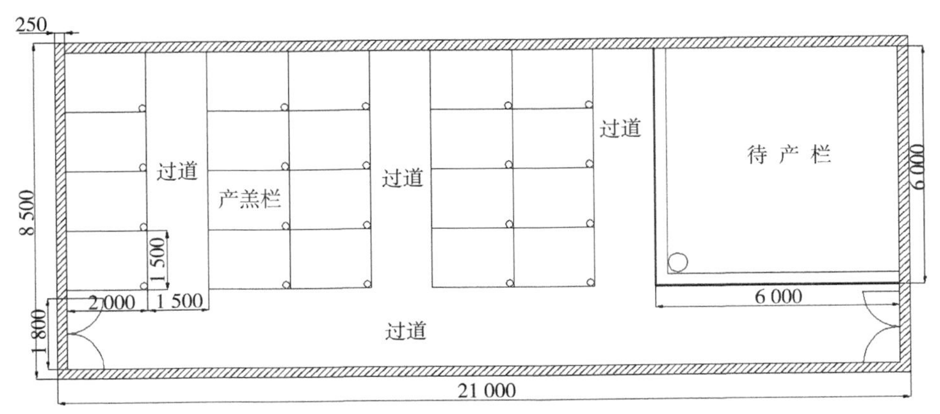

图 5-4　产羔舍及羊栏设计（单位：毫米）

3. 栏舍优点

原来大圈产羔，由于羊只密度过大，容易出现踩踏导致羔羊死亡；实行单栏产羔后羔羊的成活率明显提高，同时可根据产羔数和母羊膘情增加饲草料喂量，使母羊产后尽快恢复体况，在保证泌乳需要的前提下，为母羊下一轮的繁殖生产打下良好的基础。

（三）补饲舍

见图 5-5。

1. 补饲栏规格

母羊栏宽 4 米，长 6 米，两面食槽，食槽间通道宽 1.5 米，食槽距地面 0.3~0.4 米；羔羊栏宽 2 米，长 6 米，三面食槽，食槽距地面 0.1 米。羊栏地面与过道高差 0.3~0.4 米。

2. 饲养管理要点

羔羊由分娩舍转入后实行强制补饲，每天在饲喂母羊时将羔羊关入补饲栏，在补饲槽内添加羔羊早期补饲料（精饲料+苜蓿），自由采食；同时逐渐缩短母子相聚时间，直至断奶时将母羊转出，羔羊原圈饲养 1 周后转入保育舍。羔羊断奶标准：体重达到 12.5~15 千克，日采食精饲料达到 0.15 千克。母羊产后 10 天转入补饲栏，驱虫健胃，羔羊达到断奶标准后将母羊转入妊娠舍。母羊产后 35 天，每天早、晚将公羊投入其中对发情母羊进行 2 次配种，同时做好配种记录。一般情况下，每天早、晚各饲喂 1 次，湖羊母羊每天提供精饲料 0.4 千克、青贮饲料 1.5 千克、干苜蓿草 0.6 千克；小尾寒羊母羊每天提供精饲料 0.5 千克、青贮饲料 2 千克、干苜蓿草 0.7 千克。

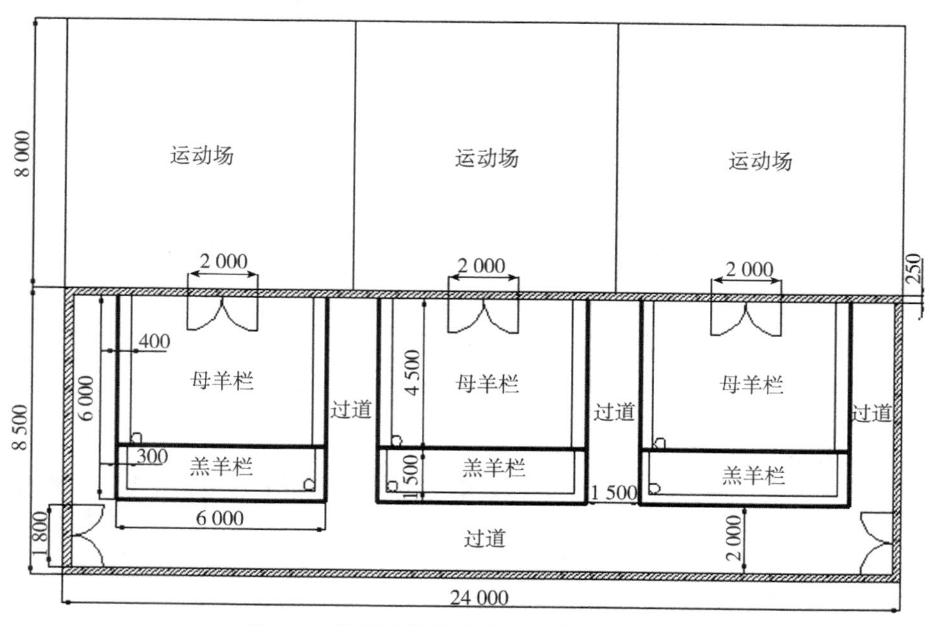

图 5-5　补饲舍及羊栏设计（单位：毫米）

3. 栏舍优点

原来因同圈母羊分娩时间相差在 10 天以上，不敢将公羊投放到其中，担心公羊追逐发情母羊而导致羔羊被踩踏致死，因此母羊只能在断奶转入配种舍后才开始配种。假设羊场羔羊 60 天断奶，采用补饲栏可缩短母羊繁殖周期20 天以上，在加快繁殖频率、降低羔羊出生成本、缩短羔羊出栏时间及节约饲草料成本等方面均有积极作用。

（四）保育舍

见图 5-6。

1. 保育栏规格

长 6 米，宽 6 米，三面食槽，食槽间通道宽 1.5 米，食槽距地面高度 0.2~0.3 米，羊栏地面与过道高差 0.2~0.3 米。

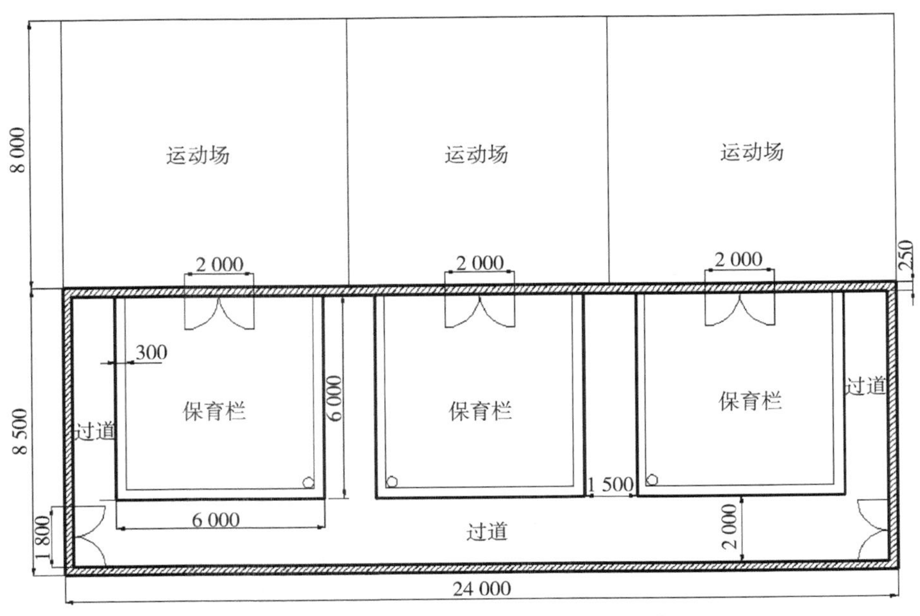

图 5-6　保育舍及羊栏设计（单位：毫米）

2. 饲养管理要点

羔羊断奶 1 周后由补饲舍转入保育舍，公、母羊分群饲养，每栏 50 只。转入 1 周后，驱虫健胃，进行免疫注射。一般情况下，精饲料采取自由采食，青贮饲料与干草的添加比例为 1∶1，饲养期 2 个月。由于此阶段羔羊生长速度快，每天早、中、晚各饲喂 1 次，每天根据槽内剩余饲草料量调整喂量。当羔羊体重达 25~30 千克，可选择出栏、育肥或留种；选留的后备羊转入后备舍，准备进行育肥的羊只转入育肥舍。

3. 优点

分群饲养便于生产管理，公、母羊分群杜绝母羔出现发情早配状况。

(五) 后备/育肥舍

见图 5-7。

1. 后备/育肥栏规格

长 6 米，宽 6 米，三面食槽，食槽间通道宽 1.5 米，食槽距地面高度 0.3~0.4 米，羊栏地面与过道高差 0.3~0.4 米。

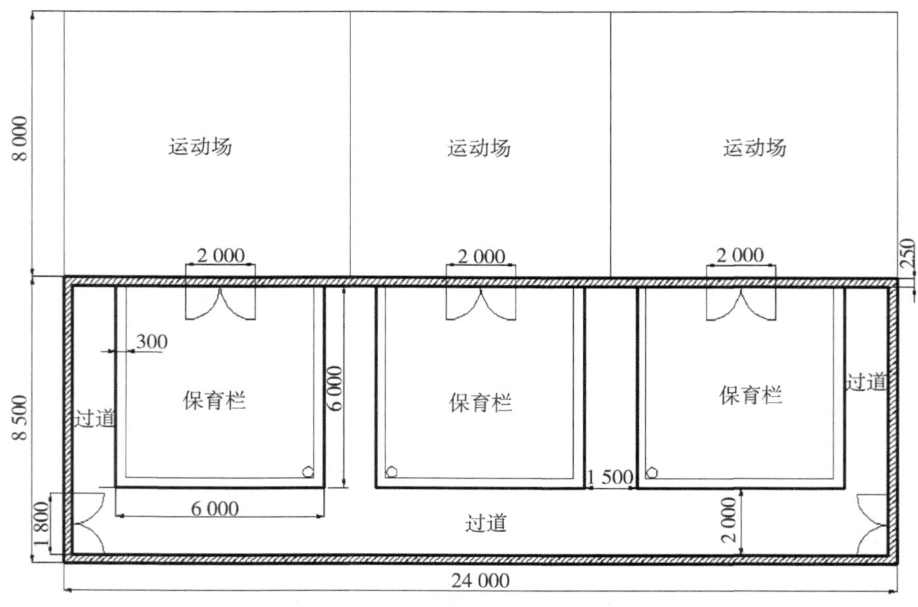

图 5-7 后备/育肥舍及羊栏设计（单位：毫米）

2. 饲养管理要点

(1) 后备羊管理要点

留种羔羊由保育舍转入后备舍，公、母羊分群饲养，每栏 40 只。转入 1 周后，驱虫健胃。一般情况下，采取限制饲喂，每天早、晚各饲喂 1 次，湖羊每天提供精饲料 0.25 千克、青贮饲料 1 千克、干苜蓿草 0.4 千克；小尾寒羊每天提供精饲料 0.3 千克、青贮饲料 1.5 千克、干苜蓿草 0.5 千克。

(2) 育肥羊管理要点

育肥羊从保育舍转入 1 周后，驱虫健胃，开始强制肥育，逐渐增加精饲料饲喂量至 0.75 千克，减少青贮饲料饲喂量至 1 千克。育肥羊体重达到 50 千克时出栏。

3. 优点

分群饲养便于生产管理，公、母羊分群杜绝了母羔羊发情出现早配状况。

四、结论

本工厂化养羊栏舍雏形设计起始于 2013 年，项目组在实际应用中不断优化，最终形成了上述较为完善的栏舍设计，截至目前已申请获得实用新型专利 3 项，并在兰州市永登、皋兰、七里河及榆中等县区多家肉羊养殖企业得到应用。综上所述，工厂化养羊首先是采用现代化手段建造栏舍，为不同羊只创造良好的生活环境，满足肉羊对空间及温度、湿度、光照等环境因素的需要。其次是将肉羊生产中的品种选育繁育、饲养管理、饲草料加工、疫病防控等技术应用到其中。采用补饲栏可缩短母羊繁殖周期 20 天以上，降低羔羊出生成本 30 元/只以上，缩短羔羊出栏时间 15 天以上，节约饲草料费用 30 元/只以上。采用产羔栏可提高羔羊出生成活率 10%以上。按照工厂化的生产管理理念将肉羊生产环节细分开来，依据肉羊不同阶段生理需要设计不同的栏舍，最大限度地满足肉羊生产对环境的需要；采用肉羊分阶段分群饲养管理，实现生产工艺流程化管理，减少劳动工作强度。通过工厂化栏舍的应用，达到肉羊高密度养殖、科学化管理，提高肉羊生产效率。

第二节　适于兰州地区工厂化肉羊养殖生产使用的参考参数

一、羊群结构

在人工授精条件下，种公羊数应占成年母羊数的 1%～2%，同时配备 2%～3%的试情公羊。在自然交配条件下，每 25～35 只母羊配备 1 只种公羊。

二、羊舍及运动场面积

见表 5-1。

表 5-1 羊舍及运动场面积参考值

类别	单位	数量	备注
生产母羊舍建筑面积	平方米/只	1.2 (1~2)	产羔舍按基础母羊占地面积的 20%~25%计算
生产母羊运动场面积	平方米/只	2.4	运动场面积一般为羊舍面积的 1.5~3 倍
育肥羊舍建筑面积	平方米/只	1	
育成母羊舍建筑面积	平方米/只	0.7~0.8	
3 月龄前羔羊占舍面积	平方米/只	0.24	占母羊舍面积的 20%
种公羊	平方米/只	2~2.5	单饲 4~6 平方米
育成公羊	平方米/只	0.7~1	

三、羊舍温度

适宜温度为 14~22℃，夏季防暑降温，冬季保暖防风。

四、饲草储备

每只羊的日补饲量按体重的 3%~5%提供干物质量（表 5-2）。

表 5-2 舍饲羊主要日粮储备参考标准 单位：千克/（日・头）

种类	生产母羊	后备羊	育肥成年羊	育肥羔羊
干草	1	0.5~1	0.7~1	0.2~0.5
青贮玉米	1.5~2	1~1.5	1.5~2	0.2~0.5
各类精饲料	0.3~0.5	0.2~0.3	0.6~1	0.5~1

五、饮水

饮水要安全卫生。成年母羊和羔羊舍饲需水量分别为 2.5~5 千克/(只・日)和 1~1.5 千克/(只・日)。冬季切记不能饮冰水。

第三节 工厂化肉羊养殖选引种、杂交改良及生产模式

一、肉羊父本推荐品种介绍

（一）杜泊羊

杜泊羊原产于南非共和国，是由有角道赛特羊和波斯黑头羊杂交育成，

因其适应性强、早期生长发育快、胴体质量好而闻名，分为白头和黑头2种。黑头杜泊羊颈部为黑色，体躯和四肢为白色，头顶部平直、长度适中，额宽，鼻梁隆起，耳大稍垂，既不短也不过宽。颈粗短，肩宽厚，背平直，肋骨拱圆，前胸丰满，后躯肌肉发达。四肢强健而长度适中，肢势端正。该品种羊适应性强，抗寒耐热，抗病力强，容易饲养管理。杜泊羊适应性极强，采食性广、不挑食，能够很好地利用低品质牧草，在干旱或半热带地区生长健壮，抗病力强，可常年繁殖。具有早期放牧能力，生长速度快，3.5~4月龄羔羊活重约达36千克，胴体重16千克左右，肉中脂肪分布均匀，为高品质胴体。虽然杜泊羊个体高度中等，但体躯丰满，体重较大。成年公羊和母羊的体重分别在120千克和85千克左右。杜泊羊属纯肉用绵羊，其被毛为粗毛，分长毛型和短毛型2个品系，气候温暖时会自动脱落，而且板皮质量特别好，在澳洲，杜泊羊的板皮价格与绵羊肉的价格相当。

（二）萨福克羊

萨福克羊原产于英国，体格大，颈长而粗，胸宽而深，背腰平直，肌肉丰满，后躯发育良好，呈桶形，公、母羊均无角。躯体主要部位被毛白色，头和四肢呈黑色，无羊毛覆盖。成年公羊体重可达100~136千克、母羊70~96千克，成年公羊剪毛量可达5~6千克、母羊2.5~3.6千克，毛纤维细度在50~58微米/支，毛纤维长度为7~9厘米，净毛率达50%~60%。产羔率为141.7%~157.7%。

（三）特克赛尔羊

原产于荷兰，体型中等，体躯肌肉丰满，眼大突出，鼻镜、眼圈部皮肤为黑色，蹄质为黑色。该品种适应性强、耐粗饲。成年公羊体重可达85~100千克、母羊60~80千克，毛纤维细度28~33微米，毛纤维长度7.5~10厘米，产毛量3~4.5千克，产羔率150%~160%，屠宰率54%~60%。

（四）澳洲白绵羊

“澳洲白”是澳大利亚第一个利用现代基因测定手段培育的品种。该品种集成了白杜泊羊、万瑞羊、无角道赛特羊和特克赛尔羊等品种的基因，是通过对多个品种羊特定肌肉生长基因标记和抗寄生虫基因标记的选择，培育而成的专门用于与杜泊羊配套的、粗毛型的中、大型肉羊品种，2009年10月在澳大利亚注册。其特点是体型大、生长快、成熟早、全年发情、有很好的自动换毛能力。在放牧条件下5~6月龄可达到23千克的胴体重，舍饲条件下，该品种6月龄胴体重可达26千克，且脂肪覆盖均匀，板皮质量上佳。此品种使养殖者能够在各种养殖条件下用作三元配套的终端父本，可以产出在生长速率、个体重量、出肉率和出栏周期短等方面理想的商品羔羊。

二、肉羊母本推荐品种介绍

湖羊是产于太湖流域的羔皮用绵羊地方品种，源于蒙古羊。湖羊被毛白色，个别眼睑或四肢下端有杂色斑点。头狭长，鼻梁隆起，眼大突出，无角，颈细长，背腰平直，四肢细而高，脂尾肥大呈扁圆形，尾尖上翘，不超过跗关节。性成熟早，母羊4~5月龄即能发情配种，四季发情，但配种多集中在春末和秋初。繁殖率高，平均产羔率228.92%。成年羊平均体重公羊50千克左右，母羊40千克左右。屠宰率成年母羊44.8%~48.08%，幼龄羯羊47.1%~50.27%；净肉率成年母羊38.53%~40.89%，幼龄羯羊34.88%~38.97%。每年春、秋两季剪毛，平均剪毛量成年公羊为1.25~2千克，成年母羊2千克。羊毛属异质毛型，适宜织地毯和粗呢绒。

三、肉羊的选种

（一）选种目的

选种是将符合育种要求的个体，按不同标准从羊群中挑选出来，组成新的群体，再繁殖下一代，或者从别的羊群中选择符合要求的个体，选入现有的繁殖群中再繁殖下一代的过程。经过世代选择，不断地选优去劣，使羊群整体生产水平逐步提高。经过多个世代选择，把羊群培育成一个新的类群或品种。

（二）选种依据

1. 体型外貌

体型外貌在纯种繁殖中非常重要，就是在杂交改良中也是如此。凡是不符合本品种特征的不能作为选种对象。羊体是一个有机整体，所以体型外貌除反映外部形态外，还反映了其生产类型、生产性能、健康状况、年龄、性别等，体型外貌通常是生产性能高低的标志。由此看来体型外貌与生产性能有直接关系，不可忽视。另外，全靠实际的生产性能来测定，势必造成时间浪费，如产肉性能、繁殖性能的某些方面，可以通过体型来选择。

2. 生产性能

肉羊的生产性能是指体重、繁殖力、泌乳力、产羔率、产肉性能（包括屠宰率、净肉率、胴体重、胴体状态、胴体品质等）。羊的生产性能可遗传给后代，因此选择生产性能好的种羊是改良、育种的关键环节。但要各方面都优于其他品种是不可能的，俗话说“人不得全”，羊也如此，应选择突出的主要重点。

3. 看后裔

种羊本身是否具备优良性能这是选种的前提条件。但这仅仅是一方面，更重要的是它的优良性能是否能遗传给后代。如果优良性能不能传给后代，就不能作为种用。同时，在选种过程中要不断地选留那些性能优良的后代作为后备种羊。

4. 查血缘

即查系谱。是选择种羊的重要依据，它不仅提供了种羊亲代的有关生产性能的资料，而且记载着种羊的血统来源，对正确选择种羊有重要影响。

（三）选种要求

按照本品种鉴定标准对种羊场基础种羊群逐只进行鉴定，并进行选种羊登记。

原种场选留的母羊不应低于一级，公羊不应低于一级；扩繁场选留的羊不应低于二级。

体型外貌不符合品种标准要求，有遗传疾患或有其他损征者不应留作种用。

（四）选种时间及技术

1. 选种时间

种公羊选种在初生、2 月龄、6 月龄、12 月龄及 18 月龄时进行；种母羊选种在初生、2 月龄、6 月龄、初产后及成年时（18 月龄以上）进行。

2. 选种技术

(1)初生鉴定

按照本品种鉴定标准开展。

(2)月龄鉴定

根据亲代成绩、同胞数、初生重及个体发育和体型外貌进行选择。

(3)6 月龄选择

根据个体生长发育情况和体型外貌进行选择。

(4)公羊 12 月龄选择

根据个体生长发育情况、体型外貌、等级、精液品质进行选择。

(5)种公羊 18 月龄选择

根据个体生长发育情况、精液品质、配种成绩，并考虑血统进行选择。

(6)母羊初产后选择

按产羔数、羔羊初生重、母羊体重（母羊产后体况恢复正常时）等进行选择。

(7) 母羊成年时（18 月龄以上）选种

根据个体生长发育情况（母体况恢复正常时）及繁殖性能综合评定结果进行选择。

(8) 成年羊选种

根据后裔测定成绩确定。

（五）种羊的更新。

为了选种工作顺利进行，选留好后备种羊是非常必要的，后备羊选种要从以下几方面进行。

1. 要窝选（看祖先）

从优良的公、母羊交配后代中全窝均发育良好的羊中选择。母羊需要第二胎以上的经产多羔羊。

2. 选个体

要在初生重和生长各阶段增重快、体尺好、发情期适宜的羊中选择。

3. 选后代

要看种羊所产后代的生产性能，是否将优良的性能传给后代，若未传给后代，则不能选留。种公羊按每年 30%、母羊按每年 20%比例更新。

（六）选种资料

1. 系谱

按照种羊亲缘关系编制系谱图。

2. 选配计划

依照亲缘关系、个体品种、育种要求等制订羊场年度选配计划。

3. 档案记录

应包括系谱记录、种羊卡片、种公羊精液品质检查及利用记录、母羊配种产羔记录、生长发育记录、疾病防治记录、个体鉴定记录、羊群饲草料消耗记录和羊只出售记录等。

四、肉羊的引种规则

随着经济和社会的发展，国内外交流日益频繁，如何根据各地自然生态环境及市场需求，正确选择引入品种，并在生产中加强选育和利用是工厂化肉羊生产的重要内容。引进肉羊品种就是把国外专门化肉羊品种或外地肉用性能优良的品种、品系或群引入当地，进行品种杂改良的过程。引种只是引入优良基因的一种手段，关键在于引种的利用，只有合理利用，引种才会有实际意义。引种是以种羊、胚胎或冷冻精液的方法引进。

(一)引种的目的

改变当地羊的生产方向及提高当地羊的肉用性能。

(二)引种遵循的基本原则

引进的品种必须具有独特的生产性能，这是选择引进品种的先决条件。主要原则如下。

第一，考量两地生态环境差异。

第二，考察引进品种适应性。

第三，考虑引进预期效果。

第四，血统多样性。

(三)引种应注意的问题

一是对引入品种要全面考察。二是要慎重选择引入个体，引入的个体要具有典型品种特性，较高的生产性能，较好的健康状况，有详细清楚的系谱，又有适度规模，最好选幼年健壮个体。三是要妥善安排调用季节，尽量减少途中不利气候因素对羊造成的不良影响。夏季运输应选在夜间行车，避免日晒；冬季运输选择在白天行驶。一般春、秋两季是运输羊比较好的季节。四是要严格执行检疫隔离制度。运输羊必须经过临床检疫和传染病检疫，包括布鲁氏菌病、蓝舌病、羊瘟及口蹄疫等，车辆消毒后方可持证准运。引回的种羊要在远离本地羊群且相对封闭的圈舍内进行隔离观察，3~5周后未发现异常方可与本地羊一起饲养。

(四)适应性训练(风土驯化)

1. 概念

适应性训练是指在人工改变条件下，使羊逐渐适应当地的生态条件、饲养管理条件及提高抗病力，是引进品种适应新环境条件的复杂过程，使其能在新的环境条件下正常地生长发育、生存、繁殖，并保持原有的基本特征和特性。

2. 主要内容

(1)改变条件适应种羊

对引入品种的适应性训练，首先要人为创造其适宜的生态环境和饲料条件，使其实现平稳过渡，生长发育和生产性能不发生太大的波动。在此基础上再逐步改变饲养管理条件，并加强适应性训练。

(2)加强对引入个体的适应性训练

当引入品种对新环境条件基本适应时，我们可以从引入个体直接适应环境开始，经过后代每一世代个体发育过程中对新环境条件的适应，直到适应新环境为止，从而达到风土驯化的目的。

(3)加强选育，定向改变遗传基础

当引入地区环境条件超越引入品种的反应范围，从而表现出种种逆反应时，此时在改变环境条件的同时，通过选择的作用、交配制度的改变和适当导入其他品种的血液，淘汰不适应的个体，留下适宜的个体进行繁殖，从而逐步改变群体中的基因频率，使引入的品种在基本保持原有特性的前提下，遗传基础发生改变。

适应性训练是引种后的基本措施，但是并不是所有引入品种经适应性训练后都能正常生产，所以引种一定要因地制宜，慎重行事。

(五) 新引进羊只的饲养管理流程 (推荐)

为减少新引进羊只的应激反应，消除应激影响，降低失重、发病及死亡率，尽快进入正常生产，同时防止传染病的发生，提高肉羊养殖场效益，根据项目团队多次实践并调整，特制定此新引进羊只的饲养管理流程。

消毒进场，根据个体大小分群分栏；连续饮用电解多维水 3 天，饲喂优质牧草。

每只羊提供 0.15 千克精饲料，每天每只增加 0.05 千克，逐渐达到每只羊每天 0.3 千克精饲料，饲喂优质牧草（控制喂量）。使用健胃散 3~5 天调理胃肠。

进场第 7 天开始注射口蹄疫和羊三联四防疫苗，饲喂优质牧草，精饲料稳定在 0.3 千克/只。

进场第 8 天开始饲草料过渡，5 天时间完成试验羊饲喂方式的转变，原饲喂方式转变为全混合日粮饲喂。

进场第 14 天开始进行小反刍兽疫的免疫，完成编号记录。

进场第 21 天开始第一次驱虫，连续使用 3 天伊维菌素预混剂，连续 3 天添加健胃散。

进场第 28 天开始第二次驱虫，连续使用 3 天伊维菌素预混剂，连续 3 天添加健胃散。

五、肉羊的杂交改良

我国肉羊规模化生产起步较晚，大多数地方品种不适合肉羊生产的基本要求，因此走杂交改良即利用引进的优良肉用品种提高地方品种的肉用性能，在此基础上逐步杂交培育适宜于本地的肉羊品系或品种是发展肉羊的重要手段。肉羊品种的利用有 2 条途径：一是杂交培育成新品种即育成品种；二是进行经济杂交，发展商品羊生产。

（一）育成杂交

指不同品种个体相互进行杂交，以大幅度地改进生产性能，或纠正当地品种的缺点，到一定阶段及程度，促成新品种产生。杂交培育新品种的过程可分为 3 个阶段：杂交改良阶段、横交固定阶段、扩展提高阶段。

（二）经济杂交

经济杂交的目的是通过品种间的杂种优势，提高肉羊的生产水平和适应性。不同品种的公、母羊杂交，利用本地品种耐粗饲、适应性强和外来品种生长发育快、肉质好的特点，使杂种一代具备生命力强、生长发育快、饲料利用率高、产品规格整齐等多方面的优点，这种方法在商品肉羊的生产中已被普遍采用。

经济杂交的目的在于尽快提高肉羊的经济利用价值。其杂交方式可采用简单杂交（二元杂交）、复杂杂交（三元杂交、四元杂交）和轮回杂交（2 个以上品种的交替杂交）等多种方式。目前肉羊生产中以二元或三元杂交的经济杂交最为常用。

因为经济杂交的目的是利用杂交优势提高其经济效益，因此二元杂交后代做商品羊进入市场，不可留作种用。而三元或四元杂交后代中只选留优秀母羊，继续杂交，但不能横交。

（三）杂交改良应注意的问题

杂种后代的均匀性取决于可繁殖母羊的整齐度。用于繁殖的母羊应尽可能来自同一个品种，并且体型外貌和生产性能方面具有一定的相似程度。

确定改良方向，根据自身羊群的现状特点和当地的自然条件，有针对性地选择改良品种。根据不同情况选择不同的杂交方式，首先解决羊群最突出的问题。

把握杂交代数和改良程度，防止改良退化，尤其是级进杂交。在产肉、繁殖和胴体品质改良的同时，尽可能保持和稳定原有品种所具有的优良特性，实现性改良，质量提高。

杂交改良与相应的饲养管理方式配套，根据改良后代的生理和生长发育特点采取科学的饲养管理制度，使改良后代的潜能得到充分发挥，实现杂交改良的经济效果。

建立杂交改良、繁殖和生产性能记录，随时监测改良进度和效果。无论是级进杂交还是轮回杂交，再次使用同一品种改良时，严格避免重复使用同一只公羊或其有血缘关系的公羊，以防亲缘繁殖，近亲衰退。

要时刻关注杂交后代的适应性。一个优秀品种的引入，不能完全代替本地品种，其主要原因是外来品种的适应性差，连续数代杂交可能也产生同样的问题。因此，经济杂交的代数应根据杂种后代的表现给予适当控制，否则，杂种优势的潜力就难以发挥出来。

杂交效果最好在同一条件下比较。不同的杂交组合要在相同的饲管条件下显现出不同效果，才能确认是适宜本地或本场的真正最优杂交组合。

保持亲本母羊的持续作用。杂交用父本品种数量少，一般不易遭到抛弃，而母羊的数量大，生产性能差，容易被淘汰，在生产中为了能长久地利用杂种优势应保护好亲本母体。

六、现代肉羊生产模式

（一）现代肉羊高效生产模式

养羊业要想取得好的收益，必须具备 2 个前提条件，一是规模养殖。随着养羊业的发展和市场竞争的加剧，小规模养羊必将淡出市场，因为单个肉羊出栏利润必然降低，想要取得效益只能依靠规模取利。二是优良品种。品种决定了肉羊的生长潜力及肉品质量，因此肉羊生产的母本必须多胎，也就是高产，父本应该生长速度快，这样杂交生产出的窝产羔数多，窝羔羊出栏速度快，自然料肉比高，养殖效益好。

因此，现代肉羊高效生产模式是：养殖规模化（生产母羊存栏在 500 只以上），品种优良化（母羊多胎，公羊生长速度快、肉品好），生产工艺化（按照工厂化生产工艺流程分群），饲喂科学化（为不同羊只提供不同的全价混合日粮），管理标准化（记录规范化、防疫程序化、粪污无害化），圈舍实用化（满足肉羊生长需要和生产所需），设施自动化（自动饮水、机械饲喂、清粪方便）。

（二）母本的选择

现阶段已被国内同行业广泛认可的母羊高产品种有 2 个，即小尾寒羊和湖羊。小尾寒羊在我市养殖时间较长，自 20 世纪 90 年代开始，从山东省引进小尾寒羊改良本地羊之后，我市大多数母羊具有了多胎基因，大多数母羊产羔率达到 180%以上。随着自繁自育时间的延长，品种有所退化，母羊产羔率有所下降，多胎基因的复壮显得迫切，摆在我们面前有 2 个选择，是继续引进小尾寒羊进行复壮，还是引进湖羊进行复壮。就目前掌握的一些基础数据表明，湖羊具有小尾寒羊所不具备的以下优势：一是母羊奶水好，哺乳羔羊成活率高；二是羔羊前期生长速度快，4 月龄体重公羔达到 30 千克、母羔达到 25 千克；三是日采食量较小，湖羊体型比小尾寒羊小，日采食量小于小尾寒羊。因此，引进湖羊发展现代肉羊生产是科学的选择。

（三）父本的选择

近年来从国外引进了大量的肉羊品种，具备生长速度快的肉羊品种有杜泊、特克赛尔、萨福克、道赛特等国外肉羊品种。利用品种肉羊生长速度快的优势与本地羊进行杂交，生产肉质好、长速快的肥羊，是提高养羊效益的有效途径。据国内杂交试验数据资料显示，杂交羔羊 6 月龄体重：萨×湖 38 千克，特×湖 39 千克，杜×湖 40 千克，杜湖杂交一代肥羔具有明显的优势，因此引进杜泊公羊与湖羊母羊进行商品一代生产是提升肉羊养殖效益的较好选择。

（四）三级肉羊生产体系介绍

1. 种羊场

场内养殖纯种杜泊、湖羊及其他优秀的种公羊，通过纯种繁育为扩繁场提供杂交生产的父本和母本。

2. 扩繁场

利用纯种的杜泊公羊和湖羊母羊（湖寒杂交母羊、寒本杂交母羊等多胎母羊）进行杂交，生产具有生长速度快、肉质细嫩的中高档羊肉品种，为育肥场提供商品代。

3. 育肥场

引进扩繁场生产的杜湖（杜寒、杜湖寒等杂交肉羊），采用科学的饲养管理进行短期育肥，体重达到 50 千克左右时出栏。

第四节　工厂化肉羊养殖饲养管理技术要点

一、种公羊的饲养管理

种公羊的饲养管理要求精细，要基本稳定维持中上等膘情，力求常年保持健壮体况。配种季节前后应保持较好膘情，使其配种能力强，精液品质好，提高利用率。种公羊的饲料要求营养含量高，有足量优质的蛋白质、维生素 A、维生素 D 及微量元素等，并且容易消化、适口性好。可因地制宜，就地取材，力求饲料多样化，合理搭配，以使营养齐全。种公羊的日粮应根据非配种期和配种期的不同饲养标准来配合，再结合种公羊的个体差异作适当调整。

（一）非配种期种公羊的饲养

非配种季节要保证能量、蛋白质、维生素和矿物质等的充分供给。一般来说，在早春和冬季没有配种任务时，一般每日饲喂全混合日粮 0.5 千克以上，优质干草 1 千克以上，全株玉米青贮饲料 2 千克以上。

（二）配种期种公羊的饲养管理

配种期要保证种公羊充足的营养供应，才能使其性欲旺盛，精子密度大、活力强，母羊受胎率高。一般应从配种预备期（配种前 1~1.5 个月）开始增加精饲料给量，一般为配种期饲养标准的 60%~70%，然后逐渐增加到配种期的标准。开展人工授精则要在配种预备期采精 10~15 次，检验精液品质，以确定其利用强度。

在配种期内，一般每日饲喂全混合日粮 1 千克以上、优质干草 1 千克以上、全株玉米青贮饲料 2 千克以上，为保证公羊精液的品质及数量，采精期间每天给公羊加喂 2 个鸡蛋、0.5 千克牛奶（或 0.5 千克麦芽）等。

二、母羊的饲养管理

母羊的饲养管理包括空怀期、妊娠期和哺乳期 3 个阶段。

（一）空怀期母羊的饲养管理

空怀期是指羔羊断奶至配种受胎这一段时间。此期的营养好坏直接影响配种和妊娠状况。为缩短母羊空怀期、加快母羊繁殖频率，需对母羊实施短期优饲，尽快恢复母羊体况，为下一轮繁殖打下良好的基础。如果受精卵着床期间营养水平骤然下降，会导致胚胎死亡。

（二）妊娠期母羊的饲养管理

母羊的妊娠期平均为 150 天，分为妊娠前期和妊娠后期。

妊娠前期是受胎后前 3 个月，从受精卵发育完善成胎儿，所需营养少，但要避免吃霉烂饲料，不要让羊猛跑，不饮冰碴水，以防早期隐性流产。

妊娠后期是妊娠的后 2 个月，此期胎儿生长迅速，90%的初生重在此期完成。此期的营养水平至关重要，它关系到胎儿发育、羔羊初生重、母羊产后泌乳力、羔羊出生后生长发育速度及母羊下一繁殖周期。因此，在该期营养代谢水平比空怀期高 17%~25%，蛋白质的需要量也增加。但值得注意的是，此期母羊如果养得过肥，也易出现食欲不振，反而使胎儿营养不良。

（三）母羊分娩和羔羊护理

1. 推算预产期

羊从开始妊娠到分娩期间叫作妊娠期，妊娠期平均为 150 天（146~155

天），在配种时间选择上尽量避免冬季产羔。母羊预产期的推算方法是：配种月份加5，配种日期减2或减4，如果妊娠期通过2月份，预产日期应减2，其他月份减4。例如，一只母羊在2017年11月3日配种，该羊的产羔日期为2018年4月1日。

2. 产房和器具的准备

由于北方气候较冷，日夜温差大，产羔季节安排在冬季和早春的，应准备好产房。有条件的应设单独产羔室，养羊数少的，可在羊舍内隔出一定面积做产房。产房面积应按每只产羔母羊1.8~2平方米计算。产房应清除积粪，舍内墙壁、地面及一切用具必须进行消毒。地面上垫4~5指厚的细沙土或干土面，然后铺上干净柔软的垫草。另外，准备充足的碘酊、酒精、高锰酸钾、药棉、纱布及产科器械。

3. 分娩征兆

母羊临近分娩时，乳房胀大，乳头竖立，手挤时可有少量浓稠的乳汁；骨盆韧带松弛，尾根两侧下陷，腹部下垂，肷窝凹陷，阴唇肿大潮红、有黏液流出；行动迟缓，排尿频繁，时而回头看视腹部，常单独呆立墙角或趴卧，四肢伸直，不爱吃草，站立不安，有时鸣叫，前肢挠地，临产前有努责现象。发现上述现象，应快速送入产房，用温水洗净外阴部、肛门、尾根、股内侧和乳房，用1%~2%来苏儿溶液消毒。

4. 接产

首先剪去临产母羊乳房周围和后肢内侧的羊毛，用温水洗净乳房，并挤出几滴初乳，再将母羊尾根、外阴部、肛门洗净，用1%来苏儿溶液消毒。母羊生产多数能正常进行，羊膜破水后10~30分钟，羔羊即能顺利产出，两前肢和头部先出，当头露出后，羔羊就能随母羊努责而顺利产出。产双羔时，先后间隔5~30分钟，个别时间会更长些，母羊产出第一只羔羊后，仍表现不安，卧地不起，或起来又卧下、努责等，就有可能是双羔，此时用手在母羊腹部前方用力向上推举，则能触到一个硬而光滑的羔体。经产母羊产羔较初产母羊要快。

羔羊产出后，应迅速清除羔羊口、鼻、耳中的黏液，以免引起窒息或异物性肺炎。羔羊身上的黏液必须让母羊舔净，既可促进新生羔羊血液循环，又有助于母羊认羔。冬天接产工作应迅速，避免感冒。

羔羊出生后，一般母羊站起脐带自然断裂，这时用0.5%碘酊在断端消毒。如果脐带未断，先将脐带内的血液向羔羊脐部挤压，在距羔羊腹部3~4厘米处剪断，涂抹碘酊消毒。胎衣通常在母羊产羔后0.5~1小时能自然排出，接产人员一旦发现胎衣排出，应立即取走，防止被母羊吃后养成咬羔、吃羔等恶癖。

5. 难产与助产

初产母羊应及时助产。阴道狭窄、母羊体弱、胎儿过大等均可引起难产。助产的方法是拉出胎羔。在破水后30分钟，如母羊努责无力，羔羊仍未产出，即可助产。助产人员应将手指甲剪短、磨光，消毒手臂，涂上润滑油，先将羔羊两前肢反复拉出送入，然后一手拉前肢，一手扶头，随母羊努责，慢慢向下拉出。切忌用力过猛，或不配合努责节奏硬拉而损伤母羊阴道。助产应及时，不可过早，过迟母羊精力消耗太大，羊水流尽不易产出。

难产有时是由于胎位不正引起的，常见的胎位不正有头出前肢不出、前肢出头不出、后肢先出、胎儿上仰、臀部先出、四肢先出等，此时要先弄清楚属于哪种不正胎位，然后用手将胎儿露出部分送回阴道，将胎儿轻轻摆正，转为正胎位，让母羊自然产出胎儿或随母羊努责节奏，将胎儿拉出。

6. 假死羔羊的救治

产出后的羔羊发育正常，不呼吸，但心脏仍跳动，称为假死。对假死羔羊的抢救方法很多，首先清除呼吸道内吸入的黏液、羊水，擦净鼻孔，向鼻孔吹气或进行人工呼吸。或提起羔羊两后肢，悬空并拍击其背、胸部；或是让羔羊平卧，保持前低后高姿势，手握前肢，反复前后屈伸，然后用手轻拍胸部两侧等。

7. 产后母羊和初生羔羊的护理

(1)产后母羊的护理

母羊产后应注意保暖、防寒、防潮、避风，预防感冒，保持安静休息。产后1小时后饮些温水，第一次不宜过多，一般1~1.5升即可，并喂一些麦麸和优质青干草。产后前几天应喂给质量好、容易消化的饲料，量不宜过多，经过3天，即可转为正常饲料。

(2)初生羔羊的护理

羔羊出生后，应使其尽快吃上初乳，瘦弱的羔羊或初产母羊，或母性差的母羊，需人工辅助吃奶，对母羊缺奶的，也应先吃到初乳之后再找保姆羊喂养。

(四) 哺乳期的饲养管理

哺乳期为40~60天，一般将哺乳期划分为哺乳前期和哺乳后期。哺乳前期是羔羊生后1个月，其营养来源主要靠母乳。测定表明，羔羊每增重1千克需消耗母乳5~6千克，为满足羔羊快速生长发育的需要，必须提高母羊的营养水平，提高泌乳量。饲料应尽可能多提供优质干草、全株玉米青贮饲料及多汁饲料，饮水要充足。母羊泌乳量一般在产后3周达到最高峰，4周后开始下降，同时羔羊采食能力增强，对母乳的依赖性降低。

三、哺乳羔羊的饲养管理

羔羊生长发育快，可塑性大，合理进行羔羊培育，可促使其充分发挥先天的性能，又能加强对外界条件的适应能力，有利于个体发育，提高生产力。研究表明，精心培育的羔羊，体重可提高29%~87%，经济收入可增加50%。初生羔羊体质较弱，抵抗力差，易发病，搞好羔羊三关的护理工作是提高羔羊成活率的关键，羔羊培育要做到“三早”（早喂初乳、早补饲、早断奶）、“三查”（查食欲、查精神、查粪便），保证提高成活率，减少发病死亡率。羔羊的管理要点如下。

（一）过三关

1. 出生关

（1）接产

羔羊产出后，应迅速清除羔羊口、鼻、耳中的黏液，以免引起窒息或异物性肺炎。羔羊身上的黏液必须让母羊舔净，既可促进新生羔羊血液循环，并有助于母羊认羔。冬天接产工作应迅速，避免感冒。

（2）断脐带

羔羊出生后，一般脐带会自然断裂，此刻用0.5%碘酊在断端消毒。如果脐带未断，先将脐带内的血液向羔羊脐部挤压，在距羔羊腹部3~4厘米处剪断，涂抹碘酊消毒。胎衣通常在母羊产羔后0.5~1小时能自然排出，接产人员一旦发现胎衣排出，应立即取走，防止被母羊吃后养成恶癖。

（3）尽早吃足初乳

初乳是指母羊产后3~5天内分泌的乳汁，其乳质黏稠、营养丰富，易被羔羊消化，是任何食物都不可代替的食料。同时，由于初乳中富含镁盐，镁离子具有轻泻作用，能促进胎粪排出，防止便秘；初乳中还含有较多的免疫球蛋白和白蛋白，以及其他抗体和溶菌酶，对抵抗疾病、增强体质具有重要作用。羔羊在初生后半小时内应该保证吃到初乳，对吃不到初乳的羔羊，最好能让其吃到其他母羊的初乳，否则很难成活。对不会吃乳的羔羊要进行人工辅助吃乳。

2. 补饲关（强制补饲）

尽早给哺乳羔羊提供优质补饲料。羔羊早期补饲一般是羔羊出生后7天开始，最迟不要超过 15 天，补饲料由优质粗饲料原料及精饲料原料混合制粒。羔羊饲养于母羊圈舍内放置的羔羊补饲栏中，栏杆的间隔以可进出一只羔羊为标准，补饲栏内设料槽和水槽，每天将羔羊早期补饲料放置其中，任羔羊自由采食。15 日龄以上，每日采取强制补饲。

3. 断奶关

采用一次性断奶法，断奶后移走母羊，羔羊继续留在原舍饲养，尽量保持原来环境。一般来说，羔羊达到 1.5~2 月龄、日采食量达到 150 克以上、体重达到 10 千克以上就可断奶，此时羔羊具备独立生活的能力，而且饲养成活率较高。

（二）其他管理措施

1. 断尾

为避免粪便污染羊毛，防止夏季苍蝇在母羊外阴部产蛆而感染疾病，便于母羊配种，尾部长的羊必须断尾。断尾应在羔羊出生后 3 天内进行，此时尾巴较细不易出血。断尾可选在无风的晴天实施，常用方法为结扎法，即用弹性较好的橡皮筋套在尾巴的第三、第四尾椎之间，紧紧勒住，断绝血液流通，大约 10 天尾即自行脱落。

2. 编号

为了科学地管理羊群，需对羊只进行编号。带耳标法是给羊只佩戴带有编号的耳标，耳标材料有金属和塑料 2 种，形状有圆形和长形。耳标用以记载羊的个体号、品种及出生年月等。以金属耳标为例，用钢字钉把羊的号数打在耳标上，第一个号数是羊出生年份的后一个字，接着打羊的个体号，为区别性别，一般公羊尾数为单，母羊尾数为双。耳标一般戴在左耳上。用打耳钳打耳时，应在靠近耳根软骨部，避开血管，用碘酊在打耳处消毒，然后再打孔，如打孔后出血，可用碘酊消毒，以防感染。

3. 分群

羔羊出生 10 天后对母羊、羔羊进行编群。一般可按出生天数来分群，生后 3~7 天内母子在一起单独管理，可将 5~10 只母羊合为一小群；7 天以后，可将产羔母羊 10 只合为一群；20 天以后，可大群管理。分群原则是：羔羊日龄越小，羊群就要越小，日龄越大，组群就越大，同时还要考虑羊舍大小、羔羊强弱等因素。在编群时，应将发育相似的羔羊编在一群。

4. 提供良好的卫生条件

卫生条件是培育羔羊的重要环节，保持良好的卫生条件有利于羔羊的生长发育。舍内最好垫一些干净的垫草，室温保持在 10~18℃，以 15℃左右为宜。

5. 加强运动

运动可使羔羊增加食欲、增强体质、促进生长和减少疾病，为提高其肉用性能奠定基础。随着羔羊日龄的增长，逐渐加长在运动场的运动时间。

四、育成羊的饲养管理

育成羊是指由断奶至初配的公、母羊，即 4～18 月龄期间的公、母羊。育成羊在每一个越冬期间正是生长发育的旺盛时间，在良好的饲养条件下，会有很高的增重能力。公、母羊对饲养条件的要求和反应不同，公羊生长发育较快，同化作用强，营养需要较多，如营养不良则发育不如母羊。对严格选择的后备公羊更应提高饲养水平，保证其充分生长发育。

五、育肥羊的饲养管理

利用羔羊早期生长旺盛、饲料报酬高、增重快、生产成本低等特点，对断奶羔羊进行短期强度育肥，15 周体重达到 22.5～30 千克或者 6～7 月龄体重达到 50 千克时出栏，不仅加快羊肉生产速度，同时提高羊群中母羊的比例，加快羊群周转速度。

选择断奶羔羊，按性别、大小、强弱分群确定育肥进度和强度。

育肥前全面驱虫、药浴，按程序进行免疫。

按照饲养标准、草场放牧强度，合理确定补饲量。精饲料应营养全面，钙、磷比例合适。每天的精饲料分早、午、晚 3 次补给。舍饲育肥羔羊用全价配合饲料育肥时，应制成颗粒饲料饲喂。

调换饲料种类、改变日粮时应在 3～5 天内逐渐完成，切忌变换过快。不喂湿、霉、变质饲料。

保证育肥羊每日饮足清洁的水，圈舍应每天打扫，保持清洁干净、通风、干燥。

注意适时出栏上市。当年羔羊当年育肥，体重达到 50 千克时出栏上市。

育肥羊一般每天饲喂 2 次较为合适。每次上槽饲喂时间不超过 3 小时，两次间隔时间不低于 8 小时，给羊充分反刍消化的时间，使羊保持旺盛食欲，而且间隔时间长，槽内剩草少，减少浪费。

六、日粮配制原则及方法

（一）日粮的配制原则

1. 以饲养标准为依据，满足营养需要

配制日粮需要首先要了解各品种肉羊在不同生长发育阶段、不同生理状况下的饲养标准，按饲养标准中所规定的养分需要配制日粮，以保证日粮营养的全面，满足肉羊生长与育肥的需要。一套饲养标准包括两部分，一是营养需要表，二是常用饲料的成分和营养价值表。在配制日粮时，应在营养标准的基础上，根据当地气候条件、羊群的饲养方式等酌情增减。

2. 日粮成本的考虑

在肉羊生产中，饲料费用占成本的2/3以上，降低饲料成本，对提高养羊业的经济效益至关重要。在所有的家畜中，羊能利用的资源最为丰富，因此在配合肉羊的日粮时，要充分利用农作物秸秆、杂干草料等，以降低饲料成本。同时，积极应用科研成果产生的价廉原料，运用计算机配合最低成本日粮，以实现优质、高产、高效的目标。

3. 注意日粮的适口性

日粮的适口性直接影响羊的采食量。羊对有异味的饲料极为敏感，如氨化秸秆喂羊的适口性就很差。羊不喜欢吃带有叶毛和硬质的植物，如小麦秸秆等。

4. 体积要适当

既要保证羊能吃饱，又要满足其营养需要。饲料的饲喂量占羊只体重1.5%~3%。严禁使用有毒或霉烂的饲料。

5. 饲料原料应多样化

单一饲料所含养分单调，应多种词料搭配，营养互补，提高配合词料的全价性和饲养效果。

6. 正确确定精、粗饲料比例和饲料用量范围

日粮除了要满足肉羊能量和蛋白质需要外，还应保证供给15%~20%的粗纤维，这对肉羊的健康是必要的。日粮干物质采食量占体重的2%~3%。在肉羊的精饲料混合料中，一般最高用量为玉米70%，小麦40%，麸皮30%，大麦胚或花生饼10%，棉籽饼15%等。

（二）日粮的配制方法

配合日粮的方法有手算法和计算机法2种，手算法是按照肉羊饲养标准中日粮配合的原则，通过简单的数字运算，设计全价日粮的过程，如试差法、正方形法、代数法等。正方形法适合于所需计算的营养指标较少、饲料种类不多时，而试差法适用于所需计算的营养指标及饲料种类较多时。手算法可充分体现设计者的意图，设计过程清楚，是计算机设计日粮配方的基础，计算机配制日粮过程繁杂，特别是当供选饲料种类多，同时需考虑营养成分的最低成本时，需要很大的工作量，有时还难以得出确定的结果。

（三）手算法日粮配制步骤

第一步，查羊的饲养标准，确定羊的营养需要量，主要包括能量、蛋白质、矿物质和维生素等的需要量。

第二步，选择饲料原料，查出其营养价值。

第三步，确定粗饲料的投喂量。

配合日粮时应根据当地的粗饲料，一般成年羊粗饲料干物质采食量占体重的1.5%~2%，或占总干物质采食量的60%~70%；颗粒饲料中精饲料与粗饲料之比以50：50最好，生长羔羊颗粒饲料与粗料之比可增加到85：15。在粗饲料中最好有一半左右是青绿饲料或玉米青贮饲料，实际计算时，可按3千克青绿饲料或青贮饲料相当于1千克青干草或干秸秆折算，计算由粗饲料提供的营养量。

（四）计算精饲料补充料的配方

粗饲料不能满足的营养成分要由精饲料补充在日粮配方中，粗蛋白质和矿物质，特别是微量元素最不容易得到满足，应在全价日粮配方的基础上，计算出精饲料补充料的配方。设计精饲料补充料配方时应先根据经验草拟一个配方，再用试差法、十字交叉法或联立方程法对不足或过剩养分进行调整。调整的原则是：蛋白质水平偏低或偏高，可增加或减少玉米、高粱等能量饲料的用量。

（五）检查、调整与验证

上述步骤完成后，计算所有饲料提供的养分，如果实际营养提供量与营养需要量之比在95%~105%，说明配方合理。

（六）配制日粮应满足的标准

全舍饲时，干物质采食量代表羊的最大采食能力，配合日粮的物质不应超过需要量的3%。放牧条件下，干物质表示可提供的饲料量，其采食量依饲喂条件不同而定。

所有养分含量均不能低于营养需要量的95%。

动物利用能量的能力有限，因此能量的供给量应控制在需要量的100%~103%或更多。

蛋白质饲料价格比较低时，提供比需要量高出5%~10%的蛋白质可能有益于肉羊生产。蛋白质比需要量多25%时，对羊生长发育不利。

实践中有时钙、磷过量，只要不是滥用矿物质饲料，且保证钙、磷比在（1~2）：1，则允许日粮中钙、磷超标。

必须重视羔羊、妊娠母羊、哺乳母羊和种公羊日粮中胡萝卜素的供应。

一般情况下，胡萝卜素过量对动物无害。

满足羔羊和育肥羊的微量元素需要，一般以无机盐的形式补充。应按照饲养标准和有关试验结果，确定微量元素的适宜补充量。

第五节　工厂化肉羊养殖疫病防控综合技术

现代肉羊生产尤其是舍饲肉羊生产是人类保护生态和提高生活质量的双赢策略，舍饲后由于饲养密度大幅度提高，一些散发病可能出现群发的势头，一些非常见病可能集中发作。因此，摸清肉羊发病规律，做好疫病防控工作是肉羊养殖成败的关键。

一、加强饲养管理，增进羊体健康

肉羊舍饲后饲养密度提高，运动量减少，人工饲养管理程度提高，一些疾病会相对增多，如消化道疾病、呼吸道疾病、泌尿系统疾病、中毒病如霉菌毒素中毒等，眼结膜炎、口疮、关节炎、乳房炎等相对多发。事实上，85%以上的羊病都涉及营养，羊群的生产水平越高，对营养、卫生和管理的要求也越高。因此，科学喂养，精心管理，增强羊只抗病能力是预防羊病发生的重要措施。饲料种类力求多样化并合理搭配与调制，使其营养丰富全面；其次重视饲料和饮水卫生，不喂发霉变质、冰冻及被农药污染的草料，不饮污水；保持羊舍清洁、干燥，注意防寒保暖及防暑降温工作。

二、落实“预防为主”的方针，采用程序化防治措施

（一）消毒防控

圈舍应建在地势较高、干燥、便于排水、向阳、便于清扫的地方。门前应设消毒池，每年进行2次圈舍消毒，有疫情时随时彻底消毒。怀疑感染传染病的羊进行隔离，请专业人员确诊后，隔离治疗或进行处理，并彻底消毒病羊污染过的环境、用具。引进新羊时一定要先隔离饲养，观察无病后，方可混群饲养。

（二）免疫接种

首先应注意疫苗是否针对本地的疫病类型，要注意同类疫苗间型的差异。疫苗稀释后一定要摇匀，并注意剂量的准确性。使用前要注意疫苗是否在有效期内。在运输和保存疫苗过程中要求低温。按照说明书采用正确方法免疫，如喷雾、口服、肌内注射等，必须按照要求进行，并且不能遗漏。在

使用弱毒活疫苗时，不能同时使用抗生素。只有完全按照要求操作，才能使疫苗接种安全有效。

（三）定期驱虫

应选择广谱、高效、低毒驱虫药物，并了解药物的作用范围。如丙硫咪唑类药物对胃肠道线虫、肺线虫和绦虫有效，可同时驱除混合感染的多种寄生虫，是较理想的内驱虫药物，但对外寄生虫无效。阿维菌素类药物对线虫及体外寄生虫有效，但对绦虫和吸虫无效。要注意阿维菌素类药物在反刍动物瘤胃中易分解失效，因此羊最好采用注射针剂。对低洼阴湿的吸虫高发地区采用硝氯酚、肝蛭净、佳灵三特等药物效果最佳。对绦虫高发区采用吡喹酮、氯硝硫胺、硫酸铜、硫酸二氯酚等驱虫效果较好。

（四）圈舍消毒及粪便处理

定期对羊舍、用具和运动场等进行预防消毒，是消灭外界环境中的病原体、切断传染途径、防制疫病的必要措施。注意及时清扫粪便，堆积、密封发酵，杀灭粪便中的病原菌和寄生虫及虫卵。消毒剂可选用3%来苏儿溶液、20%石灰乳、0.5%~2%漂白粉溶液等常用消毒品。一般每年春、秋两季对羊舍、用具及运动场各彻底消毒1次。当某种疫病发生时，为杀灭病原体需进行突击性消毒，如用火焰喷灯或氢氧化钠扑灭性消毒。

三、疫病防控的具体措施

建有完善的防疫消毒、疫情报告、检疫申报和动物无害化处理制度，并执行良好。

根据当地防疫实际，制定切实可行的免疫程序，结合免疫监测结果，适时修正、调整免疫程序。重大动物疫病的免疫程序符合兽医业务部门的规定。强制免疫病种的应免密度达100%。

按照国家监测工作要求，结合本场饲养规模，制订年度监测计划，监测数量和监测比例达到国家要求。

建有完善的人员、车辆、畜禽、物料等出入场管理制度，并严格执行。

病（死）畜禽无害化处理操作规范，并有详细记录。

四、兰州地区羊寄生虫病防治技术

羊寄生虫病防治模式是一项综合性防治新技术，它改变传统的防治方法，使单一寄生虫防治改为主要寄生虫整体的有序防治，使零星、间断的治疗改为有组织、连片的预防措施，使羊群中体内外寄生虫得到全面驱治和预防，从而提高综合防治效果。

(一) 规模化羊场驱虫程序

每年12月，注射伊维菌素（有条件的可选择注射多拉菌素）并口服丙硫咪唑，消灭体内消化道寄生线虫，阻止“春季虫卵高潮”的出现；第二年6—7月，羊剪毛后全群运用林丹乳油药浴，同时口服磺胺类药物，以消灭螨、虱等体外寄生虫和羊球虫；第二年9—10月，再次用伊维菌素防治以羊鼻蝇为主的内外寄生虫。

(二) 散养户羊只驱虫程序

每年全群驱虫2~3次，早春（1—2月）口服伊维菌素片和丙硫咪唑片，消灭体内消化道寄生线虫和外寄生虫，阻止“春季虫卵高潮”的出现；每年7—8月，全群口服磺胺类药物，有条件的规模养殖村可选择林丹乳油将各户羊只分群集中起来药浴，消灭球虫与螨、虱等体外寄生虫；每年10—11月，再次用伊维菌素防治以羊鼻蝇为主的内外寄生虫。

(三) 加强管理与环境控制

由于很多寄生虫的虫卵或幼虫可随宿主的粪便排出，因此可采用粪便堆积发酵、粪便放入沼气池等方法杀死粪便中的虫卵和幼虫。另外，还可以采用药杀、火烧、兴修水利、利用天敌等办法杀灭外界环境中寄生虫的中间宿主，切断寄生虫病的传播。通过加强饲养管理可增强羊只抵抗寄生虫病发生的能力，搞好环境卫生可防止病原污染饲料和饮水，杜绝形成羊只感染—排泄虫卵—感染羊只的恶性循环状况。

(四) 注意事项

驱虫羊只体重的测算要准确，羊只估重要尽量接近称重，以便达到药量足、疗效好；驱虫时间选定后不要轻易变更；最好将羊集中在一个地方圈养驱虫，将驱虫后7~10天排出的粪便进行无害化处理，防止病原扩散；确立适宜的防治密度和防治年限。在散户养殖条件下防治密度为80%~95%，防治年限必须连续3~5年，甚至坚持数年，方有成效；长时间使用同一种驱虫药物，容易导致羊群产生耐药性，使疗效降低，因此要注意及时更换同类驱虫药物；妊娠母羊用药要严格控制剂量，可按正常量的2/3给药，可安排在产前1个月、产后1个月各驱虫1次，不仅能驱除母羊体内外寄生虫，而且有利于哺乳，减少寄生虫对羔羊的感染；哺乳母羊驱虫应安排在干奶期进行；育肥羊可在育肥开始时驱虫；肉羊用药后宰杀时间应根据所用药物确定，一般应在用药后21天方可宰杀食用。驱虫时，要注意环境卫生，妥善处理羊只排泄物。

五、规模肉羊养殖场免疫程序（推荐建议）

（一）成年羊免疫程序

见表5-3。

表5-3 成年羊推荐免疫程序

时间	疫苗名称	用法用量	免疫对象	备注
3月份	羊痘活疫苗（1次）	尾根皮内注射1头份	生产母羊及种公羊	自出生至妊娠没有接种过羊痘疫苗的妊娠母羊不建议接种（流产概率大）
3月份	小反刍兽疫活疫苗（1次）	颈部皮下注射1头份	生产母羊及种公羊	
4月份与9月份	口蹄疫灭活疫苗（2次）	颈部肌内注射1头份	生产母羊及种公羊	妊娠后期不建议接种（流产概率大）
3月份与9月份	三联四防疫苗（2次）	颈部肌内或皮下注射1头份	生产母羊及种公羊	
3月份	羊传染性胸膜肺炎疫苗（1次）	颈部皮下注射3毫升	生产母羊及种公羊	妊娠后期不建议接种（流产概率大）

注：妊娠后期漏免的生产母羊进入断奶恢复期时补免相应的疫苗

（二）羔羊免疫程序

见表5-4。

表5-4 羔羊推荐免疫程序

日龄	疫苗名称	用法用量
断奶当天	口蹄疫灭活疫苗	颈部肌内注射1头份
断奶当天	小反刍兽疫活疫苗	颈部皮下注射1头份
7~15日龄	三联四防疫苗	颈部肌内注射1头份
15~30日龄	羊传染性胸膜肺炎疫苗	颈部皮下注射2毫升
20~30日龄	羊痘活疫苗	尾根皮内注射1头份

注：养殖场根据实际情况，除口蹄疫、小反刍兽疫及三联四防疫苗为必打疫苗，其他为选择性接种，接种时注意个人防护

第六节 兰州地区肉羊中草药保健技术规范（推荐）

中草药是我国特有的中医药理论与实践的产物，能提高动物抗应激、抗

疾病能力，改善动物生产性能，且具有无残留、不易产生耐药性等优点，还具有多种营养成分和生物活性物质，兼有药物和营养的双重作用。中草药饲料添加剂的推广应用可缓解长期困扰畜牧业发展的抗生素残留问题，提高生产效率，减少畜牧业对环境的污染。2019 年 7 月 10 日，农业农村部发布药物饲料添加剂退出计划和相关管理政策（农业农村部公告第 194 号）。公告表示，决定停止生产、进口、经营、使用部分药物饲料添加剂，这也为中草药在养殖业生产中的进一步应用提供了更多契机。

项目团队近年来通过示范基地建设，宣传中草药饲料添加剂在肉羊生产中的作用，让更多的肉羊养殖从业者认识到中草药保健的重要性、必然性。通过示范带动，生产出绿色、健康、无药残、高营养的“药膳羊肉”，享誉高端市场，从而实现兰州市肉羊产业的转型升级。经过项目团队的实践和总结归纳，特制订出适于兰州地区使用的肉羊中草药保健技术规范（推荐）。

一、范围

本规范制定了适于兰州地区药膳羊肉生产的饲养管理、饲料添加剂中中草药使用及中草药保健技术的技术要点。

二、规范性引用文件

《中国药典》
《全国中药炮制规范》（1988 年版）
《甘肃省中药炮制规范》
《饲料、饲料添加剂卫生指标》（GB 13078—2001）
《无公害食品　肉羊饲养兽药使用准则》（NY 5148—2002）
《无公害食品　肉羊饲养饲料使用准则》（NY 5150—2002）

三、组方设计原则

（一）整体性原则

按中药药性理论（寒、凉、温、热）和药物相互配伍关系理论，并根据应用类群和预期效果，选配成一个天然植物功效整体，做到组方有“合群之妙”。

（二）增效原则

选用药性相同或相似，又具有相似功效或某些协同功效的天然植物及其提取物组方，以增强组方的功效作用。

（三）组方禁忌

中草药配伍充分考虑各种药材之间的配伍禁忌，避免中草药间的拮抗作用，充分发挥其协同作用。禁用有毒植物和两物相配组方后将产生毒性物或不良反应的组方，以及原为有效者而失去功效的组方。

（四）因地制宜、因畜制宜

中草药饲料添加剂的开发，应充分利用当地中草药资源，同时针对不同类群，用药配方应当有所区别，以适应不同生长期肉羊的需要。

（五）添加注意事项

第一，感官要求。具有该品种应有的色、嗅、味和组织形态特征，无结块、发霉、变质。

第二，饲料中使用的中草药饲料添加剂应是农业农村部《允许使用的中草药饲料添加剂品种目录》中所规定的品种。

第三，饲料中使用的饲料添加剂产品应是取得饲料添加剂产品生产许可证的企业生产的、具有产品批准文号的产品。

第四，饲料中不得添加《禁止在饲料和动物饮水中使用的药物品种目录》中规定的违禁药物。

第五，应降低中草药的农药残留，保证饲料安全，严格执行国家药品监督局的规定。

四、母羊中草药保健技术

发现母羊产后胎衣不下，可用醋 100 毫升、益母草 6~16 克，先将益母草水煎取汁，加醋候温灌服。每日 1 剂，连服 2 天。

母羊产后口服中草药“产后康”，每千克饲料添加 1 克，每日饲喂 1 次，连用 3~6 天。

对奶水差的母羊采用中草药下奶，建议组方：当归 6 克，川芎 6 克，天花粉 6 克，王不留行 9 克，穿山甲 9 克，白芍 6 克，黄芪 9 克，通草 6 克，甘草 4 克。水煎候温服用，每日 1 剂，连用 3 天。

发现母羊乳房肿胀，可用茶叶 10~20 克，姜皮 3 克，五加皮 3 克，地骨皮 3 克，茯苓皮 3 克，大腹皮 3 克，煎汁口服 1~2 次，母羊乳房水肿即可消除。

五、羔羊中草药保健技术

发现羔羊消化不良性腹泻，可口服“止泻散”冲剂 20~30 毫升，每日 1 次，连服 3~5 天。

羔羊产后 20~30 天，饲料中开始逐渐添加保健促生长型中草药饲料添加剂，直至出栏。

六、常见病的中草药防治

夏季天气炎热时，建议大群投服清肺散3~5次，预防上火导致的呼吸道疾病。

疫病流行季节，建议用金银花10克，藿香10克，防风20克，连翘10克，黄柏10克，贯仲20克，大青叶10克，苦参20克，黄连10克，鱼腥草50克，甘草15克，煎汤拌于饲料或混于饮水中，用于传染病预防。

针对破伤风病羊，建议采用荆蔓子、天南星、防风各8克，红花、僵蚕、全蝎各6克，甘草1克，薄荷、羌活各5克，桂枝、麻黄各3克，水煎取汁灌服，每日1次，连服3天。

针对羊口疮病羊，建议采用苦参10克，龙胆10克，白剑10克，花椒10克，黄花香10克，地榆10克，熬成汤后灌服，每日3次，连用1周。

针对羊食入大量青贮饲料发生瘤胃酸中毒时，建议采用天花粉、葛根粉、金银花各30克，甘草60克，绿豆500克，共同研为细末，用开水冲调，候温后用胃管投服。

母羊产后不食，可采用产后康250克，煎2次，药液混合后加黄酒150~200毫升，候温一次灌服，药渣间隔8~12小时再煎2次，混合药液加适量黄酒候温灌服。

本规范立足兰州地区丰富的中草药资源，将现代动物营养学原理与中医药学理论相结合，以健脾开胃、补气养血为设计理念，以中药材的筛选、组方设计原则以及组方的优化为基础，对肉羊的饲料添加剂及常见病防治进行了具体的中医学要求，旨在降低肉羊发病率，减少抗生素的使用，提高肉羊生产成绩的同时，研究开发出绿色、保健、营养、健康的药膳羊肉。

第七节　工厂化肉羊养殖环节其他应注意的问题

一、投入品使用规范

建立严格的投入品管理制度，并执行良好。

禁止使用法律法规、国家技术规范等禁止使用的饲料原料、饲料添加剂、兽药等。

使用的饲料和饲料原料应色泽一致，颗粒均匀，无发霉、变质、结块、杂质、异味、霉变、发酵、虫蛀及鼠咬。

兽药处方药应凭执业兽医处方进行采购，兽药使用应在动物防疫部门或兽医指导下进行，凭兽医处方用药，不擅自改变用法、用量。严格执行兽药停药期规定。

禁止饲喂未经高温处理的餐馆、食堂泔水，禁止在垃圾场或使用垃圾场中的物质饲喂。

畜产品检测无不合格记录。

二、粪污处理要点

建立严格的粪污处理制度，并执行良好。

根据不同羊种及现实条件，采用合理的粪污或垫料资源化利用和无害化处理工艺，工艺设计合理，能有效利用或处理全场产生的粪污和垫料。

羊舍内粪污或垫料处理及时有效，舍内空气质量及环境卫生较好，不影响羊只健康。

养殖场应实行雨污分离，并保障粪污或垫料运输安全。采用排污沟或管道运输粪污，应防止外溢和渗漏，采用车辆或其他方式运输粪污或垫料的，应密闭有效，不影响环境卫生。

粪污或垫料在场内暂存时，储粪池、堆粪场要防雨、防渗、防漏，不污染周围环境。

养殖场内环境良好，无粪污随意堆放现象，四周对外无排污口（达标排放除外），周边环境无污染。

三、养殖环节档案记录管理

建立养殖档案管理制度，并执行良好。

养殖档案应载明羊的品种、数量、繁殖记录、标识情况、来源和进出场日期；饲料、饲料添加剂、兽药等投入品的来源、名称、使用对象、时间、用量和停药情况；检疫、免疫、消毒情况；羊只发病、死亡和无害化处理情况等。

除特别规定外，所有原始记录应保存2年以上。

第八节 “百日羔羊肉”综合配套技术体系流程

一、工厂化肉羊生产羊群周转流程

见图5-8。

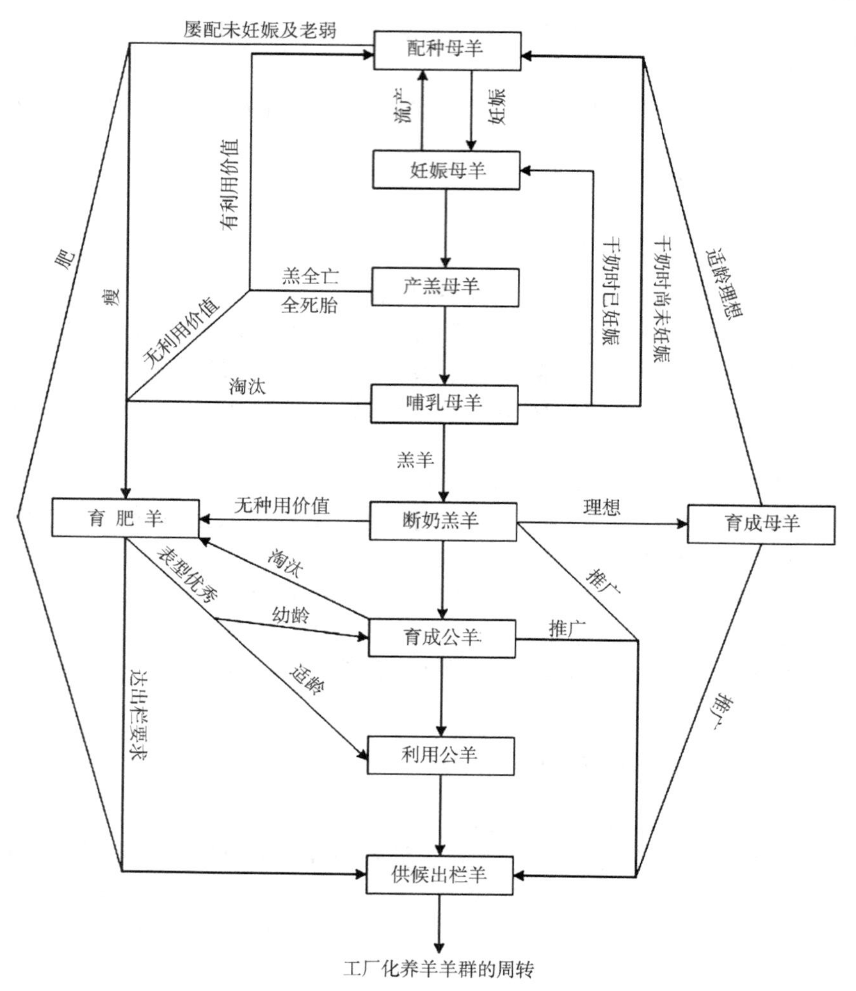

图 5-8　工厂化肉羊生产羊群周转流程示意

二、存栏羊群分组

见图 5-9。

三、母羊配种及羔羊生产流程

见图 5-10。要点：生产周期为 73 天；母羊妊娠期 146~150 天；预产期

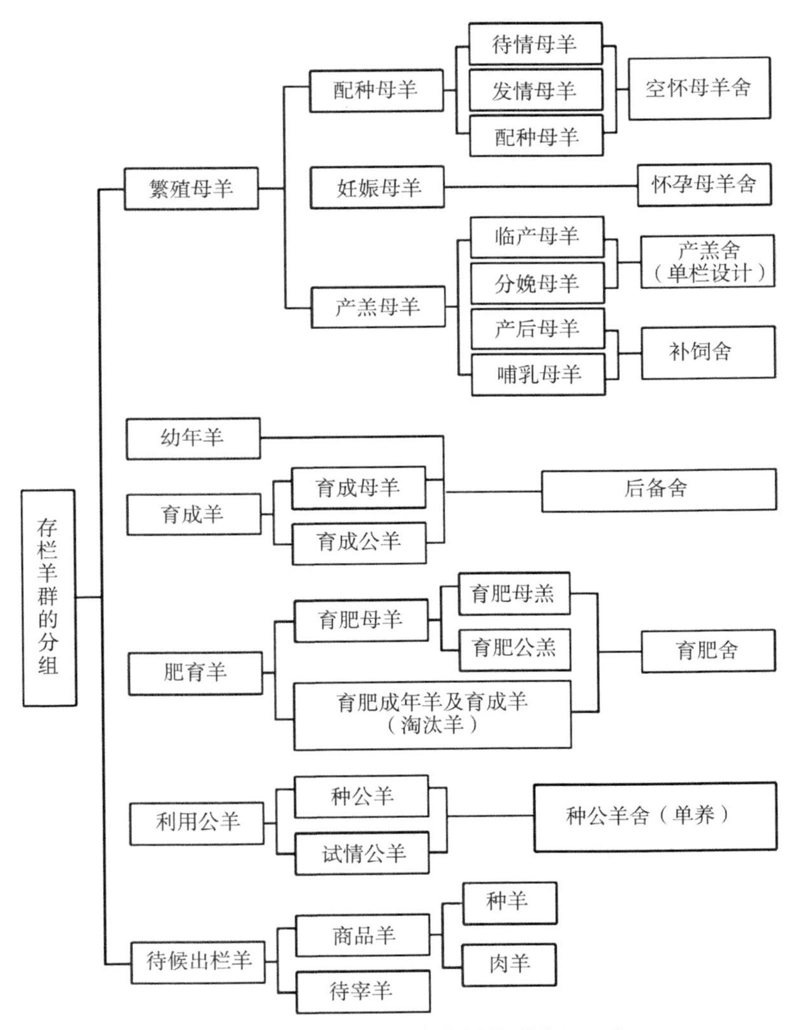

图 5–9　工厂化肉羊生产存栏羊群分组示意

1 周进入产羔栏；母子共在产羔舍 2 周后，母子全出产羔舍，全进补饲舍；母羊在补饲舍 6 周后返回待配母羊舍，羔羊单独再住 1 周出补饲舍转育肥舍或后备舍；羔羊在育肥舍育肥 7 周出栏上市。

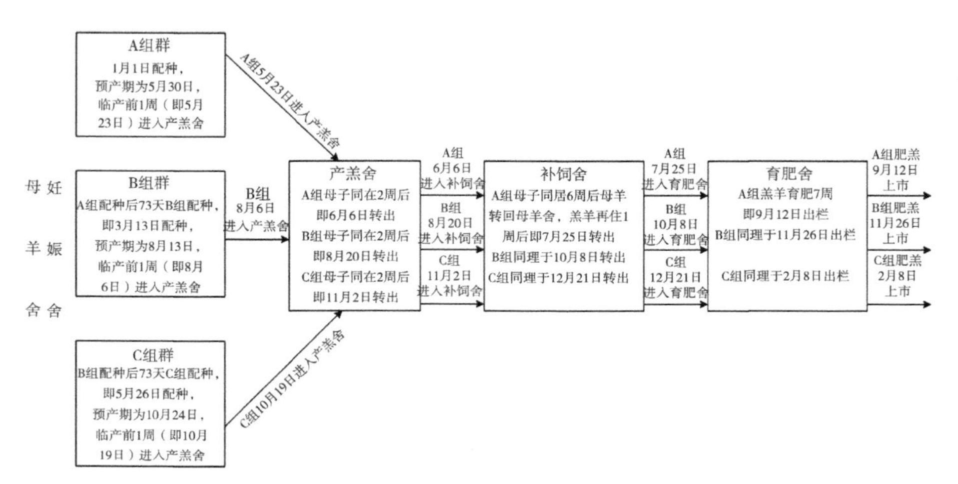

图 5-10　工厂化肉羊生产母羊配种及羔羊生产流程示意

四、工厂化肉羊生产工艺流程

生产工艺：全套生产工艺可概括为五阶段、三自由、两计划、一强制。即按羊群不同生产阶段按计划针对性进行饲养管理划分为：待配、妊娠、哺乳、保育和育肥五个阶段；实现自由饮水、自由运动和精饲料自由采食；实行计划配种、计划免疫；羔羊一周龄期开始进行早期强制隔离补饲（图 5-11）。

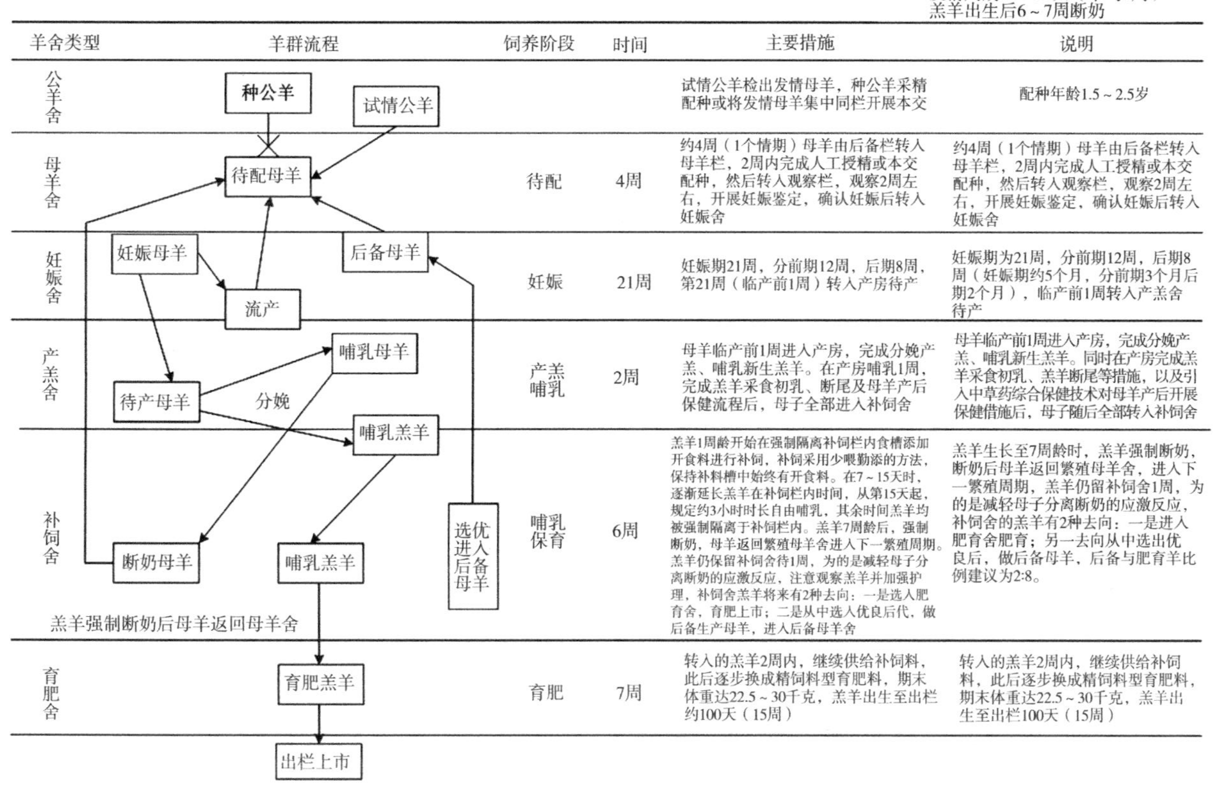

图5-11　工厂化肉羊生产工艺流程示意

第六章　林地种草养鸡技术

随着经济的发展和生活水平的提高，人们对肉、蛋等产品的需求由简单的数量消费向绿色、无公害、有机转变，放养的土鸡因其口味鲜美、绿色无污染而备受消费者青睐。林下种草放养土鸡不仅可以降低饲养成本，还能提高林地土壤肥力，促进林、草生长，改善生态环境，经济、社会、生态效益显著，拓展了家禽养殖的新环境。在退耕还林政策的大力扶持下，人工种草面积逐年增加。利用人工种草规模化放养生产优质肉鸡，达到草养畜禽、畜禽粪便肥草的目的，是可持续循环发展的有效途径之一。近年来，林下生态养殖与林下循环模式的构建对甘肃省生态经济的可持续性发展发挥着越来越重要的作用。林下生态养殖具有减少饲料投入、提高养殖经济效益、减少疾病发生和减少因此带来的损失等优点，在饲养环境好、无污染的条件下，能够生产出安全、无公害、品质优异、风味佳的畜禽产品，满足广大消费者的需求。

第一节　林地种草养鸡的优点

一、节约精饲料

相比集约化商品肉鸡生产而言，土鸡耐粗饲，能消化日粮中一定比例的粗纤维，因此在林地中种植牧草供鸡采食，可降低饲养成本。吴启进等研究表明，林下种草放牧养鸡平均每只日采食鲜草 0.192 千克，获得干物质 0.029 千克，按放牧饲养 70 天计算，每只鸡采食鲜草 13.44 千克，获得干物质 2.32 千克，林下种草放养土鸡可减少精饲料消耗 40.94%，较大幅度降低了养鸡的精饲料投入。在牧草种类中，放牧土鸡尤为喜欢采食豆科及较为细嫩的牧草，以及牧草籽实，对禾本科及纤维含量高的牧草以及篙草类采食较差。

二、提高土壤肥力

土鸡在林中觅食，排放的鸡粪增加了林地有机质，可促进林木生长。

陈俊华等研究表明．与不养鸡的林地比较，林下每公顷放养600只、900只、1 200只、1 500只鸡，0~20厘米土壤有机质、全氮、全磷和全钾量比养殖前分别增加5.95%、14.88%、10.75%和5.34%，土壤容重比养殖前增加11.38%~17.99%，>20~40厘米土层增加8.4%~15.75%，土壤总孔隙度平均减少3.2个百分点。李秀珍等的试验也得到相似结果：林下散养鸡林地的土壤容重降低，孔隙度、水分增加，氮、磷、钾等有机质营养成分增加。康伟静等的研究结果显示，在郁闭后的杨树林下套养本地鸡种2年后，不同土层土壤的各主要养分含量均有所提高，其中以速效氮的含量提高最大，上土层提高186.3%，中土层提高296.5%；上土层的速效磷含量提高了50.5%；不同土层土壤有机质、全氮、速效钾含量均提高11.5%~26.3%。

三、促进林木及牧草的生长

林地养鸡不仅能改善林地土壤的理化性质，使土壤肥力提高，而且防虫害，从而可促进林木和牧草生长。李秀珍等的研究结果表明，林下养鸡林地的杨树高度和胸径比对照地的显著增加。康伟静等的研究结果显示，郁闭后的杨树林下套养本地鸡种2年后，杨树胸径、树高和蓄积分别比对照提高6.8%、7.1%和20.6%，6年生杨树蓄积增加14.2立方米/公顷。陈俊华的研究结果表明，4种养殖密度样地柏木胸径和高度年增长量分别比对照提高30.8%和33.73%。郈胜萍等的研究结果显示，养鸡林地的花椒树生长快，比未放养鸡的增高31厘米（3年苗），树径增加0.22厘米。同时，未放养鸡的花椒树因虫害和黄蚁等死亡15.38%，放养鸡的花椒树无一株因虫害死亡。发生黏虫的草地放牧养鸡10天后，黏虫减少到7条/平方米，未放牧养鸡的草地黏虫为402条/平方米。合理轮牧的草地，牧草层次分明，生长明显好于未放养鸡的草地。

四、是生态精准扶贫产业的好办法

生态养鸡与现代集约化畜牧生产相比，具有投入少、不受制于集约化生产对场地的特殊要求、经营灵活、养殖收益较高等特点。实事求是地说，现代畜牧业生产是高投入、高产出、高效益，做不到这点就无法立足。而生态养鸡则是低投入、低产出、高效益。近年来，笔者团队按照统筹规划、市场主导、农民自愿的扶贫思路，坚持“输血”与“造血”相结合，以增加贫困村农民收入为目标，依托兰州市农委支持，坚持种养结合、循环发展理念，立足生态环境优美、全程质量控管、产品安全的管理、技术优势，以散养鸡产业为重点，采取“合作社+帮扶村+重点养殖户”经营方式，“育雏基地+帮扶村+合作社+重点养殖户”的架构，实施“三统一管理”模式，落实合作社自建基地、帮扶村统筹、贫困户自养、社员入股分红等多种途径，引导贫困户在基地就业，实现脱贫目标。

第二节　林地种草养鸡的相关技术

一、林地选择

选择远离人口密集区500米以外，未经寄生虫或传染病污染的山地，且通风光照良好，水源充足清洁，交通便利的地方。林地土质为沙壤土或壤土，坡度35°以下。树、藤木龄2年以上，其中的荫蔽度在35%~50%，采光和透气性能好。研究结果显示，从育成到出栏的鸡群平均成活率松树林最高（97.9%），其次是茶树林（97.5%）、灌丛散乔木林地（97.4%）、芒果林（97.1%）、桉树林（96.7%）、橘林（96.3%）、板栗林（95.7%）、混合林（95.4%）、八角林（92.6%）。成活率最低的是竹林（89.2%）。料肉比最低的是松树林（3.85：1），平均日增重最高（15.91克）。料肉比最高的是竹林（4.1：1），平均日增重最低（14.75克）。其他料肉比从低到高的依次是混合林（3.86）、茶树林（3.87）、桉树林（3.88）、芒果林（3.9）、板栗林（3.92）、柑橘林（3.96）、混合林（4.0）、八角林（4.05）。对林地郁闭度而言，最适宜的是40%~80%，鸡群的成活率和日增重都优于过高或过低的郁闭度（40%以下或80%以上）。不同坡度的林地也影响鸡群平均成活率、日增重及料肉比。坡度在5°~35°，林地的鸡群平均成活率较高（96.%~97.95%），坡度在35°以上的林地鸡群平均成活率较低（89.25%~95.75%）。坡度在5°~35°的料肉比平均在3.88：1，坡度在35°以上的料肉比在3.92：1以上。

二、林地的耕作

（一）全垦

适用于山地较平坦的地块（坡度<10°），将山地全部开垦，深度30~60厘米。

（二）条垦

适用于山地坡度在10°~20°的地块，每2~5米开30~60厘米的沟，沟深

50 厘米。

（三）穴垦

适用于山地坡度在 20°的地块，进行穴垦，穴规格 30 厘米×50 厘米×50 厘米，穴距 0.5~1 米。

三、混播栽种方式

以 50%~60%禾本科与 30%~40%豆科牧草、中草药与 10%左右其他科草品种混播搭配；20%~40%一年生和 60%~80%多年生牧草混播。

四、牧草品种的选择

选种原则为：第一，选择抗病虫害、抗旱、抗寒、抗热能力较强的牧草品种。第二，具有发达、密生的地下根系，能耐贫瘠的土壤，一般为多年生草种，具有极强的自我繁衍能力。第三，相对于本区域的其他草种，生育期相对较长。禾本科草本植物有宽叶雀稗、杂交狼尾草、百喜草、鸭茅、香根草、黑麦草、苇状羊茅、狗牙根等；豆科草本植物有三叶草、紫花苜蓿、扁豆、大翼豆、银合欢等。

笔者实践中在众多的牧草中选用甘梅克斯 K-1（以下简称甘 K-1）为主试牧草，兼选用黑麦草和紫花苜蓿为冬牧营养补充牧草进行人工种草养鸡的试验研究。种源由甘肃省草原站提供。甘 K-1 具有多年生、抗寒、抗旱、耐涝、耐盐碱等特点，适应性很强。一次种植多年收获，产草量高，年亩产鲜草可达 15 000 千克。营养价值高，鲜草干物质含量 10%左右，干物质中蛋白质含量高达到 28%~30%。若能进行合理调制与充分利用，可满足 150~200 只成年鸡的蛋白质营养需要，加上补充一些精饲料，每亩可养产蛋母鸡 200 羽。

五、播种时间

暖季型牧草适宜在 3—5 月播种，冷季型牧草适宜在 9—11 月播种。

六、播种方法

播种前进行除草灭茬；每亩施腐熟有机农家肥 3~4 立方米，周口市精细化工厂产氮、磷、钾复合肥一袋（50 千克）；要深耕细耙，同时保持良好墒情。

播种方法有条播、撒播或穴播。

（一）条播

条播行距为30～40厘米，播幅10～20厘米，深度均匀。笔者实践中采用条播，每亩播种量120克。为有效控制播种量，在播种时，用炒谷6千克与草种混合播种。播种深度1.5～2.0厘米，行距50～60厘米，株距30厘米左右。

（二）撒播

种子均匀撒播在开垦松软的地块后，覆土厚度为3～5厘米。

（三）穴播

穴距为35～50厘米，穴深5～15厘米。

七、播种量

牧草播种量的计算公式：

实际播种量（千克/公顷）= 种子用价为100%时的播种量/种子用价（%）

种子用价=种子发芽率（%）×种子净度（%）

几种主要牧草的播种量见表6-1。

表6-1　主要牧草的播种量

牧　草	播种量（千克/亩）	牧　草	播种量（千克/亩）
紫花苜蓿	1.5～3	宽叶雀稗	2～3
草木樨	1～1.8	狗牙根	2～3
沙打旺	1.2～2.2	披碱草	1.5～3
红豆草	3～4	冰草	1～1.5
三叶草	1～2	扁豆	2.5～3
百喜草	1～2	黑麦草	2～3

八、田间管理

（一）施肥

1. 基肥

基肥以腐熟的有机肥为主，施用量为2 000千克/亩。

2. 追肥

追肥以速效性化肥为主，在牧草生长的分蘖（枝）期、拔节期或现蕾期和放牧后 3~5 天追施 10~15 千克/亩的化肥。

(二) 灌溉

1. 灌溉设施

打机井或在山顶建积水池，将管道均匀分布在林地间进行灌溉。

2. 灌溉方法

根据气候条件和土壤含水量进行定期灌溉。在播种后，根据墒情进行第一次灌溉，第一次灌溉要灌透，等到地表上稍干时进行第二次灌溉；苗出全后可以适当“蹲苗”，待到长出 3~5 片真叶时，再行灌溉。

第三节 人工草地牧鸡

一、牧鸡品种的选择

牧鸡的品种应根据鸡在园林的适应性和市场需求来确定。选择适应性强、抗病力强、觅食能力强、耐粗饲、肉质鲜美、风味独特、适合市场需求的地方良种鸡。以适应当地环境的地方优良品种为最佳，如芦花鸡、三黄鸡、乌骨鸡、固始鸡、萧山鸡、广西麻鸡、绿壳蛋鸡、寿光鸡、北京油鸡等。艾维因、AA 快大肉鸡生长快、活动量少，环境要求不适合。羽色外貌上宜选择黑羽、红羽、麻羽或黄羽青脚等地方鸡种特征明显的鸡种。

二、育雏

1~28 日龄（夏天 25 日龄，冬天 30 日龄）为育雏阶段，此阶段采取集中育雏，使用全价饲料，采用平养或网上平养方式。育雏舍要求保温、干燥、通风、光照适宜，无漏风、漏雨、鼠洞。保温设备、食槽、饮水器要准备齐全。然后将育雏舍和器具冲洗干净，干燥后，用 10%~20%的石灰乳刷拭墙壁和地面，再用氢氧化钠、来苏儿或百毒杀等消毒药物喷洒，最后紧闭门窗，用高锰酸钾 10 克/平方米，40%甲醛溶液 20 毫升/平方米 对育雏舍和保温设备及垫料等进行熏蒸消毒 24 小时，第二天打开门窗排出污浊空气，即可升温备用。雏鸡对温度很敏感，不同日龄的雏鸡对温度和湿度的要求不同，因此育雏过程中要特别注意温度和湿度的变化。供温方式有烟道、煤炉、远红外线灯（管、板）、电热板等，育雏室的温度比育雏器温度低 8~10℃为宜，温、湿度的测量可用干湿球温度计。育雏室温度应以温度计在距地面高 1.2 米 处测量值为准，第一周要求 24℃以上，以后逐日下降。育雏器的温度则以鸡背平行或距地面5厘米高处测量值为准，第一周33~35℃，以后每周下降3℃，直至与室温相同。看鸡施温，鸡只在休息或活动时呈分散状态即“满天星”状为合适。在保温的同时要注意通风换气，以防因保温而导致鸡舍内空气污浊而诱发疾病。雏鸡出壳后12~24小时，有啄食现象时即可开食，开食前2~3小时，先饮用3%~5%葡萄糖水，2~8日龄在水中加入防白痢药物。开食料可用雏鸡全价料、玉米粉等，少喂勤添。饲料应根据日龄选择和配制优质全价料，以满足雏鸡对各种营养物质的需求。在育雏过程中要注意饲料供应的均衡和稳定，更换饲料时要逐渐更换，至少用3天时间过渡。前期料与后期料的更换比例为第一天3∶1和3∶2，第二天各1∶1，第三天1∶3和2∶3，第四天可全部喂后期料，避免因换料而产生应激，影响采食和生长。饲养方式可采取地面平养、网上平养和笼养等。地面平养要求为水泥防潮地面；垫料要求干燥、清洁、不发霉，可用木屑、玉米秆、稻草等，长度3~5厘米为宜。育雏中后期要常换垫料，以减少鸡白痢、球虫病等的为害。免疫及疾病防治是保证鸡群健康生长的重要环节。在使用疫苗时，应特别注意疫苗种类、批号、生产日期、使用说明及储运方法，同时要注意疫苗质量和使用剂量。雏育期免疫参考程序：1日龄皮注马立克氏疫苗；5~7日龄用新支二联（ND+H120+J9）点眼、滴鼻，首免；12~14日龄用法氏囊（IBD）点眼、滴鼻；20~22日龄用新支二联（ND+H52+J9）点眼、滴鼻，二免。对于鸡白痢、球虫病等常见多发病，则应加强饲养管理，搞好卫生，消毒净化环境，同时注意交叉和联合用药。

三、育成鸡饲养

时间一般为30~100日龄，方式为林下规模化人工种草放牧散养，每群300~500只为宜。育成阶段为散养，是林下种草养鸡的特点。以优质牧草、草籽和昆虫等作为部分饲料来源；加之饲养环境好，鸡的活动多，疾病少，生产出的鸡肉因品质安全无公害、鲜嫩、风味好而深受欢迎。宜选择环境好、无污染源、隔离条件好、饲料和鸡产品进出运输方便的果园、经济林和疏林地。放牧鸡舍仅供鸡群夜晚休息和恶劣天气使用，因此修建应简易，易于随时搬迁。放牧草地的建植应考虑鸡的食性、耐践踏和持久性，可采用60%豆科牧草、40%禾本科牧草的混播方式，适宜的豆科牧草有三叶草、紫花苜蓿、百脉根，禾本科牧草有黑麦草等。播种量豆科牧草8千克/公顷，禾本科牧草5千克/公顷。为保证鸡既有充足的牧草采食和宽敞的牧地活动，降低养殖成本，又避免过度放牧造成草地损坏和土壤板结，适宜的放养密度为300~400只/公顷。鸡舍密度为15只/平方米，以每群300~500只为宜。当牧草覆盖率达到90%，牧区可划分为若干个小区，5~7天换1个小区，20~30天轮牧1次，轮牧时不能驱赶鸡群，应采取诱导方式将鸡引诱到放牧地点。每出栏1批鸡要搬迁1次，避免草地环境中病原微生物的增殖导致鸡群发病增加；同时利于草地对鸡粪的吸收，增强草地保养和恢复，及时补种牧草，以利再次使用。补饲的精饲料以无公害的浓缩料配合当地所产玉米、细糠、农副产品等。放牧时每天早、中、晚补饲3次，30~70日龄每天按日粮的50%~60%补饲精饲料。早、晚补饲精饲料的40%，让鸡产生饥饿感，到牧地觅食活动，以利鸡肉品质风味的提高；晚上补饲精饲料的60%，以利于鸡的生长发育；出栏前30天左右补足精饲料，以保证出栏重量。牧地周围环境应禁止喷洒农药，防止鸡中毒。防止野兽及其他动物的侵害。补饲时定时、定量、定声音，让鸡形成条件反射，到预定地点补饲。

四、划区轮牧

用杂交狼尾草、蔗草等上繁草与宽叶雀稗、百喜草等下繁草作为围栏和轮牧的分界线。为了有效预防疾病发生，每3.33~6.66公顷为一个放牧养殖场，养殖场内划分为3~6个饲养区，每个饲养区划分为4个牧区。每个牧区用生物围栏分隔，轮牧周期为40~60天，每个牧区放牧10~15天，休牧30~45天。

五、饲养规模

鸡群一般在40日龄左右放牧，每亩林地以放养500羽左右为宜。

六、棚舍的搭建

场址选在高燥、干爽、避风向阳、排水良好的上坡林地，鸡舍设计应通风、干爽、冬暖、夏凉、坐北向南。场地要有水源和电源，鸡床外侧架空2.5米。内侧坡面，利用山坡地形斜度使鸡粪向一侧滑动，便于鸡粪收集且有利于鸡体健康。

七、定时补饲

把饲料放在料桶内或直接撒在地上，早、晚各1次，吃净、吃饱为止。

八、牧区内必要的配套设施

喂料设备采用食槽或料桶，每100羽鸡准备1米的食槽5个。场内分散放置饮水器，供鸡随时饮水。

九、疫病防控

严格执行“预防为主”的方针，根据该地区疫病流行情况、本场鸡群发病史、抗体水平、不同生长阶段、疫苗特点、饲养管理和季节等因素制定合理的免疫程序。利用林下放养的模式，建立严格的生物安全体系，实行严格的隔离、消毒和防疫措施。利用天然林木、地理特点和人工设施建立放牧鸡场疫病防控屏障，加强对鸡场内外人和环境的控制和隔离，切断鸡场内外病原物传播的通道，消毒灭菌，净化场内环境。

十、饲养期结束时的工作

严格实行全进全出制度。养殖户进雏鸡时必须引进同批次、同日龄的雏鸡，饲养期结束后将商品鸡尽可能地在短时间内同时出栏。鸡群出栏后清场处理，将鸡舍、放养场地内的一切用具彻底清洗、消毒、暴晒。对鸡舍、场内的林木、青草、放养场的地面也要严格消毒。场地闲置 30 天后再进下一批鸡。

第四节　影响效益的关键因素

一、放牧林地的选择

林地所处位置、林地类型及林地郁闭度等对鸡的成活率、生长速度等指标有一定影响。

二、人工草地的建植

林地人工放养草地一般应选择营养价值高、适口性好（如豆科的白三叶、紫花苜蓿等）、再生力强、产草量高、耐践踏（如禾本科的燕麦草、黑麦草、鸭茅等）的草种。播种季节以秋播最佳，主要体现在优质草地能较快地形成群落覆盖优势，更好地抑制杂草生长，经过越冬降温过程，可减少牧草病虫害的发生。播种时将豆科与禾本科牧草种子按 6∶4 的比例混合后进行撒播。

三、放养的适宜密度

以植被环境良好为前提，根据人、财、物和环境条件决定放养鸡的数量，同时在放养时根据草场和鸡的日龄及时调整，实现生态效益和经济效益的共赢。不同的环境、资源以及饲养管理条件下，适宜密度差距较大。研究表明，根据鸡日龄不同来调整鸡的密度，50~80 日龄宜放养 600~1 200 只/公顷，80 日龄以上宜放养 450~600 只/公顷。根据实践得出 600~750 只/公顷。养鸡规模大小要根据林地大小和养殖户自身经济条件而定，如林地一般养殖密度在 2 250~3 750 只/公顷为宜，每批放养 2 000~3 000 只为佳，分片放养时，每片放养 500~700 只最适。研究结果表明，养殖密度以 900 只/公顷为最适宜，既可获得可观的经济收益，又能控制水土流失量。

四、饲养管理

在林地牧鸡要投入 28 日龄以上的脱温鸡苗，并且在林中鸡舍内再饲养 10 天，此时鸡的体重达到 0.6 千克以上方可放牧（视季节情况定，温暖季节可提前，寒冷季节则推迟），才能提高养殖成功率。开始放牧时，鸡的饲喂时间、次数、料量与在鸡舍内一致，以后逐步减少，1 个月后过渡到每天上午放牧前和傍晚放牧结束后各补饲 1 次，饲料量根据鸡的日龄和在林中能采食到的食物多少适当调整。补饲时，可以采取吹口哨、呼喊或敲打物体等方式让鸡群形成条件反射，以便在遇到紧急情况时将鸡收拢入舍。放牧地应进行划块分区，进行轮牧，一般每 7 天换 1 个放牧地点，夏、秋季节牧草生长旺盛时 15 天左右轮牧 1 次。同时，加强放牧地巡查，防止鼠、黄鼠狼、鹰等天敌的侵袭。

五、疫病综合防治

在育雏期按免疫程序注射疫苗（马立克氏病疫苗、传染性法氏囊病疫苗、球虫联苗、新支二联苗等），在放牧期间要重点做好寄生虫病的预防和治疗。

（一）搞好环境卫生

定期清除鸡舍内外粪便，并堆放、发酵以杀灭虫卵；保持鸡舍和放牧地干净卫生，定期使用 1∶200 的农乐溶液消毒补饲场地。换轮牧区时，彻底清除上一牧区的鸡粪，每批鸡销售结束后要对鸡棚及周边进行全面清理和消毒。

（二）预防和治疗药物

1. 氯苯胍

按 30~33 毫克/千克浓度混饲。

2. 氯羟吡啶（可球粉、可爱丹）

混饲预防浓度为125~150毫克/千克。

3. 磺胺喹恶啉（SQ）

预防按150~250毫克/千克浓度混饲或按50~100毫克/千克浓度饮水，连用3天，停药2天，再用3天。

一旦发生寄生虫病，要及时治疗。根据寄生虫病的特点和生活史规律，使用广谱、高效、低毒、低残留的治疗性驱虫药，如丙硫咪唑等，选用2~3种驱虫药轮换使用，防止产生耐药性。同时，在饲料或饮水中添加禽用电解多维，提高机体抵抗力。驱虫后的鸡粪应及时收集，作堆积发酵等无害化处理，并对鸡舍及活动场地进行彻底消毒。

第五节　一种实用的生态养鸡模式——“1553”模式

1个农户养几棚土鸡，每棚规模不大于500只，每亩地养鸡不大于50只，鸡群饲养日龄300天左右。“1553”模式强调的要点如下。

一是开展生态养鸡的农户，选择适宜的放牧场地，建立相互间隔100米以上的鸡棚多个，每个鸡棚面积30~40平方米，每棚可饲养土鸡400~500只。这样便于做到小群分散、合理间隔、轮牧饲养。

二是一棚鸡群规模不大于500只。根据鸡的生物学特性，一般放牧情况下，鸡群的活动半径围绕鸡舍不大于200米，如果群体过大，则鸡舍周边寸草不生，造成水土流失、生态恶化，而离鸡舍远处有草有虫鸡又不会去采食，造成资源浪费。生态养鸡根据牧场条件，规模以不大于500只为宜，这样有利于保护生态环境，降低养鸡对环境的污染。

三是1亩地不大于50只。在非人工草地情况下，天然饲料资源是有限的，从维护生态环境出发，并保证让鸡群能够吃到一定数量的牧草和昆虫，以此达到节约饲料、改善肉蛋产品风味和品质的目的，故1亩地不大于50只这一指标，是按放牧养鸡的牧场承载能力设定的，这也与欧洲生态养鸡所要求的饲养密度1亩地60只接近。

四是鸡群饲养日龄300天左右。开展生态养鸡的品种主要为地方土鸡或改良土鸡，产蛋率相对低，饲养300天左右，鸡的产蛋高峰期已过，再延长饲养时间则产蛋率下降而不经济。另外，从放牧鸡的特点看，300日龄左右时，鸡的羽毛还未换羽，毛色光亮，出售时鸡的售价较高，而300日龄后，随着饲养时间延长，鸡群将脱毛换羽，出现这种情况则鸡的售价降低。此外，从鸡肉品质看，300 日龄左右其肌内脂肪、肌间脂肪、肌苷酸、谷氨酸钠、牛磺酸等风味物质含量丰富，肌纤维细嫩，用这种鸡煨汤香气四溢，味道鲜美。如果饲养时间过长，则肌纤维和结缔组织老化，肉质口感变差。生态养鸡以生产鲜蛋和活鸡相结合，其鸡群饲养 300 日龄左右是获取效益的最佳结合点。

参考文献

阿地力 . 2006. 优质饲草小黑麦的栽培技术 [J]. 新疆畜牧业 (1): 59-60.

白玉龙, 姜永, 乌艳红, 等 . 2003. 紫花苜蓿品种比较试验 [J]. 草业科学, 20 (9): 16-19.

北京农业大学 . 1982. 草地学 [M]. 北京: 农业出版社.

蔡海霞, 程广伟 . 2012. 紫花苜蓿育种有关问题浅探 [J]. 中国草食动物, 17 (2): 4-5.

曹致中, 张文旭 . 2011. 甘农 6 号紫花苜蓿品种选育报告 [J]. 中国草地学报, 35 (1): 26-28.

曹致中 . 2001. 优质苜蓿栽培与利用 [M]. 北京: 中国农业出版社.

朝鲁门 · 其其格 . 2010. 混合草颗粒制粒技术及饲用价值评价的研究 [D]. 呼和浩特: 内蒙古农业大学.

陈宝书 . 1992. 红豆草 [M]. 兰州: 甘肃科学技术出版社.

陈宝书 . 2001. 牧草饲料作物栽培学 [M]. 北京: 中国农业出版社.

陈珂, 陈国娟 . 2009. ISSR 技术及其在植物遗传多样性研究中的应用 [J]. 安徽农学通报 (下半月刊), 25 (1): 59-65.

陈立波, 张力君, 刘磊 . 2005. 苜蓿育种几个问题的探讨 [J]. 中国草地 (38): 168-174.

陈亮, 刘建国, 田斌, 等 . 2018. 复方中草药添加剂对杜湖杂交 F1 代羔羊羊肉营养成分及氨基酸含量的影响 [J]. 中兽医学杂志 (8): 3-7.

陈亮, 刘建国, 王毅 . 2019. 中草药添加剂对杜湖杂交 F1 代羔羊肉品质及风味化合物的影响 [J]. 畜牧兽医杂志, 38 (2): 26-29.

陈亮, 王毅, 刘建国, 等 . 2019. 兰州地区工厂化肉羊养殖栏舍优化设计与实践 [J]. 甘肃畜牧兽医, 49 (4): 7-10.

陈绍淑, 徐晓峰, 朱明明 . 2018. 不同硒源对滩羔羊瘤胃前背盲囊乳头的影响 [J]. 畜牧与饲料科学 (2): 14-16.

成文革, 仲伟光, 李子勇, 等 . 2016. 不同粗饲料对杂交绵羊生产性能和肉品质的影响［J］．中国草食动物科学，36（5）：24-27.
崔国文．2008．中国牧草育种工作的发展、现状与任务［J］．草业科学，1：38-42.
杜长城，杨静慧，任慧朝，等．2008．不同品种紫花苜蓿的耐盐性筛选试验［J］．天津农业科学，12（2）：23-25.
高峰，张颖．2005．紫花苜蓿品种试验研究［J］．中国种业（11）：44-45.
高腾云．2012．奶牛标准化生产［M］．郑州：河南科学技术出版社.
耿华珠，吴永敷，曹致中，等．1995．中国苜蓿［M］．北京：中国农业出版社.
耿慧，徐安凯，王志锋．2010．根蘖型苜蓿——公农 3 号［J］．新农业，15（2）：62-66.
龚克剑．1981．南方优良牧草栽培［M］．长沙：湖南科学技术出版社.
关潇．2009．野生紫花苜蓿种质资源遗传多样性研究［D］．北京：中国林业大学.
桂枝，高建明．2003．我国苜蓿育种的研究进展［J］．天津农学院学报，10（1）：37-41.
郭海明，于磊，林祥群，等．2009．新疆北疆绿洲区 4 个紫花苜蓿品种生产性能比较［J］．草业科学，26（7）：72-76.
郭江鹏，郝正里，李发弟，等．2013．早期断奶对舍饲肉用羔羊消化器官发育的影响［J］．畜牧兽医学报，44（7）：1 078-1 089.
郭莹，杨芳萍．2018．六倍体小黑麦饲用特性及应用前景［J］．草业科学，35（3）：635-644.
韩路，贾志宽，韩清，等．2004．不同紫花苜蓿品种生产效能研究［J］．西北农林科技大学学报，32（4）：19-22.
韩瑞宏，卢欣石，余建斌，等．2005．苜蓿抗寒性研究进展［J］．中国草地，27（2）：60-65.
洪绂曾，等．1990．中国多年生草种栽培技术［M］．北京：中国农业出版社.
洪绂曾．1989．中国苜蓿育种的研究与发展［J］．草业科学，12（3）：17-22.
洪绂曾．2005．中国草业战略研究的必要性和迫切性［J］．草地学报，1：1-4.

洪龙等 . 2012. 优质高档肉牛生产实用技术［M］. 银川：阳光出版社.
侯明杰 . 2018. 青贮型饲粮育肥肉羊的胃肠道微生态及健康性能研究［D］. 兰州：兰州大学.
侯鹏霞 . 2014. 滩羊羔羊早期补饲以及不同体重阶段羊肉品质的研究［D］. 银川：宁夏大学.
呼天明，刘崇林，杨培志 . 2004. 略论中国草业科技的发展［J］. 草地学报（1）：75-79.
胡静 . 2007. 甘农 2 号和甘农 3 号苜蓿再生体系的建立及抗旱耐盐基因转化的研究［J］. 甘肃农业大学学报，30（5）：116-119.
胡守林 . 2005. 不同紫花苜蓿品种营养价值分析［J］. 水土保持研究，4（12）：217-219.
黄新善，张东鸿，刘晓霞，等 . 2001. 高寒干旱地区紫花苜蓿引种试验［J］. 中国草地，24（6）：71-76.
贾鼎锌，马丽珠，黄岗，等 . 2018. 季节对秦川牛行为的影响研究［J］. 黑龙江畜牧兽医（21）：76-79.
贾慎修 . 1987—1997. 中国饲用植物志（1—6 卷）［M］. 北京：中国农业出版社.
焦彬 . 1986. 中国绿肥［M］. 北京：农业出版社.
解彪，张乃锋，张春香，等 . 2018. 粗饲料对幼龄反刍动物瘤胃发育的影响及其作用机制［J］. 动物营养学报，30（4）：1 245-1 252.
康爱民，龙瑞军，师尚礼，等 . 2002. 苜蓿的营养与饲用价值［J］. 草原与草坪，12（3）：31-33.
康俊梅，杨青川，郭文山 . 2010. 北京地区 10 个紫花苜蓿引进品种的生产性能研究［J］. 中国草地学报，29（5）：506-512.
赖瀚卿，刘云芳，雷晓萍，等 . 2016. 延胡索酸二钠对断奶羔羊瘤胃发育及瘤胃发酵功能的影响［J］. 畜牧与兽医，48（2）：36-40.
兰新 . 2000. 苜蓿的新品种——中兰 1 号苜蓿［J］. 畜牧兽医科技信息，16（5）：1-4.
李飞飞，崔大方，羊海军，等 . 2012. 中国新疆紫花苜蓿复合体 3 个种的遗传多样性及亲缘关系研究［J］. 草业学报，21（1）：190-198.
李凤鸣，雒秋江，牛越峰，等 . 2015. 不同代乳条件下 1~35 日龄羔羊瘤胃及其微生物群落的发育［J］. 动物营养学报，27（5）：1 567-1 576.

李建国，李胜利 . 2012. 中国奶牛产业化［M］. 北京：金盾出版社.
李沐森，高兵，常彤，等 . 2016. 湖羊的品种形成、特征与品种保护［J］. 经济动物（10）：8-11.
李蓉 . 2018. 高温高湿对泌乳奶牛生产性能和粪样菌群的影响及喷淋效果研究［D］. 武汉：华中农业大学.
李拥军 . 1998. 中国苜蓿地方品种遗传多样性及亲缘关系的研究［D］. 北京：中国农业科学院.
梁学武 . 2004. 现代奶牛生产［M］. 北京：中国农业出版社.
刘国世，朱士恩 . 2008. 奶牛配种员培训教材［M］. 北京：金盾出版社.
刘继军，贾永全 . 2008. 畜牧场规划设计［M］. 北京：中国农业出版社.
刘佳，倪志鹤，庄二林，等 . 2017. 干/湿饲喂对小尾寒羊行为及生产性能的影响［J］. 家畜生态学报，38（6）：18-23.
刘建国，陈亮，李辉，等 . 2019. 补中益气类中草药添加剂对杜湖杂交 F1 代羔羊增重效果的影响［J］. 中兽医学杂志（3）：14-15.
刘建国，王毅，陈亮 . 2018. 中草药添加剂对杜湖杂交 F1 代育肥羔羊增重效果及抗病力的研究［J］. 中兽医学杂志（8）：10-11.
刘俊艳 . 2010. 紫花苜蓿夏季抗热性研究［J］. 河南农业大学，36（3）：3-5.
刘慎良，郭辉 . 2009. 三得利紫花苜蓿栽培技术［J］. 云南畜牧兽医，32（6）：16-20.
刘伟娟 . 2009. 几种肉羊肌肉组织学性状和理化性状的研究［D］. 保定：河北农业大学.
卢运良 . 2012. 青贮饲用玉米高产栽培技术［J］. 农民致富之友（8）：16.
吕慎金，杨燕 . 2012. 圈养条件下小尾寒羊成年母羊春秋季昼夜行为节律分析［J］. 中国兽医学报，32（9）：1 324-1 328.
马鹤林 . 1997. 对今后我国牧草育种工作的思考［J］. 草地学报，5（1）6：7-72.
缪应庭 . 1993. 饲科生产学（北方本）［M］. 北京：中国农业科学技术出版社.
NY/T 815—2004. 2004. 肉牛饲养标准［S］. 北京：中国标准出版社.
南京农学院 . 1980. 饲料生产学［M］. 北京：农业出版社.
内蒙古农牧学院 . 1981. 草原管理学［M］. 北京：农业出版社.

内蒙古农牧学院 . 1987. 牧草及饲料作物栽培学 [M]. 北京：农业出版社.
曲志强，藜芬 . 1978. 绿肥栽培与利用 [M]. 呼和浩特：内蒙古人民出版社.
全国草品种的审定委员会 . 2008. 中国审定登记草品种集（1996—2000）[M]. 北京：中国农业出版社.
全国牧草品种审定委员会 . 1999. 中国牧草登记品种集 [M]. 北京：中国农业大学出版社.
全国畜牧总站 . 2012. 肉牛标准化养殖技术图册 [M]. 北京：中国农业科学技术出版社.
任永康，崔磊，牛瑜琦，等 . 2017. 饲草小黑麦新品种晋饲草 1 号高产配套栽培技术 [J]. 种子科技，35（1）：62-63.
苏加楷 . 1983. 优良牧草栽培技术 [M]. 北京：农业出版社.
苏盛发 . 1985. 沙打旺 [M]. 北京：农业出版社.
孙俊峰，薛仰全，马清国，等 . 2012. 良种肉绵羊在酒泉地区的适应性研究 [J]. 畜牧兽医杂志，31（1）：4-6，9.
孙元枢 . 2002. 中国小黑麦遗传育种研究与应用 [M]. 宁波：浙江科学技术出版社.
邰丽萍，梁世博，范亚菊，等 . 2010. 饲用小黑麦的品质性状 [J]. 黑龙江畜牧兽医（9）：91-92.
唐风兰 . 2004. 优质饲草小黑麦及配套栽培技术 [J]. 黑龙江农业科学（2）：39-40.
汪晓娟，刘婷，李发弟，等 . 2016. 开食料补饲日龄对羔羊瘤胃和小肠组织形态的影响 [J]. 草业学报，25（4）：172-178.
王加启 . 2006. 现代奶牛养殖科学 [M]. 北京：中国农业出版社.
王拣 . 1952. 牧草学通论 [M]. 南京：江苏出版社.
王婕姝 . 2014. 秸秆颗粒型日粮对育肥羔羊生产性能和瘤胃发育的影响 [D]. 兰州：甘肃农业大学.
王天河 . 2017. 营养限制与补偿对蒙古羔羊血常规和瘤胃及盲肠生长发育影响 [D]. 呼和浩特：内蒙古农业大学.
王伟 . 2007. 湖羊种质资源的保护及开发利用 [D]. 苏州：苏州大学.
王霞，刘建国，马友记，等 . 2019. 复方中草药添加剂对湖羊屠宰性能、肉品质及瘤胃组织形态学的影响 [J]. 中国草食动物科学，39（3）：

22-25.
王星元，李浩，赵云，等 . 2018. 不同营养水平全混合日粮对兰州地区湖羊羔羊育肥效果的影响 [J]. 中国草食动物科学，38（5）：70-72.
王毅，陈亮，王佳丽，等 . 2017. 早期强制补饲对甘肃省兰州地区不同品种肉羊羔羊生产性能的影响 [J]. 畜牧与饲料科学，38（4）：32-34.
王毅，田斌，陈亮，等 . 2018. 不同混合型香味剂在湖羊羔羊强制补饲料中的应用效果研究 [J]. 中国草食动物科学，38（4）：37-39，43.
王毅，田斌，刘建国，等 . 2018. 强制补饲日龄对兰州地区小尾寒羊羔羊生产性能的影响 [J]. 中国草食动物科学，38（2）：28-30.
王毅，王婕姝，胡江，等 . 2013. 基于均匀设计——偏最小二乘回归建模的秸秆型颗粒饲料部分加工参数研究 [J]. 南方农业学报，44（11）：1 878-1 882.
王毅 . 2014. 育肥肉牛用玉米秸秆型颗粒饲料的研究 [D]. 兰州：甘肃农业大学.
吴天佑，赵睿，罗阳，等 . 2016. 不同粗饲料来源饲粮对湖羊生长性能、瘤胃发酵及血清生化指标的影响 [J]. 动物营养学报，28（6）：1 907-1 915.
席锐，李发弟，王维民，等 . 2016. 湖羊在西北寒旱地区行为学和生理指标的观测 [J]. 草业学报，25（5）：184-191.
肖定汉 . 2008. 奶牛疾病防治 [M]. 北京：金盾出版社.
肖文一，陈德新，吴渠来 . 1991. 饲用植物栽培与利用 [M]. 北京：中国农业出版社.
谢骁 . 2018. 低质粗饲料日粮干预对湖羊瘤胃发酵和微生物菌群的影响 [D]. 杭州：浙江大学.
许尚忠，郭宏 . 2005. 优质肉牛高效养殖关键技术 [M]. 北京：中国三峡出版社.
薛城 . 2016. 饲用玉米的高产栽培技术 [J]. 现代畜牧科技（12）：61.
杨彬彬 . 2010. 精饲料补饲对早期断奶羔羊生产性能和复胃发育的影响 [D]. 雅安：四川农业大学.
杨宏波，刘红 . 2015. 日粮精粗比对反刍动物生产性能的影响 [J]. 中国奶牛（5）：11-14.
杨洁彬 . 1996. 乳酸菌——生物学基础及应用 [M]. 北京：中国轻工业出版社.

游永亮，李源，赵海明，等.2015. 饲用小黑麦在海河平原区的生产性能及适应性评价 [J]. 草原与草坪，35 (3)：32-38.
张春庆，高荣岐.1995. 种子生产 [M]. 郑州：河南科学技术出版社.
张沅，王雅春.2007. 奶牛科学 [M]. 北京：中国农业大学出版社.
赵有璋.2011. 羊生产学 [M]. 第3版. 北京：中国农业出版社.
郑灿龙，李杰尊，连小旺，等.2012. 新疆地产绵羊肉的品质特性研究 [J]. 肉类工业 (9)：14-22.
郑钢，等.1988. 国内外捆草机发展综述 [J]. 牧业机械 (4)：25-27.
郑卫生.2008. 青贮饲用玉米技术要点 [J]. 湖南饲料 (5)：33.
周光宏.1999. 肉品学 [M]. 北京：中国农业科学技术出版社.
左富元.2011. 高效健康养肉牛全程实操图解 [M]. 北京：中国农业科学技术出版社.
Ayadi M, Such X, Ezzehizi N, et al. 2011. Relationship between mammary morphology traits and milk yield of sicilo-sarde dairy sheep in Tunisia [J]. Small Ruminant Research. 96 (1): 41-45.